心理学的世界

[美] 阿比盖尔·A.贝尔德（Abigail A. Baird） 著

宋玉萍 主译 孙宏伟 审校

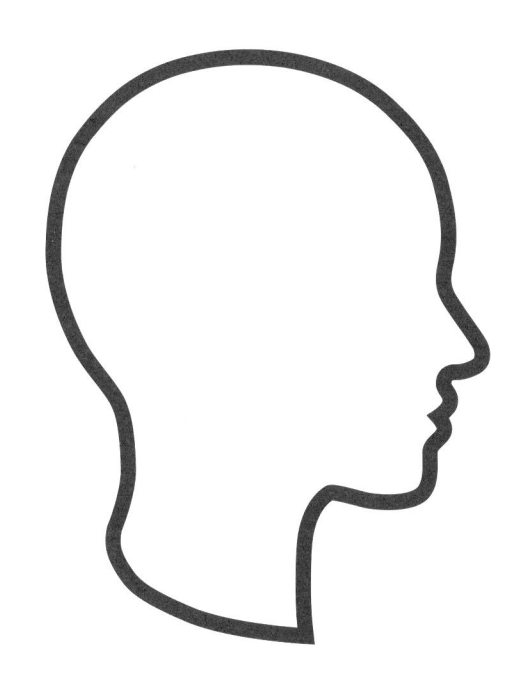

THINK PSYCHOLOGY

中国人民大学出版社
·北京·

目录

第 1 章
导论
/ 001

什么是心理学？ / 003
心理学与科学方法 / 004
心理学的历史 / 008
分析水平 / 014
天性 vs. 教养 / 015
心理学分类 / 018

第 2 章
研究方法
/ 025

心理学中的研究方法 / 027
研究策略的类型 / 032
心理学中的统计方法 / 040
控制心理学研究中的偏差 / 045
心理学研究中的伦理学问题 / 049

第 3 章
人脑
/ 053

本书中的脑 / 055
神经元：它们的解剖学和功能 / 056
中枢神经系统：脊髓 / 064
中枢神经系统：人脑 / 066

第 4 章
感觉与知觉
/ 079

感觉系统 / 081
感觉阈值 / 081
感觉过程 / 083
知觉 / 096
注意和知觉 / 097
知觉理论 / 100
知觉解释 / 105

第 5 章
意识
/ 109

意识与信息处理 / 111

睡眠 / 115

梦 / 125

催眠 / 128

冥想 / 132

第 6 章
学习
/ 135

学习的本质 / 137

经典条件反射 / 143

操作性条件反射 / 147

观察学习 / 154

大脑中的学习 / 157

第 7 章
记忆
/ 165

记忆的功能 / 167

记忆是怎样组织的？/ 167

感觉记忆 / 169

工作记忆 / 171

长时记忆 / 177

记忆问题 / 184

记忆的七宗罪 / 186

第 8 章
认知与智力
/ 189

认知心理学 / 191

智力理论 / 192

问题解决和推理 / 200

决策、判断和执行控制 / 207

注意 / 210

语言和言语认知 / 213

视觉认知 / 217

第 9 章
人的发展（一）：生理、认知和语言的发展
/ 219

什么是发展心理学？ / 221
生理发展 / 222
认知发展 / 231
语言发展 / 238

第 10 章
人的发展（二）：社会性的发展
/ 243

依恋 / 245
整个生命周期中的关系 / 249
道德发展 / 263

第 11 章
情绪和动机
/ 269

情绪理论 / 271
情绪与身体 / 275
非言语情绪表达 / 278
情绪体验 / 281
有关动机、驱力和诱因的观点 / 285
饥饿 / 291
性的动机 / 292
睡眠动机 / 293
归属感 / 294
工作中的激励 / 295

第 12 章
压力与健康
/ 299

心身关系 / 301
应激及其对健康的影响 / 302
改善健康 / 312

第 13 章
人格与个体差异
/ 323

人格导论 / 324

人格特质 / 325

心理动力学观点 / 331

人本主义取向 / 338

社会认知观点 / 342

第 14 章
心理障碍
/ 351

心理障碍 / 353

心理障碍可能的原因 / 359

焦虑障碍 / 362

心境障碍 / 366

精神分裂症 / 371

人格障碍 / 374

分离性障碍 / 377

躯体形式障碍 / 379

童年期障碍 / 379

译后记
/ 383

第 1 章

导　　论

- 什么是心理学,它为何令我们着迷?
- 如何运用科学方法对心理学进行研究?
- 心理学的历史是怎样的?
- 心理学家设法去回答的主要问题是什么?
- 心理学的几个类别之间有什么不同?

当流行巨星迈克尔·杰克逊（Michael Jackson）于50岁去世时，这一冲击波在西方国家引发了巨震。关于这一巨星去世的消息一传开，雅虎新闻的网络通信量就达到了空前的高度，广播电台夜以继日地播放着他的歌曲。几天之内，媒体充斥着关于这位艺人动荡不安的生活中的那些负面信息的相关细节。但是为何大众如此希望听到这些新闻？是什么使得我们如此关注这样一个与我们素昧平生的男人？为什么我们会对名人以及他们的私生活如此的迷恋？

名人崇拜不是一个新的现象——成功的罗马角斗士就被当做神一样崇拜，19世纪的作曲家弗里德里克·肖邦（Frédéric Chopin）和弗兰茨·李斯特（Franz Liszt）就有大批的女粉丝。实际上，心理学家认为，在我们的DNA中，有某种物质激励着我们去找寻一个偶像，然后追随他或者她。加利福尼亚大学洛杉矶分校传媒心理学名誉教授斯图尔特·菲斯科夫（Stuart Fischoff）认为，作为社会动物，人具有一套预编的程序，这使得人们崇尚大男子主义者或女性至上者的行为。当今世界是诸如布拉德·皮特（Brad Pitt）和安吉丽娜·茱莉（Angelina Jolie）这样富裕且出名的名人，以及大男子主义者和女性至上者的世界，而我们则会羡慕他们的生活。

一些科学研究表明，一定程度上的明星崇拜实际上对我们有好处，能够给我们提供奋斗的目标，增加我们的自尊。心理学家加布丽埃尔（Shira Gabriel）和她的同事给予348名大学生（其中五分之一承认他们属于"追星族"）一份自尊量表，并且根据他们自尊的基线水平进行排名。然后她要求这些学生用五分钟的时间写一篇关于他们最喜爱的名人的文章。最后，这些学生重新进行自尊测试。加布丽埃尔注意到，那些一开始在自尊测试中得分低的学生，在写完关于最喜爱的名人的文章后，第二次测试的得分高了很多。她推测，学生们与自己所选择的名人形成了一种联系，他们将这些名人的部分性格特点吸收到自己身上，最后就会对自己产生更好的感觉

（Gabriel, et al., 2008）。

尽管一定程度的名人崇拜会对我们有好处，但若过度则会有害。研究者已经创造出"名人崇拜综合征"这一术语来描述过度的偶像崇拜占用了一个人的生活并使其达到废寝忘食程度的症状。粉丝们因为不健康的痴迷，也许会罹患焦虑症、抑郁症和社会功能障碍。看起来，名人崇拜就像生活中的其他事情一样，适度的享受才是最好的。

什么是心理学？

心理学（psychology）是关于行为以及心理过程的科学研究。哲学家推测人们的所作所为，心理学家则运用科学方法准确地描述、解释、预测或者控制人和动物的行为。从历史上看，科学方法应用于心理学之中是最近的事情。大约在130年前，心理学还是哲学的一个分支。在这一章中，我们将用科学的方法追溯心理学的发展历史。

为什么学习心理学？

是什么促使你学习心理学？也许你期望去解决"天性 vs. 教养"之争这一问题，以及环境因素是否曾经胜过基因因素，也许你正在寻找改进你与朋友和家庭成员之间关系的秘诀，也许你对如何减轻日常生活中的压力和焦虑更加感兴趣。如果你去调查你的同学学习心理学的原因，很有可能会发现每个人在某些程度上的一致性，即他们对自身以及自己所居住的世界拥有基本的好奇心。在其他方面，通过提供关于我们、其他人，以及世界的知识，比如个体的短时记忆为何会消失、如何提高智力水平、人们为何会罹患精神疾病、为何人们会有着不同的性格、来自不同国家的人们在感知世界时有何不同、文化如何影响性格等，我们能够降低我们自己经验中的一些不确定性。

心理学与科学方法

常识心理学

你可能已经在一些人那里遭遇了怀疑,他们认为心理学不是一门科学。这是一个相当普遍的误解,事实上,心理学家所研究的就是人们可以亲身经历的。比如,因为你的两个哥哥经常打架,而你的妹妹扮演着家庭和平主义者的角色,所以你会相信男人比女人会更富有攻击性。其实若将所有要研究的人群作为一个整体,这样的事情可能发生或者不发生。而你的个人经历则给了你关于科学数据真实度的一个错误感觉。

这种误解在物理学中并没有那么普遍。极少数的人会对电子加速的表现,或者氢原子和氮原子之间的化学反应发表自己的观点。在将理论演变为事实之前,物理学家和化学家经过了仔细的科学过程去证明或推翻他们的理论。即使很多人没有意识到科学过程的重要性,但它对于心理学同样重要。比如,你亲自遇到过攻击性较强的男性和攻击性较弱的女性,但这个事实并非表明每个人都有着同样的经历。也许你的家庭并非那种"典型家庭",诸如父母的影响、社会环境或者同辈的压力这些非生物性的因素会影响你兄弟姐妹的行为。这限制着我们直观地感觉自己以及他人的行为。我们不仅会被自己的某些经验所限制,同样也会被自身记忆的可靠性以及个人偏见这样不良的情况所限制。为了使自己就人的天性这一问题进行普遍的、客观的以及更加具有支持度的研究,心理学家需要充当科学家,而不是"业余研究者"。

当然,业余的研究者也经常在正确的道路上进行着研究,那些看上去是"常识"的东西实际上经过了严谨的心理学研究从而获得了支持(比如,一些研究表明,一般来讲男人的攻击性很自

男人天生比女人更好斗吗?科学研究从正反两个方面证明了这一点。

心理学:是关于行为以及心理过程的科学研究。
经验主义:持"知识源于经验"的观点从事研究的取向。
科学方法:通过数据收集和分析进行客观调查的过程。

然地比女性要强）。然而，科学的心理学研究也经常会否定许多我们日常文化中所持有的观点，强调批判的、客观的调查对于个体心理研究的重要性。

经验主义的重要性

你是否曾经第一次碰到某人时，就立刻对他或她产生一种假设？也许你认为一个戴着眼镜的陌生人一定很聪明，或者你将一个邻居用暴力的词汇演唱歌曲与他的暴力性的世界观联系到一起。当我们做出类似这样的判断时，我们依靠语境假设以及刻板印象来获取这些人的信息，但更常见的情况是，这一信息多多少少是不准确的。如同其他的科学家那般，心理学家也意图从他们的研究中消除个人和文化偏见所造成的影响，他们会通过实验，而不是个人化的判断或者刻板印象来做出关于人的结论。

如今，很多心理学家相信**经验主义**（empiricism），即"知识源于经验"的观点的重要性。换句话说，比起那些没有观察或者从第三者那里得到的信息，你自己观察或收集的信息要更加可靠。其结果是，心理学家要通过数据收集和分析进行客观的调查这一**科学方法**（scientific method）来完成实验研究。

1. 确定选题。科学调查中的第一步是留意你想要解释或者研究的事情。选择一个你能够以经验为主进行研究的选题是很重要的。询问那些诸如"我们缘何在这里"或"什么是道德"这样吸引人的哲学问题是没有意义的。虽然这类问题能够对人的行为和经历提供有价值的、吸引人的答案，但却不能用科学的方法加以回答，因此也就不能进入心理学的领域了。

一旦你确定了能够以经验为主进行研究的选题，那么你必须确保在整个实验中，只有一个因素或者变量在变化。任何能够影响结果的因素都要受到控制。比如说，如果你正在研究你的兄弟姐妹们平均每天做出多少次攻击性行为，你就要在他们进行日常业务活动的时候去观察。这会是一个公平的实验吗？你如何确保三个兄弟姐妹遇到的使得他们做出攻击性行为的潜在压力源是相同的？那些诸如交通堵塞、与同伴的分歧以及与陌生人不愉快的偶遇等因素如何影响他们的行为？在你开始进行研究之前，考虑如何收集并测量数据能使你的结果尽可能准确和可靠，这是非常重要的。

2. 进行背景研究。关于你所要研究的问题，之前有人研究过吗？比如，如果你研究的是男性/女性的攻击性这样一个很前卫的课题，那一定有很多合理的研究，它们能够提供关于你的研究课题的更深一层信息。你可以查阅图书馆和网络资源，去发现在你的课题中，哪些研究已经做完，研究还能进行怎样的提高，以及哪些方面能够保证你做更深层次的研究。

3. 制定假设。根据你最初的观察以及背景研究，你可以形成假设，或者说是对观察所做的解释而形成的具有一定意义的猜想。你的假设要能够被证明或证伪。比如，你已经阅读了几篇文献，发现比起女性，男性更有可能使用攻击性的动作，或者是当置身于压力情境下，比起女性，男性会更没有耐心。把这个研究和你对兄弟姐妹们的观察相结合，你可以这样假定："如果男性和女性同样置身于压力情境下，男性会比女性做出更多的攻击性反应。"

4. 测定假设。心理学家运用各种各样的研究方法，包括调查法、个案研究，以及实验室观察或者自然观察（参见第 2 章）。然而，测定假设最具有说服力的方法就是进行实验。通过操作一个单一的特征，研究者可以研究这一独有的特征如何影响一个具体的结果。根据实验，结果可能包括个体的一个行为、一组行为，甚至是人类大脑的表现。当进行这一特定的研究时，你必须操纵一个特定的情境，然后检测在那种情境中一些个体的行为。例如，你会选择一组男性和一组女性，他们的年龄、教育程度以及文化背景相似；然后让他们每个人都进入相同的压力情境，比如让他们解决一个不可能解决的难题，又比如将他们长时间暴露在响亮而又让人烦躁的噪声中，这样可以发现不同性别的人表现侵犯行为的方式。你可以让被试通过猛击沙袋来消除沮丧感。对这种发生在环境中的压力情境进行控制，并且确保创建的每一次压力情境相同，这样便可以确保在你的实验中仅仅改变了一个变量。

5. 分析结果。一旦完成实验，你可以分析结果以确定其是否支持你的假设。心理学家运用数据分析来帮助他们总结数据并确定结果在多大程度上源于偶然（参见第 2 章）。要表明一组结果并非源于偶然，将实验重复多次进行是很有帮助的。

如果结果不支持你的假设，你就要考虑对于你的观察是否有另一种可能的解释，并且形成新的假设。也许你的兄弟们的攻击性是源于他们进行了太多的接触性体育活动；或许你的妹妹在研究佛经，并且已经接受了一些宗教的非暴力信仰。科学家会不断地改善他们的假设，直到他们认为理论可以得到测定和证明。

> 你相信你所读到的一切文字吗？批判性思维会带着一定程度的怀疑去评估和评价信息。

6. 报告结果。无论你的实验结果是否支持假设，将其合理化并与他人分享都是重要的。其他的研究者也许能够使用你的发现，从你的错误中吸取教训、改善你的假设，或者尝试复制你的实验来支持研究。一旦研究文章被确认为可信，研究者们就可以基于这一发现去预测行为，或者使用这一发现的结果去更改或控制行为。正如第二步所描述的那样，你的研究成果同样会成为那些后来提出假设、改善假设的人们的背景信息。我们会说，你的研究表明在压力情境下，男性比女性做出更多的攻击性行为。其他的研究者也许会想要知道在男性和女性中，这种情境是否引发了特有的反应，或者说其他种类的压力能否有不同的效果。

对于每一种心理学研究来讲，科学方法并非都是困难且快速的规则手册。比如，一些研究通过观察而非实验去收集数据，并使用不同的实证步骤。这些将在第2章中详细讨论。

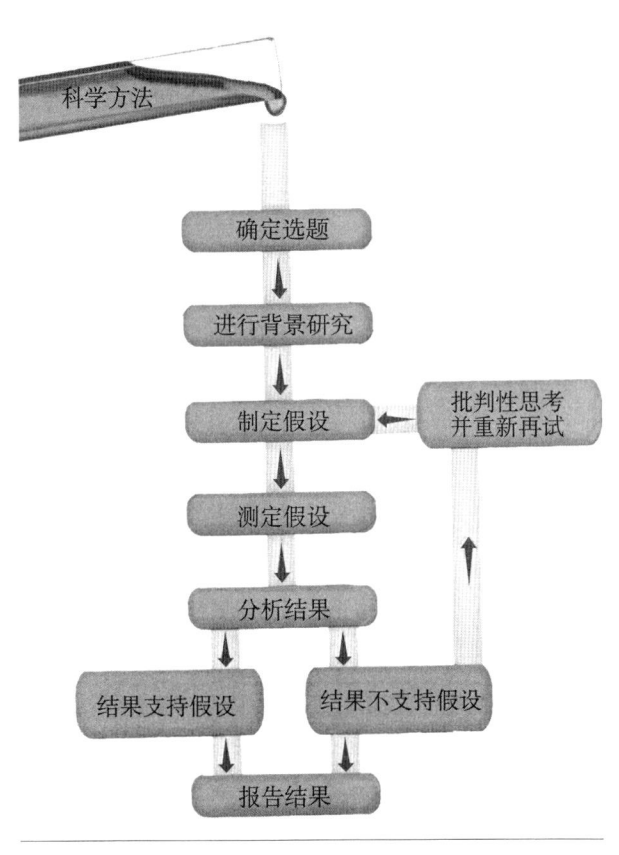

科学方法

确定选题
↓
进行背景研究
↓
制定假设 ← 批判性思考并重新再试
↓
测定假设
↓
分析结果
↓
结果支持假设 / 结果不支持假设
↓
报告结果

△ 心理学家运用科学方法来降低研究中的偏倚和误差。

批判性思维的重要性

用一种开放且质疑性的思维去接近科学断言是很重要的。"证据在哪里"

是擅长**批判性思维**（critical thinking）的人挂在嘴边的第一个问题，也是我们验证假设、评估证据、找寻隐藏的意图并且评价结论的一种处理信息的方法。你可以自问：作者是否有动机去形成一个特定的断言？他或她是否运用了可靠的证据去证实其理论？对于作者的结果，有没有其他可供选择的解释？也许你会有与某个研究者或某篇论文的结论相符的个人经历，比如，一项研究声称，比起家里年龄最大的孩子，中间的孩子社交性更强，这一点完全符合你的家庭状况，但重要的是你不能据此增加这一结果的合理性。作者运用科学的步骤对某实验进行彻底的研究时，需要去确定的是这一研究的结果是否可靠。

批判性询问也需要一定程度的谦逊。科学家需要能够批评自己的理论，同时能够容纳不同的发现。设想，如果科学家坚持否定哥白尼（Copernicus）的日心说理论是由于"地球是宇宙的中心"，并且认定"事情可能有另外的情况，这一想法是荒谬的"这样的理论是常识，这会产生怎样的后果？批判性询问能够使得更多新近形成的一些看似不具有权威性的假设变得更加有说服力，包括异性相吸（Rosenbaum，1986）以及说梦话的人是在讨论梦境这样的观念（Mahowald & Ettinger，1990）。

心理学的历史

前科学的心理学

公元前 5 世纪，希腊的哲学家就开始推测心灵是怎样活动的，以及它会对人的行为产生怎样的影响。苏格拉底（Socrates，公元前 470—公元前 399）和柏拉图（Plato，公元前 428—公元前 347）认为，人的身体死亡后，心灵不会停止存在，思想和意念可以独立于身体而存在。这一观念即**"二元论"**

批判性思维：验证假设、评估证据、找寻隐藏的意图并且评价结论的一种处理信息的方法。

二元论：是指相信人的身体死亡后，心灵不会停止存在，思想和意念可以独立于身体而存在的观念。

(dualism)。他们推论说知识建构于我们自身之中,并且通过逻辑推理而获得。

尽管苏格拉底和柏拉图的思想在 2 400 年前就已经提出,但直到文艺复兴后期的科学革命时期,信仰苏格拉底"心灵与身体有所区别"理论的法国哲学家勒内·笛卡儿(René Descartes,1596—1650)才开始研究两者是怎样联系起来的。通过解剖动物的大脑,笛卡儿得出结论,位于大脑的松果体是灵魂的根源,在那里能够形成所有的思想。他认为灵魂通过空心管流过身体,控制肌肉的活动。尽管现在依然相信笛卡儿理论的人会在生物考试中不及格,但在其他方面,笛卡儿所注意的空心管(即我们现在所认为的神经)对于控制反射非常重要。

并非所有 17 世纪的哲学家都同意苏格拉底和柏拉图的理论。英国哲学家约翰·洛克(John Locke,1632—1704)认为,人的心理在出生之时是一张白纸,不包含任何先天的知识。这就是"白板说"。洛克提出,人们运用观察法通过经验来获取知识,这为后来的感觉和知觉的学习打下了基础。洛克的理论"知识通过仔细的外部和内部观察而获得"植根于早期经验主义的思想之中,并且对科学方法的发展做出了贡献。

科学心理学的建立

许多心理学家都赞同现代心理学发端于 1879 年德国的一个实验室中。实验室的建立者威廉·冯特(Wilhelm Wundt,1832—1920)认为心理可以通过科学和客观的方法进行检测,并且邀请全世界的研究者学习如何研究人类心理的架构。这是第一次有人尝试将客观原则和测量在心理学领域加以合并,这使得冯特获得了"心理学之父"的称号。冯特在 19 世纪 80 年代的演讲赢得了普遍的欢迎,不久之后,新的科学心理学演化成为两个早期的思想学派:构造主义和机能主义。

> 冯特在 19 世纪 80 年代的演讲赢得了普遍的欢迎,不久之后,**新的科学心理学演化成为两个早期的思想学派:构造主义和机能主义**。

构造主义和机能主义

冯特的学生爱德华·铁钦纳(Edward Titchener,1867—1927)认为经验可以分解成为个别的情感和感觉，这在很大程度上与化学家或者物理学家按照分子和原子去分析事物是相同的。他的思想学派，即专注于识别意识中的个体元素并说明它们如何联系与整合，演变成为**构造主义**（structuralism）。铁钦纳的方法是让人们进行内省法，或称为"向内看"，训练他们报告出自己经验中各种各样的元素，比如轻轻拍打一只小狗、思考蓝色或者闻花香。内省法和构造主义的概念存在时间十分短暂，于1900年左右消失。尽管它们没有对心理学产生长期的影响，但其关于感觉和直觉的研究对于当代心理学来讲依然是个重要的组成部分。

与冯特和铁钦纳不同，美国学者威廉·詹姆斯（William James，1842—1910）认为，将意识分解为个别的元素是不可能的行为。他将意识看作一股不断变化且不可分割的思想。与铁钦纳相反的是，詹姆斯专注于有机体是如何运用它们自身的学习和知觉能力在环境中进行活动的，这一方法被称为**机能主义**（functionalism）。受达尔文（Darwin）进化论的影响，詹姆斯认为思想之所以能发展，是因为它是活跃的。他认为有用的行为特质（除了物理特质之外）是可以代代相传的。

弗洛伊德认为，人类是由原始的性驱力、被禁止的欲望和无法运用到意识中的童年创伤回忆激发出了行为。根据弗洛伊德的观点，这些被压抑的欲望频繁地压制着意识，通过梦、舌尖现象（即弗洛伊德口误）或者心理障碍的某些症状而表现出来。

尽管机能主义不再具有广泛的前景，但机能主义思想的原理依然可以在教育心理学和组织心理学中得以发现。比如，通过强调个体差异，机能主义影响了下述理论，即对作为个体的孩子进行教学，需要在他们的发展准备完成之后才能进行。

格式塔心理学

在德国，心理学家反对构造主义，这里面有不同的原因。马克斯·维特海默（Max Wertheimer，1880—1943）认为感觉和认知的行为不能分解为更小的元素。他推论说，当人们看一所房子时，他们看到的是房子，而不是门、墙以及窗户的结合。维特海默和他的同事们认为，知觉行为大于每一部分之和。这一想法发展成为**格式塔心理学**（Gestalt psychology）的思想学派。通过粗略的直译，"格式塔"是指"全部"或"组织"。格式塔心理学家认为，人们很自然地将模式或整体整合成为可感觉的信息加以使用。

心理动力学理论

关于西格蒙德·弗洛伊德（Sigmund Freud，1856—1939），他的一个金字招牌是拥有一些令人喜欢的术语，这些语词成为我们日常词典的一部分，他也成了八位已故心理学名人之一。你是否曾描述某人处于肛门期，讨论过俄狄浦斯情结，或是指责某人使用幽默作为他的防御机制？如果是这样，你会因为弗洛伊德提供的这些术语和心理学理论而感谢他。

作为一名专业致力于神经系统障碍的奥地利医学博士，弗洛伊德认为，人类是由原始的性驱力、被禁止的欲望和无法运用到意识中的童年创伤回忆激发出了行为。根据弗洛伊德的观点，这些被压抑的欲望频繁地压制着意识，通过梦、舌尖现象（Freudian slips，即弗洛伊德口误）或者心理障碍的某些症状而表现出来。

弗洛伊德运用**心理动力学方法**（psychodynamic approach）来研究心理学是非常具有争议的。很多和他同处于维多利亚时代的人为他对于性学的关注以

构造主义：专注于识别意识中的个体元素，并说明它们如何联系与整合的学派。

机能主义：专注于有机体如何运用它们自身的学习和知觉能力在环境中进行活动的学派。

格式塔心理学：认为人们很自然地将模式或整体整合成为可感觉的信息并加以使用的学派。

心理动力学方法：是基于"人类的行为是由原始的性驱力、被禁止的欲望和无法运用到意识中的童年创伤回忆所激发"这一理念的心理学方法。

行为主义方法：是通过关注那些能够直接测量并记录的可观察的行为来研究心理学的方法。

人本主义方法：是基于"人们有着自由的意志并且能够掌控自己的命运"这一信念的心理学方法。

认知心理学：是专注于人类大脑的运行机制，并且寻求去理解我们如何处理从环境中收集来的信息的心理学流派。

及"人们不能总是控制自己的行为"这一观点所震惊。然而，弗洛伊德的理论受到了高度的重视，并且鼓舞了很多知名的研究者继续他的工作，包括瑞士心理学家卡尔·荣格（Carl Jung）和弗洛伊德的女儿安娜·弗洛伊德（Anna Freud）。

行为主义

精神分析理论的一个缺陷在于，它很难进行科学检验。比如，去证明一个成年女性有亲缘关系问题是因为她在潜意识中责怪父亲在童年期没有陪着她，几乎是不可能的。构造主义和机能主义的理论面对着相似的挑战，因为它们都涉及意识这一内部过程的研究，但这些都无法进行测量和验证。然而，约翰·B.华生（John B. Watson，1878—1958）要在心理学中将科学调查作为一个重要的中心环节。1900年，他提出了运用**行为主义方法**（behavioral approach）研究心理学，关注那些能够直接测量并记录的可观察的行为。

华生的理论基于俄国生理学家伊凡·巴甫洛夫（Ivan Pavlov）的研究工作，后者展示了一个如流口水的反射（无意识行为）可以通过对先前一个无关联的刺激（如响铃）进行反应这一训练（条件作用）而获得。弗洛伊德认为行为来源于潜意识动机，然而通过运用巴甫洛夫的研究，华生认为，行为是可以习得的。华生和罗莎莉·雷纳（Rosalie Rayner）通过让一个11个月大的婴儿对白鼠产生恐惧，极好地证明了恐惧可以通过条件作用习得：将老鼠与喧吵的、令人惊慌的噪声反复配对呈现，最后婴儿将老鼠与噪声相联系，无论何时看到老鼠都会哭闹（Watson & Rayner，1920）。鉴于这一研究存在伦理道德问题，即使可以通过使用破坏性很小的条件作用而获得相似的结果，将华生的实验进行重复也不太可能。关于设计、进行实验时应考虑的伦理道德因素，将在第2章进行详细讨论。

在整个20世纪中叶，通过B.F.斯金纳（B. F. Skinner）的研究工作，行为主义发展加快。斯金纳支持华生通过条件作用而学习的理论。斯金纳认为，行为可以通过强化而改变——当学习者做出某种特定的行为时，对他或她进行奖励或惩罚。华生和斯金纳对当代心理学产生的影响将在第6章进行讨论。

人本主义心理学

20世纪上半叶，在心理学中，精神分析和行为主义是两种最主要的研究方法。然而，两者都没有提出"个体对于自己的命运有着重要的掌控"的观点。行为主义者主张人们的行为通过对不同刺激的反应而习得，精神分析学者则声称人们受自身潜意识欲望的影响。

20世纪50年代，一个新的心理学观点出现。这一观点强调自尊、自我表达和达到个人潜能的重要性。正如其后来为人所知的那般，**人本主义方法**（humanistic approach）的支持者认为，人们有着自由的意志并且能够掌控自己的命运。建立人本主义方法的两位理论家是研究动机及情感的亚伯拉罕·马斯洛（Abraham Maslow，1908—1970）和对人格以及心理治疗实践做出巨大贡献的卡尔·罗杰斯（Carl Rogers，1902—1987）。马斯洛认为，人们会为自我实现，即发挥个人最大潜能而奋斗。

尽管人本主义方法在很多学科中都有普遍的影响，但批评者们认为它会让人产生模糊之感以及想当然的乐观。第16章将会提供人本主义理论方面的深刻讨论。

认知心理学

20世纪60年代，语言学、神经生物学和电脑科学为人类心理的研究提供了新的见解。尤其是电脑的发展促进了对思维过程进行研究的兴趣。**认知心理学**（cognitive psychology）的先驱们专注于人类大脑的运行机制，并且寻求去理解我们如何处理从环境中收集而来的信息。

通过对记忆、知觉、学习、智力、语言以及问题解决的关注，认知心理学家扩大了心理学的定义，把特定的心理过程纳入更多行为的一般概念之中。脑成像技术的发展使得认知心理学家能够去检测之前那些科学家的神经学过程，比如我们如何储存记忆，或者对大脑特定区域的损坏如何增加了特定精神障碍的可能性。在一个相对短暂的时间段里，认知的观点已经成为现代心理学中快速发展的观点之一。

进化心理学

比起汽车和火车,人们为何会普遍地对蛇和蜘蛛产生恐惧?一般认为,在进化的过程中,我们的祖先对那些可能对我们的健康造成侵害的事情产生了恐惧。(Seligman,1971)那些赤手提起响尾蛇的无所畏惧的勇士们可能在进化的阶梯中并没有走多远,相反那些对爬行动物采用更谨慎方法的人们则会生存得更久,然后通过基因,最终使得所有人产生对蛇的自然恐惧。由于汽车和火车还没有足够的时间去传达因事故而造成的恐惧,因此我们还没有在基因上产生对它们的恐惧。

基于达尔文自然选择的理论,在心理学中使用进化方法(evolutionary approach)探索人类的行为模式,对于我们的生存是有益的。进化心理学家研究不同物种和文化中关于养育、性吸引和暴力等的问题,解释人们是如何按照基因的预编用特定的方式来表现行为的。比如,最近的一项研究表明,带有"等位基因334"的人比不带这一基因的人更难以保持一夫一妻制。(Walum, et al., 2008)一直以来,研究者推测男性调情者的性别刻板印象会造成两性的性别差异。

多年来,心理学领域已经成长为科学家发现新的、有价值的方法去检验思维、动作和行为的领域。如今,心理学家运用上文提及的或者更多的方法去研究人类心理的运作方式。一些心理学观点看上去似乎彼此矛盾,而且心理学中并没有就哪种方法是正确的达成共识。当然,在心理学的多种方法中,每一种都会对这个领域的基本问题进行阐述:为何我们会按照平时行事的方式去表现某种行为?我们的心理真正发生了什么?每一种观点都对这样的问题提供了答案,反过来也对自己提出了新的问题。

据统计,比起被蛇咬,你更有可能因为大型喷气式飞机的坠毁而丧命,但是进化的本能还没有赶上我们自然的恐惧。

分析水平

选择心理学中的任一问题,你都能够从各种不同的角度去考虑。很久之

前，哲学家发现一个单一的问题可以用多种**分析水平**（levels of analysis）进行检验。比如说，你要研究我们这一章开头所讨论的名人崇拜效应，你可以在大脑水平（大脑的神经系统结构是否会对追星强度产生影响？）、个人水平（由于媒体的魅力，人们的信念和价值如何改变？）或世界水平（名人崇拜会影响人们与其周围人互动的方式吗？）去调查这一现象。尽管处理一个特定的心理学问题有着各种不同的角度，然而心理学家斯蒂芬·科斯林（Stephen Kosslyn）区分出了三种主要的分析水平。

有时，心理学的问题很适合某种特定的分析水平。比如，你要研究人格，将其规定在个人水平上是有意义的。在压力情境中个体如何反应？什么让人们有了成就感？个体的人格具有怎样的稳定性？然而，一个综合性研究需要纳入其他的分析水平。你会考虑核磁共振成像是否能够揭示某一特定行为特质的模式（大脑水平），或者你会研究文化是否会影响人格类型（世界水平）。许多心理学家认为，如果我们考虑某一事件在其他水平上会出现怎样的情况，那么只有在某个分析水平上理解它才是可能的。

天性 vs. 教养

杰弗里·达默（Jeffrey Dahmer）是一个快乐阳光的年轻人，他享受骑自行车和与宠物狗弗里斯基（Frisky）玩耍的快乐。他成长于20世纪60年代，有着一个稳定的家庭、慈爱的父母和弟弟。除了发展成为一个健康而有教养的成年人，他在教育过程中几乎不可能成为其他类型的人。

1991年7月22日，杰弗里·达默在他位于密尔沃基的公寓里被逮捕。警方在他家里发现的东西让人几乎无法形容：尸体被肢解后的可怕照片、冰箱里

> **分析水平**：指心理学家使用不同的方法，比如大脑水平、个人水平和世界水平去考虑心理学问题。
> **天性**：影响人格、生理成长、智力成长和社会互动的继承性特征。
> **教养**：父母的风格、物理环境以及经济问题等环境因素。

冻着的三个被砍下的头颅。他的暴行罄竹难书。而进一步的调查揭示，在这长达 13 年无人发觉的杀人狂欢中，达默杀害了 17 名男子和男孩。在长达 160 页的供述之后，达默被判处 15 个终身监禁。他于 1994 年被一名同住的囚犯谋杀。

杰弗里·达默的故事强调了心理学家所面对的一个最大、最持久的问题：人的特质的发展是通过经验，还是由基因蓝本所决定的？我们是否被**天性**（nature）——先天继承了影响人格、生理成长、智力成长和社会互动的特征，或者**教养**（nurture）——诸如父母的风格、物理环境以及经济问题等环境因素所明确设定？尽管达默并不像许多系列杀手那般在童年期遭受虐待或忽视，但他过去所经历的几个事件可能是他躁狂的因素——6 岁时的疝气手术使得他压抑而脆弱，当搬到新的住所之后，他变得日益孤立。然而，很多遭受更多童年期创伤事件的人在处理这类问题时不会选择谋杀。在他身上是否有一些固有的生物组成成分使得他不可避免地嗜杀成性呢？

天性-教养之争的历史

天性-教养之争至少在古希腊时期就已经流行。柏拉图所提出的理念——"知识建构于自身，而性格和智力很大程度上源于继承"——将他毫无悬念地归入"天性"阵营之中。柏拉图的学生亚里士多德（Aristotle）高举"教养"的大旗，并不同意他老师的观点。他认为，人们通过观察物质世界获取知识，然后通过感官将信息传递到内心。在 17 世纪，洛克和笛卡儿重新燃起了这场争论。洛克认为，人的心理就是一块等待经验去填充的白板，而笛卡儿则反击道，一些意念是天生的。

达尔文于 1831 年环游了世界，他收集了能够支持笛卡儿观点的证据。在 1859 年出版的《物种起源》（*The Origin of Species*）一书中，他的**自然选择**（natural selection）理论解释了物种内部由于进化而造成的差异。自然选择的特征是：有机体用最好的方式适应环境，并且这些特点可以传到未来的几代。达尔文的观点保持了生物学的基本原则，而特质可以遗传这一概念对当代心理学也产生了强烈的影响。

经过多年的科学争论和研究，许多心理学家赞同我们是通过独一无二的

分析水平

分析水平		
神经的	大脑	
基因的	基因	生物学的
进化的	自然选择	
学习	个人先前与环境相联系的经验	
认知	个人的知识或信念	
社会	他人的影响	实验的
文化的	个人成长所受的文化的影响	
发展的	与年龄相关的变化	

△ 可以通过许多不同的分析水平去调查心理学问题。

遗传和环境因素相联系而长大成人的。仅仅依靠天性或者教养去考虑心理学问题几乎是不可能的。然而这一争论依然就每一因素大概会产生怎样的影响而继续着。比如说，智力一直是研究的热门主题：智力在多大程度上是遗传的，多大程度上是习得的？一些研究者假定说，智力主要由遗传因素所决定（Bouchard & Segal，1985；Herrnstein & Murray，1994；Jensen，1969），而其他的研究者则认为诸如文化、经济、童年营养和教育等环境因素更加具有影响力（Gardner，ed al.，1996；Rose，et al.，1984；Wahlsten，1997）。天性-教养之争的各个方面都需要考虑多种分析水平才能够得到解决。比如，一个研究智力层次的心理学家可以在大脑水平上通过比较不同智力水平的人的核磁共振成像来检测其生物因素的影响，也可以在个人水平上通过调查其教育史和童年环境来检测。

天性-教养之争为当代心理学提供了有趣的问题。患有精神疾病的人是早就有达到这种情况的倾向性，还是有压力的生活事件或其他环境因素引发其罹患精神障碍？孩子是通过重复和教育学会语言，还是通过已经拥有的促使语法发展的机制？下面这个问题的答案更是有着引人入胜的社会意义：人们能改变吗？像杰弗里·达默这样的人有没有希望康复？还是说系列杀手是不会改变的？具有"等位基因 334"变种的男性是注定要欺骗他们的妻子吗？他们能否克服自然的冲动？

心理学分类

基于我们这一章已经提及的范围广泛的论题，你也许能够理解心理学领域的极其多样化。"心理学家"这一术语描绘了多种场景中的人：听一个来访者谈论他的抑郁症的治疗师、测量暴力的视频游戏如何影响儿童行为的研究者、检测老鼠大脑的结构的科学家。虽然这些职业看上去并无关联，但却有一种像胶水一样的东西把心理学家们联系到了一起：对人类行为以及对其影响过程的兴趣。

心理学组织

如同很多职业那般，心理学也有许多专业机构，以在该行业内提升特定的利益以及保持标准。拥有 14.8 万名成员的美国心理学会（APA，American Psychological Association）是世界上最大的专门的心理学家组织。它成立于 1892 年，旨在于全美和全世界范围内提高人们对心理学的兴趣。APA 贡献出版了大量的书籍、调研论文和杂志，包括其官方杂志《美国心理学家》（*American Psychologist*）。你写论文（或在不久的将来写作时）会使用 APA 的样式，它是社会科学中一般采用的格式。

APA 主要面向临床心理学，另外几个集中进行研究的团体则已经形成了各自的组织。美国心理科学协会（APS，Association For Psychological Society）专门从事科学心理学的工作。它成立于 1988 年，拥有 2 万名成员，出版基于科学和研究的书籍及期刊，包括一流的杂志《心理科学》（*Psychology Science*）。

APA 目前有 56 个专业分类，每一个代表着心理学中一个特定的领域。具体分类的例子包括发展心理学（教育和儿童保健的科学研究）和健康心理学（通过基础和临床研究了解健康与疾病）。每个专业的每一名成员都会收到时事通讯，上面为他们提供即将来临的会议信息以及各自专业知识领域中有趣的发展情况。

有关心理学的职业

随着对心理服务在学校、医院、社会服务机构、精神健康中心和私人公司中日益增长的需求，心理学毕业生的就业前景是很乐观的。美国劳工统计局的数据显示，2006年有16.6万名心理学工作者得到了聘用，到2016年，这一雇佣率上涨15%，这高于所有职业的平均值。职业前景最高的是那些在应用专业具有博士学位的人群，比如咨询和健康，以及在学校心理学中有着专业学位或者博士学位的人群。2006年5月，临床、咨询或者学校心理学工作者的平均薪水达到了令人羡慕的5.94万美元。如果你喜欢自己支配自己的时间，还会有更好的消息——其他职业人群中只有8%的人可以自己支配工作时间，而大约34%的心理学工作者都是个体户。

尽管APA有56个专业分类，但概括地讲，心理学中的职业可以分为三个主要门类：临床心理学、学术心理学和应用心理学。

> 随着对心理服务在学校、医院、社会服务机构、精神健康中心和私人公司中日益增长的需求，心理学研究生的就业前景是很乐观的。

临床心理学

临床心理学家对有着特定心理和行为问题的人进行诊疗，从心理健康专家到家庭治疗专家，**临床心理学**（clinical psychology）的领域涵盖了各种各样的职业。临床心理学家与患者进行面谈，给予诊断性测试，提供心理治疗，设计并实施行为改造的程序。与精神病医师不同，他们并非医师，绝大多数没有处方权。美国一些州正在实行变革。2002年，新墨西哥州得到特别培训以及获取相关证件的心理学工作者被允许拥有处方权。如今路易斯安那州的心理学家在

自然选择：此理论表明有机体用最好的方式适应环境以期活得更长久，并且将它们的基因特征传递到成功的一代。

临床心理学：对有特定心理和行为难题的人进行诊疗的心理学领域。

心理学学位获得者的就业结果

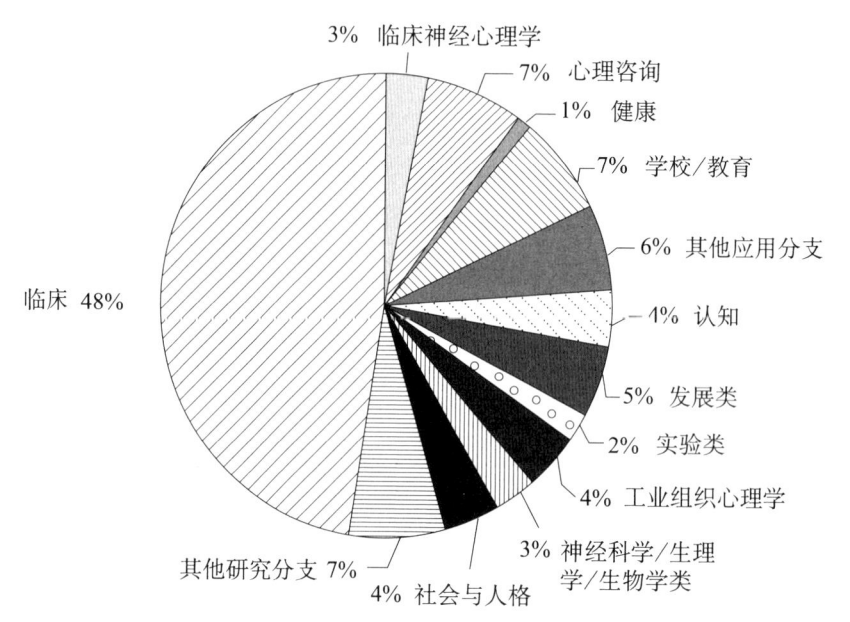

- 临床 48%
- 3% 临床神经心理学
- 7% 心理咨询
- 1% 健康
- 7% 学校/教育
- 6% 其他应用分支
- 1% 认知
- 5% 发展类
- 2% 实验类
- 4% 工业组织心理学
- 3% 神经科学/生理学/生物学类
- 4% 社会与人格
- 其他研究分支 7%

资料来源：2005 Graduate Study in Psychology, compiled by APA Center for Psychology Workforce Analysis and Research (CPWAR).

这一饼图显示了2005年获得博士学位的心理学工作者的专业领域。

与精神病医师商议后，被允许写处方。

临床心理学中的专业领域包括神经心理学（研究脑与行为之间的关系）、心理咨询（教人们如何处理日常生活中的难题，比如就职业压力给予建议）、社会工作（帮助人们解决生活中难题，特别是与贫穷和压抑有关的难题）、精神护理（对精神障碍人群的健康需求或诊断和治疗进行评估）以及学校心理学（从事学生的学习和行为问题）。比起其他的分支学科，临床心理学领域中得到聘用的心理学毕业生比例要高很多。

学术心理学

并非所有的心理学家都直接面向患有精神或行为问题的人。如果你与你的心理学教授谈话，可能会知道在教室之外，他们每个人都有着自己感兴趣的专业领域，并在其中进行研究。**学术心理学家**（academic psychologists）经常将监督和教导学生的时间进行划分，完成行政任务，并进行心理学研究。每个心理学家在各项任务中所投入的时间比例取决于他或她的学术机构的性质。一些学术心理学家花费大量的时间进行教学活动；而其他的学术心理学家，尤其是在规模比较大的学校中，花更多的时间进行科研。在综合性大学中，教师职位一般来讲竞争很激烈。1995年美国国家研究委员会对拥有哲学博士学位的3 200名毕业生进行的调查显示，尽管有62%的人打算进入学术生涯，但只有17.5%的人有着固定的教学合同。

学术心理学家的一些领域包括发展心理学（研究人类的社会和心理发展）、认知心理学（研究内在的心理过程）、变态心理学（研究精神障碍和其他变态思想和行为）、人格心理学（研究使得人们具有唯一性的思想、感觉以及行为模式）和社会心理学（研究群体行为和社会因素对个体的影响）。专门从事这些以及其他领域的学术心理学家通常以在与自己研究领域相关联的被认可期刊上发表研究成果为目标。

> 并非所有的心理学家都直接面向患有精神或行为问题的人。如果你与你的心理学教授谈话，可能会知道在教室之外，他们每个人都有着自己感兴趣的专业领域，并在其中进行研究。

应用心理学

"**应用心理学**"（applied psychology）这一术语涉及使用心理学的理论和实践去解决现实世界中的问题。比如，比起单纯地检测高压力水平和冠心病之间是否存在关联，一个健康心理学家会通过与一个有着一定冠心病风险的患者合作来降低其压力水平。应用心理学不受任何独立的心理学学科的限制，它包含着在一个实际形式中，利用心理学来完成同一个目标的许多不同领域。

设想一下，你是公司的老板，正在为一个职位选择最好的候选人。你怎样保证你的面试策略能够确定一个人的真实性格？一旦你雇用了新的职员，怎样

学术心理学家：经常将监督和教导学生的时间进行划分，完成行政任务，并进行心理学研究的专业人士。

应用心理学：使用心理学的理论和实践去解决现实世界中的问题的领域。

为何工业组织心理学家建议企业员工要一起参加团队建设活动？

确定他或她能够在这个富有成效的、快乐的工作环境中茁壮成长？工业组织（I/O）心理学是应用心理学的一种形式，在这里，心理学家研究工作场所中的行为，并且基于这些发现向企业主提供建议。工业组织心理学家可以通过工作分析来确定一个候选人对某职位的适用性，使用心理测验来评价雇员的态度和斗志，并且培训员工在团队合作中更加有效率地工作。在确定工业组织心理学家角色这一问题上，经济气候趋势经常是重要的组成部分；在当前经济衰退的情况下，许多心理学家主要帮助企业用最人性化的方式开发精简裁员的备用方案或者控制裁员。

许多企业会将自己的员工送至年度团队建设实践练习中，以鼓励办公室中的团队结合和团队合作。类似的技术也应用于快速发展的运动心理学中。如果要求你给一部电影命名，在这部电影中，教练通过一系列的团队建设实践练习，指导一个表现拙劣的团队取得了一场看似不可能的胜利，那么你可能会不假思索地说出多个题目。运动心理学家认为，运动员只训练身体是不够的，他们也需要健康的心态来获得成功。帮助运动员获取这种良好心态的方法包括设定清晰的短期目标、保持积极的思想、使用放松技术以及想象期待的结果——无论是罚球还是赢得一场比赛。如果你是一个追求卓越的运动员，那么你可以去与运动心理学家进行交谈。比如，作为一直以来世界上最优秀的高尔夫球运动员，"老虎"·伍兹（Tiger Woods）从他13岁开始就进行了心理咨询。

尽管工业组织心理学和运动心理学为"现实"心理学提供了优秀的实例，但除了商业和竞技之外，应用心理学在其他一些领域也是有用的。实际上，本章所提及的任何一个心理学的分支学科在某些方面都可以应用到实际情况之中。比如，一个人格心理学家可以作为陪审团成员进行某些咨询的选择，或者一个环境心理学家可以建议城镇建立规划委员会。与"心理学家坐在沙发上对病人进行分析"这一流行的刻板印象相反，心理学家可以在众多的行业中贡献自己的知识和洞察力。

回 顾

什么是心理学,它为何令我们着迷?

- 心理学是关于行为与心理过程的科学。
- 我们研究心理学是对自身以及自己所居住的世界的基本好奇心做出反应。

如何运用科学方法对心理学进行研究?

- 心理学家运用经验主义的基本原理和科学方法降低研究中的偏倚和误差。
- 心理学家一般所遵从的科学方法的六个步骤是:确定选题、进行背景研究、制定假设、测定假设、分析结果和报告结果。

心理学的历史是怎样的?

- 古希腊哲学家苏格拉底和柏拉图认为知识建构于我们自身,而约翰·洛克认为人的心理在出生之时是一块白板。
- "心理学之父"威廉·冯特于1879年建立了他的实验室。他的学生爱德华·铁钦纳创立了构造主义。威廉·詹姆斯提出了机能主义。马克斯·维特海默提出了格式塔心理学的概念。
- 现代心理学方法包括弗洛伊德的心理动力学理论、行为主义、人本主义、认知心理学和进化心理学等。

心理学家设法去回答的主要问题是什么?

- 关于我们的特质、行为和心理过程主要是继承特质(天性)的结果,还是环境因素(教养)的结果,是心理学中一个有争议的话题,并且这场争议还将继续下去。
- 许多心理学家赞同人类是受遗传和环境因素的独特结合所影响的。

心理学的几个类别之间有什么不同?

- 临床心理学家对有着特定心理和行为难题的人进行诊疗,而学术心理学家从事教学并进行心理学研究。

- 应用心理学家使用心理学的理论和实践去解决现实世界中的问题。工业组织心理学家和运动心理学家是每日都使用应用心理学的例子。

第 2 章
研究方法

- 为什么研究方法在心理学研究中非常重要?
- 有哪些不同的研究策略?
- 如何运用统计方法实现对资料的收集和分析?
- 怎样才能将偏差降到最低?
- 心理学家必须面对的伦理学问题是什么?

2004 年，在臭名昭著的阿布格莱布（Abu Ghraib）监狱（位于伊拉克），一些美国士兵被指控虐待伊拉克囚犯。许多人认为，需要为折磨和虐待等骇人听闻的行为负责的，应该是军队中的极少数人。但士兵们声称，他们只是"服从命令"，这给熟悉斯坦利·米尔格拉姆（Stanley Milgram）实验的社会心理学家们敲响了警钟。

20世纪60年代，耶鲁大学的米尔格拉姆教授进行了一系列实验，以考察人们对权威人士的服从情况。一名被试被告知扮演"教师"的角色，向房间中的另外一个人——"学习者"提问。如果"学习者"回答错误，"教师"就要给予其电击。"学习者"每回答错误一次，电击强度就要提高15伏（电击强度最高为450伏）。电击强度在机器上有明确显示。随着电压的增加，"学习者"会大声惨叫，乞求放他出去。如果被试质疑这个实验，或者想要退出实验，实验者会命令他或她继续。

米尔格拉姆实验的巧妙之处在于，"学习者"只是演员，而且并不会真的受到电击。实验的真实目的是考察被试最多会使用多高的电压。米尔格拉姆发现，65%的人使用了450伏的电压——这是一个致命的强度（虽然这令他们极其担忧）。服从的比例在种族、等级、性别上没有差异；如果对环境进行适当设置，人们将会仅仅因为别人的命令就对他人施加痛苦。

米尔格拉姆实验为了解人心最深处的黑暗提供了一个有趣的视角，并且可以在一定程度上解释大屠杀中普通德国人的行为。需要说明的是，米尔格拉姆和其他一些著名心理学家所使用的方法会给参与者造成很大的压力，这是违背APA指导原则的，但这些研究都是在这些严格的指导原则颁布实施之前进行的。实际上，这涉及伦理学上的一个难题：心理学家如何在不使用欺骗的情况下研究自然的人类冲动？或者如果心理学研究中使用了欺骗，心理学家如何确保这不会引发参与者过度的精神压力？按照现行的APA伦理原则和实施准则，当研究可能导致身体伤害或者情绪压力时，研究者必须对参与者坦诚相告。

2007年，心理学家杰瑞·伯格（Jerry Burger）在APA原则允许的范围内复制了米尔格拉姆实验：电击达到150伏即停止实验，密切观察参与者任何可能的消极心理反应，一再强调参与者随时可以退出实验，实验结束立刻向被试报告实验的情况。伯格的实验与近半个世纪前米尔格拉姆的实验结果一致，而且参与者没有不良反应。可以看出，符合伦理学的研究方法也可以获得有效的结果，而且并不带来伤害性后果。

心理学中的研究方法

作为一门科学，心理学研究要求严格的观察及资料收集方法。为了回答有关人类行为的问题，我们需要尽可能系统地、客观地收集和分析资料。在进行研究之前，心理学家必须先思考如下问题。

应该使用什么研究策略来检验自己的想法？
怎样才能确保获得的结果是客观的？
怎样运用统计学分析研究结果？
如何确保参与研究的人都得到了公平的对待？

为什么需要科学的方法？

后视偏差

你是否被人叫作"事后诸葛亮"？如果是，那么也许你正在经历**后视偏差**（hindsight bias），即你觉得自己一直都知道。从事后的角度来看，一些现象非常明显，以至经常被误认为是常识。现在看次级贷款的风险是显而易见的，但是在2008年经济衰退之前却并非如此。后视偏差使得我们在观察世界时误以为自己很有预见性。这也是科学家必须运用合理的研究方法的一个原因——即便心理学家对后视偏差很敏感，他们对结果的成见或偏见也可能严重阻碍其研究。幸运的是，科学的研究方法可以将后视偏差的影响降到最低。

当经济学家还在争论最近股市的跌宕起伏是否可以预见时，政治家已经很快地将目标指向其反对党，指责对方没有采取必要的预防措施。这种回望式的批评（retrospective blame）是后视偏差危害的典型代表。

错误共识效应

心理学家（和其他人）容易犯的另一个错误是"错误共识效应"（false consensus effect, Ross, et al., 1977），即高估别人与其想法、行为相似度的趋势。例如，你闲暇时可能喜欢与志同道合的朋友在政治博客上聊天。你和你的博友觉得，你们支持的候选人肯定会胜出——毕竟，每个人都支持他！谁不会呢？稍有常识的人都会同意，他是这个职位的最佳人选。或者，至少对你来说如此。然而，对于你的候选人的反对者，或者反对者的支持者们来说，很可能不是这样。在这个案例中，你的博客世界只是你自己选择的人群中的一小部分样本，你的参与也促成了错误共识效应的发生。为了将此类问题降到最低，避免偏见和偏差，研究者们会尽量获得研究对象的代表性样本。米尔格拉姆发现，不同性别、等级和种族的人们，服从权威的意愿没有不同。如果米尔格拉姆当时只研究了青少年男性，他的结论会有怎样的变化？

批判性思维

进行科学研究时，拥有批判性思维是非常重要的。换句话说，我们需要审查我们的假设，挑战我们的直觉，而不是单纯依靠本能和常识——这两者有时是错的。无论理论看上去有多么显而易见，优秀的研究者都会运用科学的方法

> **后视偏差**：指的是个体的一种错误观念，即个体总会在一件事情已经发生之后觉得自己其实一直都知道。
> **错误共识效应**：指的是一种趋势，即个体高估别人与自己的观点或行为的一致性程度。
> **教条主义**：指的是一种观点，即认为人们应该毫不犹豫、不加质疑地接受权威的看法。
> **方法**：为我们观察提供框架的规则或技术。

对其进行质疑和考察，而不是盲目地接受。

经验主义

经验主义（empiricism）认为，人类的知识是通过实践获得的。经验主义者相信，要了解世界，就必须观察世界。相对于**教条主义**（dogmatism）要求人们应毫不犹豫和不加质疑地接受权威的观点，这种哲学思想是一个进步。在18、19世纪的实验科学时代，经验主义为当时的科学研究奠定了基础，并获得了人们的认可。

经验主义的局限

经验主义并不能保证我们获得的信息是完全正确的。科学研究犯错在所难免，被曲解也属正常。要降低经验主义研究犯错的可能性，**方法**至关重要——作为一种规则或技术，方法为我们提供了观测的框架。仅仅依靠观察被试，我们可能会犯错，方法则可以帮助我们避免犯错。斯坦利·米尔格拉姆进行那项著名的研究时，确保每一名志愿者经历的步骤都绝对相同。研究者的对话是基于同一个脚本，每个电击水平上学习者的惨叫声也是统一的，演员说的台词也都完全一样。这保证了每一名参与者的经历是完全相同的，从而提升了经验主义的水平，将发生偏差的可能性最小化。通过一套既定方法，米尔格拉姆尽可能减少其实验误差。

以人为被试的研究面临的经验主义的挑战

无论我们如何谨慎地研究理论，或者无论我们如何严格地执行研究方法，以人为被试的研究仍然是艰巨的任务。为什么？

1. **人是复杂的**。我们不是单纯作为细胞的集合体存在，不能像细胞那样可以放在培养皿里面培育，放在显微镜下观察。人是有思想、有情感的，这会影响他们的行为。

2. **人是不同的**。人与人的差异广泛表现在各个方面，这使得心理学家很难对我们的行为进行概括。

3. **同一个人对情境的反应方式是不稳定的**。我们今天的反应可能不同于明天的，因此要将人划分成相对固定的不同类别并不很容易。

"聪明的汉斯"的故事

"聪明的汉斯"是德国数学教师威廉·冯·奥斯顿（Wilhelm von Osten）在1888年购买的一匹公阿拉伯马。冯·奥斯顿认为，如果给予恰当的教育，马可以和人类一样聪明。他开始对汉斯进行简单的数学能力训练。汉斯学会了通过敲击蹄子识别特定的字母，从而拼出单词。它还会通过上下或前后摇头的方式回答"是"或"否"。训练了四年之后，汉斯学会了做加法、简单的开方，甚至学会了看表。汉斯的聪明震惊了很多学者。

心理学家奥斯卡·芬斯特（Oskar Pfungst）最终揭开了汉斯的奥秘。芬斯特认为，汉斯能够回答问题，是通过对提问者发出的可见信号做出反应来实现的。他用汉斯数数用的数字卡片测试汉斯。开始，在汉斯看到之前，冯·奥斯顿可以看到卡片上的数字。与往常一样，汉斯用蹄子敲击出了正确的数目。然后，芬斯特要求，在呈现卡片给汉斯之前，冯·奥斯顿不能看。汉斯被难住了。芬斯特转而开始研究冯·奥斯顿，他发现冯·奥斯顿会做出细微的无意识的动作，汉斯正是依据这些动作做出正确回应的。当汉斯敲击蹄子的数目接近正确答案时，冯·奥斯顿会无意识地改变姿势。汉斯无疑是聪明的，但它并不具备数学能力。

事实、理论和假设

汉斯的故事告诉我们，科学研究中的事实、理论和假设是如何起作用的。

事实是通过直接观察获得的客观陈述。**理论**是用于解释现存事实的思想。**假设**是基于现有理论对未发生的事实的预测。

> 事实：通过直接观察获得的客观陈述。
> 理论：用于解释现存事实的思想。
> 假设：基于现有理论对未发生的事实的预测。

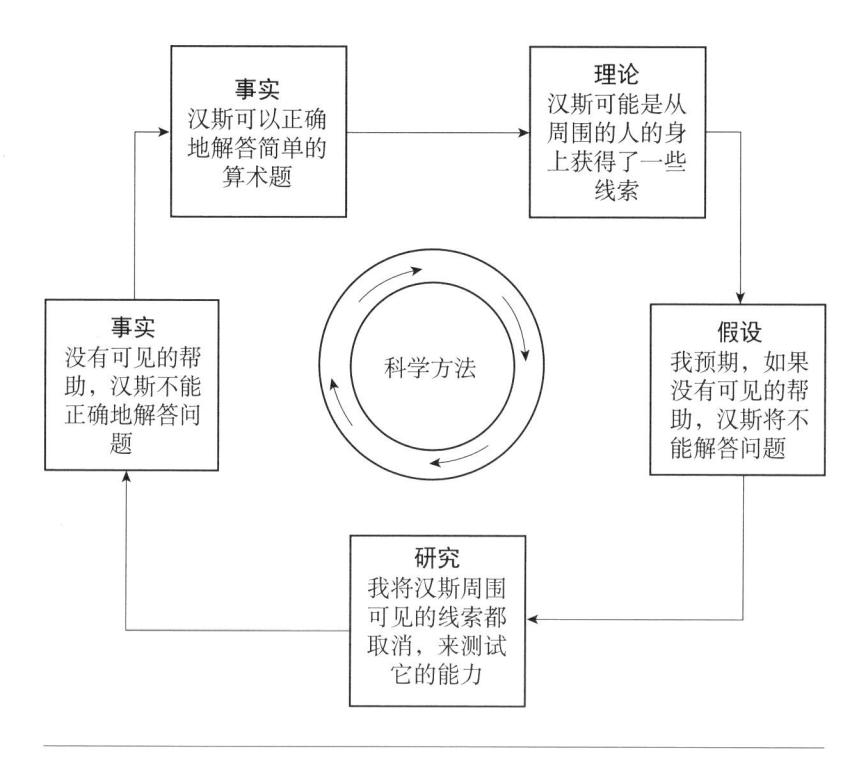

```
                    事实                       理论
              汉斯可以正确                汉斯可能是从
              地解答简单的    ──────→    周围的人的身
                算术题                    上获得了一些
                                              线索

                                                  │
                  ↑                               ↓

                事实               ┌──────┐       假设
           没有可见的帮             │ 科学  │    我预期，如果
           助，汉斯不能            │ 方法  │     没有可见的帮
           正确地解答问             └──────┘     助，汉斯将不能
                题                              解答问题

                  ↑                               │
                                                  ↓
                                    研究
                              我将汉斯周围
                              可见的线索都
                              取消，来测试
                              它的能力
```

△ 通过撷取前人的研究，科学家形成新的事实、理论和假设，科学的循环就这样永不停息。

研究者规定具有操作性的定义，这样其他人就可以重复其实验。换言之，研究者对其研究方法进行清晰的界定，这样其他人就可以在最大程度上精确地复制实验。如果不同的研究者得出相同的结果，那么这些结果的可信程度就更高一些。

我们能从汉斯的故事中学到什么？

"聪明的汉斯"可能不是一流的数学家，但它的故事告诉我们科学研究的三条重要经验。

1. 存疑。你正在观察的现象，有没有另外一种解释？不是所有的流行言论都是正确的——如果都正确，那我们现在还住在一个被海怪环伺的平坦的星球上。尝试着证明理论的错误，包括你自己的错误，这非常重要。正如亚里士多德所说："受过教育的头脑的特点是能够考虑一种思想而不一定接受它。"

2. 在控制条件下进行谨慎观察。 密切关注你的研究。芬斯特是第一位发现冯·奥斯顿给汉斯发出无意识信号的学者，而观察不如芬斯特敏锐的研究者们都觉得这匹马能够计算九年级的数学题。研究者需要控制情境，使得每次只有一个因素发生变化。汉斯开始与芬斯特进行的数数部分的实验与后一部分的实验唯一的不同在于，冯·奥斯顿是否了解卡片上的内容。这样就使芬斯特很容易指出汉斯聪明的来源。

3. 了解观察者期待效应。 如果研究者或观察者无意间将他们的期待传达给了被试，就会影响被试的行为。研究者在招募被试时也必须谨慎——在当地报纸上措辞不当的广告，或者带有价值观偏向的校园布告，都可能会引发实验被试的偏差。

正如亚里士多德所说："受过教育的头脑的特点是能够考虑一种思想而不一定接受它。"

研究策略的类型

研究设计：实验法

为什么有的人会犯罪？为什么青少年会情绪化？为什么有的人酒后会寻衅滋事？为什么聪明人也会做傻事？要考察关于人类行为的假设正确与否，最令人信服的方式就是进行实验。在一个实验中，研究者可以操纵一个**变量**（variable），即一个可以变化的特征（例如年龄、体重或身高），而其他变量都保持不变。这可以使我们看到，被操纵的这个变量是如何影响行为的某个方面的。

1956 年，所罗门·阿希（Solomon Ash）设计了一系列的简单实验来考察从众现象。他画了一条标准线，然后要求**被试**判断另外三条线中的哪一条与其长度相等。下页右图中，C 显然是正确的答案，但阿希想考察的是，人在团体压力下能否做出正确回答。他设置了两种情况：在第一轮测试中，他要求被试单独回答关于线段长短的问题；在第二轮测试中，被试被编入由几名实验**助手**（confederate）组成的团体中，这些实验助手会给出一致的（而且通常是错误的）回答。作为**自变量**（independent variable），即研究者操纵的变量，实验助手的存在与否就是两种情境的不同之处。**因变量**（dependent variable）即对自变量的反应，是被试得出正确答案的数量。

阿希发现，当被试单独回答问题时，正确率几乎是100%。然而当被试在团体中时，即便C显然是正确的，但如果团体中的实验助手都坚持C是错误的，被试迫于团体压力，给出错误回答的次数会超过1/3。

随机分配

在一些研究中，每名被试接受几种不同的自变量，这类研究被称为**被试内实验**（within-subject experiment）。另外一些研究被称为**组间实验**（between-group experiment），即不同组被试接受不同的自变量。例如，很多实验都会设置一个**实验组**（experimental group）和一个**控制组**（control group）。实验组接受自变量处理，控制组或者不接受实验处理，或者接受理论上应该没有效果（或不同于自变量导致的效果）的处理。例如一项药物研究，实验组服用真正的药物，控制组服用的可能是糖丸。为避免结果发生偏差，就要保证这两组之间不存在差异。作为至关重要的一点，这往往通过**随机分配**（random assignment）实现，即被试被随机分配到这两组的任意一组中。注意，假设有足够多的被试，那么这两个组将在成员的年龄、性别和其他特征上基本一致。如此一来，两组之间的任何差异均被视为偶然因素所致，研究者在分析结果数据时会运用统计学对之进行处理。

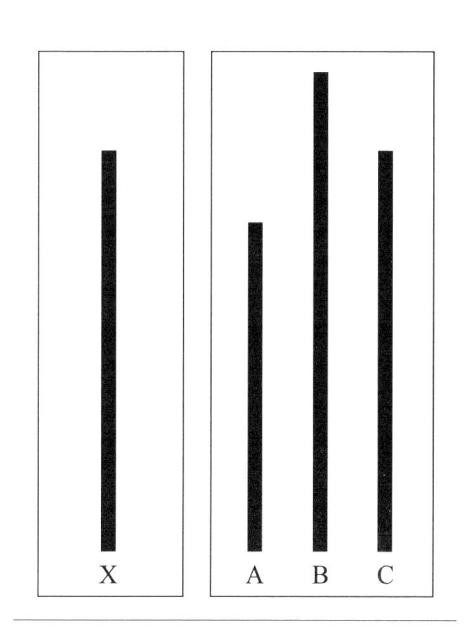

△ 这幅图片是阿希从众实验刺激材料中的一例。要求被试判断左侧的标准线X与右侧的线A、线B或线C中的哪一条长度相等。

被试被随机分配到这两组的任意一组中。注意，假设有足够多的被试，那么这两个组将在成员的年龄、性别和其他特征上基本一致。如此一来，两组之间的任何差异均被视为偶然因素所致，研究者在分析结果数据时会运用统计学对之进行处理。

🧠 研究设计：相关研究

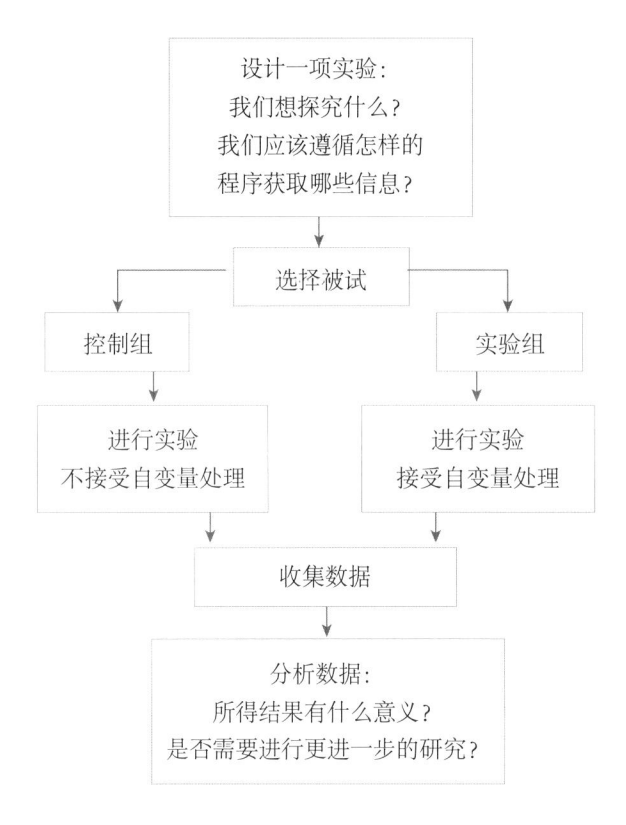

```
     ┌─────────────────┐
     │  设计一项实验：  │
     │ 我们想探究什么？ │
     │ 我们应该遵循怎样的│
     │程序获取哪些信息？│
     └────────┬────────┘
              │
         ┌────┴────┐
         │选择被试 │
         └────┬────┘
      ┌──────┴──────┐
   ┌──┴──┐       ┌──┴──┐
   │控制组│       │实验组│
   └──┬──┘       └──┬──┘
┌─────┴─────┐ ┌─────┴─────┐
│ 进行实验   │ │ 进行实验   │
│不接受自变量│ │接受自变量  │
│   处理    │ │   处理     │
└─────┬─────┘ └─────┬─────┘
      └──────┬──────┘
         ┌───┴───┐
         │收集数据│
         └───┬───┘
       ┌────┴────┐
       │分析数据： │
       │所得结果有什么意义？│
       │是否需要进行更进一步的研究？│
       └─────────┘
```

在相关研究（correlational study）中，研究者不操纵变量，而是观察变量之间是否存在某种关系。相关研究可以让我们基于一个变量来预测另一个变量。一个优秀的实验研究可以告诉我们因果关系，然而相关研究通常不能预测原因和结果：相关不等同于因果。例如，一项相关研究可能表明在学业成功和高自尊之间存在某种联系，但在学校里，成绩好并不必然引发高自尊。你可能发现，儿童死亡率的上升往往伴随冰激凌销量的上升，那么吃冰激凌是致命的吗？在你放下冰激凌之前，想想看，这两

变量：是一个可以变化的特征，例如年龄、体重或者身高。

被试：指作为主体参加某项实验的人。

助手：是参与某项实验的人，他们看上去是被试，但其实是研究者的同盟。

自变量：是研究者在实验中可以操纵的变量。

因变量：是在实验中受自变量影响的变量。

被试内实验：指研究中的每一名被试都要接受几种不同的自变量。

组间实验：指研究中不同的被试组接受不同的自变量。

实验组：是实验中接受自变量处理的一组被试。

控制组：也是一组被试，其在实验中或者不接受处理，或者接受理论上没有效果的处理。

随机分配：作为一个程序，可以将实验的被试随机地分入不同的组中。

个变量都与另外一个因素——夏季相关。相比其他季节，儿童在夏季会吃更多的冰激凌，也更容易发生意外。虽然在夏季，冰激凌的销量和儿童死亡率这两个变量都会上升，却并不存在一个引起另一个的关系。实际上存在第三个变量，它才是导致这两件事情共同发生的真正原因。

为了避免这种所谓的"第三个变量"的问题，研究者通过**配对样本**（matched sample）和**配对组**（matched pair）来选择被试。配对样本是两组或两组以上的被试在第三个变量上完全一致。例如，在考察学业成功是否与高自尊相关的研究中，研究者想减少第三个变量——年龄的影响。我们知道，将三年级的小学生和大学生进行比较是没有意义的，原因很多，比如这两个群体处于生命的不同阶段，研究者很难控制所有存在差异的变量。为了减少年龄的影响，研究者设置了配对样本，两个样本组由相近年龄的被试组成。配对组则将这一原则贯彻得更为严格——一个组中的每一名被试都与另一个组中的某一名被试在第三个变量上完全相同。在自尊的研究中，如果一个组中有一名15岁被试，那么另一个组中也要有一名15岁被试与之匹配，这就是一个配对组。

研究设计：描述性研究

研究者通过**描述性研究**（descriptive study）对行为进行观察和描述，但并不考察两个特定变量之间的关系。研究者可能使用统计学方法分析观察资料，也可能不用。一些描述性研究的焦点比较集中，例如观察儿童对新环境的反应方式，或者研究成年男性应对冲突的方式。也有些研究的焦点相对宽泛，例如观察野生动物的习性。描述性研究使用个案研究或者调查的方式观察被试（在自然环境中或者在实验室里）。

自然观察

我们每天都会使用**自然观察**（naturalistic observation），例如我们看到熙熙攘攘的购物者在商场里穿梭，或者看到孩子们在公园里玩耍。自然观察是在人或动物自身的生活环境中进行的。研究者可以获得被试行为的真实资料。美国一档热播的电视节目《蒙哥一家的故事》

> 在海岛猫鼬的自然栖息地对其进行研究，这对研究者们有什么启发？

(*Meerkat Manor*)描述了非洲海岛猫鼬的真实生活,旨在使人们更多地了解海岛猫鼬的行为。这个节目以情节取胜,可与日间肥皂剧媲美。该节目幕后的科学家主要使用的就是自然观察。(在解释海岛猫鼬的行为时,《蒙哥一家的故事》可能更多地从人类的视角出发,而不是海岛猫鼬本真的样子,这可能会引起观众的理解偏差。实际上,采用自然观察法的科学家会尽可能避免将人类特征投射到他们正在研究的动物身上。)

自然观察的一个局限是可能存在**观察者偏差**(observer bias)。当观察者希望看到某种特定行为时,或者只关注支持某种理论的行为,就发生了观察者偏差。避免观察者偏差的一种方法是**观察者单盲**(blind observer),即观察者并不了解研究的相关信息。或者也可以考虑使用多个观察者,比较他们的观察记录。自然观察的另一个局限是,自然观察是在真实生活中进行的,这使得观察无法重复。对于心理学家来说,仅仅基于自然观察是很难概括出结论的。

实验室观察

实验室观察(laboratory observation)即研究者在控制条件下观察一个人或者动物,一般用于在自然情境中难以对某种行为展开观察的情况。例如米尔格拉姆的电击实验是不可能在自然情境下进行的。除了伦理学方面的争议,是否有人愿意接受实验也值得怀疑。但是米尔格拉姆的团队如何知道他们的被试是否行为正常?有没有可能是陌生的环境使得他们更服从实验者的指示,而如果在自然环境中他们不会如此?实验室观察的局限是,被试的行为以及由此带来

配对样本:指实验中的一组被试,与另外一组(或多组)被试相比,其特点是在某个变量或一组变量上完全一致。

配对组:是实验中的一套被试,每名被试都来自单独的一个被试组,并且在某个变量或一组变量上完全一致。

自然观察:是在人或动物自身的生活环境中进行的研究。

观察者偏差:描述了这样一种情况,即观察者期望看到某种行为,然后他或她会只关注那些支持其期望的活动。

观察者单盲:指观察者不了解研究的内容,因而也就不会受到观察者偏差的影响。

实验室观察:是在控制条件下对人或动物的研究。

的研究结果可能具有一定的人为性。

个案研究

在**个案研究**（case study）中，研究者会深入研究一个或者几个个体。他们运用自然观察、访谈、测验等方法获得被试信息。发展心理学家让·皮亚杰（Jean Piaget，1896—1980）以自己的孩子为被试，随着他们的成长展开研究，然后基于自己的观察提出了认知发展理论。

有些信息通过其他方法难以获得，或者要获得这些信息可能会违背伦理学原则。此时，个案研究不失为一个好的选择。例如，可能没有人愿意参加，或者说会争先恐后地要求参加一项严重损伤大脑的实验。

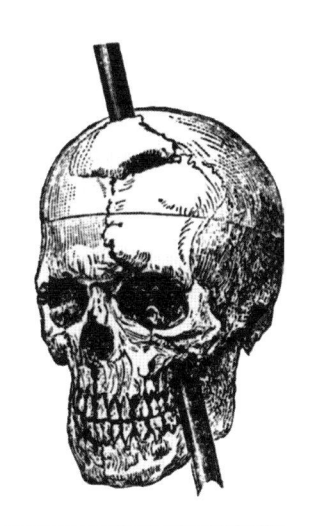

让我们来看看著名的菲尼亚斯·盖奇（Phineas Gage）个案研究。盖奇是一名铁路工人，1848年在一次爆炸中，一根铁棍穿透了他的颅骨和额叶。令人惊异的是，盖奇奇迹般地活了下来，但是他的人格却发生了极大的改变。盖奇的例子表明，额叶影响人的人格和行为。（Damasio，et al.，1994）

> 盖奇是一名铁路工人，1848年在一次爆炸中，一根铁棍穿透了他的颅骨和额叶。令人惊异的是，盖奇奇迹般地活了下来，但是他的人格却发生了极大的改变。

通过个案研究可以获得一些凭借其他方法难以获得的有趣信息，但个案研究也有不足。例如，一项个案研究只提供一种现象的孤立的例证，而这个例子可能并不具有代表性。不进行更深入的探索，仅仅基于一项个案研究概括得出结论是不严谨的。

调查

你是否接到过来自陌生人的电话，电话那头的人恳切、执着地询问你对一些问题的看法，例如堕胎、零排放汽车等？如果你接到过这种电话，那么你就是参与了一项**调查**（survey）。要进行一项调查，研究者会以问卷或访谈的形式，询问涉及人类行为或观点的一系列问题。调查能够相对容易地获得大量被试的私人信息，是一种有效的研究手段。调查法一般用于描述性研究和相关性研究。

研究者要认真仔细地斟酌他们在进行调查时的问话。请看下面的例子：

你赞成外国劳动者获得本国的居留许可吗？

你认为非法移民有权留在本国吗？

这两个问题的意义相近，但使用其中一个取代另一个可能会改变调查结果。相对"非法移民"和"有权"，"外国劳动者"和"许可"带有更积极的暗示意味，这种措辞上的差异可能会以一种不可控的方式影响调查结果。研究者还要明白，人们的回答并不一定可靠，有时是因为担心被评判，有时是因为记错了。

随机取样（random sampling）可以保证研究样本对一般人群的代表性。假设你想了解加利福尼亚人对同性恋婚姻的看法，那么只在同性恋社区进行访谈和只调查保守宗教群体，所得结果必然大不相同。关注调查对目标群体的覆盖面，这在任何调查中都是非常重要的。

研究背景

研究可能在实验室进行，也可能在现场进行。**实验室研究**（laboratory study）的环境是经过特别布置的，便于收集资料和控制变量。**现场研究**（field study）是在实验室以外的地方进行的。自然观察就是现场研究的一种。在自然观察中，被观察的人或动物身处自然环境而不是控制情境。为了克服实验室研究和现场研究的局限，研究者有时会针对同一个问题分别展开这两种研究。如果运用这两种不同的方法得出相同的结论，结论的可靠性就更高。例如，2008年奥本大学（Auburn University）的研究者们在实验室进行了一项研究。他们将被试分为两组，一组穿运动鞋，另一组穿人字拖鞋，要求被试从一个特殊的

个案研究：是对一个或者几个个体进行的深度研究。

调查：是涉及个体行为或观点的一系列问题，通常以问卷或者访谈的形式进行。

随机取样：是一项技术，通过这项技术随机选择调查的参与者，可以获得总体的一个恰当代表。

实验室研究：指参与者被带到一个经过特别布置的环境中，以便收集信息、控制变量的研究方法。

现场研究：指在自然环境中，而不是在实验室中进行的研究方法。

平台上走过。研究者观察了穿人字拖鞋的被试的步态,发现穿人字拖鞋可能会对人体造成伤害,特别是造成脚、脚踝和腿的酸痛。但是在实验室里穿人字拖鞋与在自然环境中穿人字拖鞋一样吗?如果研究者们当时再进行一个现场研究,观察在自然环境中穿人字拖鞋的人,也许能收集到更深层次的资料,以判断在草坪或者柏油路等日常的地面上,相比其他鞋子,人字拖鞋是否为足部提供的支撑更少。

一般说来,调查的类型决定了研究的背景。实验在实验室中进行会更有效,因为在实验室中,研究者可以更严格地控制环境。相关性研究和描述性研究则通常在现场进行。总之,研究背景完全取决于研究者的调查类型。

收集资料的方法

自我报告法

作为收集资料的一种方式,**自我报告法**(self-report method)要求人们对其自身的行为或精神状态做出评价或描述。运用自我报告法的研究通常以**问卷**(questionnaire)或**访谈**(interview)的形式进行。在时尚杂志的巨大帮助下,你最近可能已经对自己的情感需求进行了评估,或者找到了与你般配的名人。心理学问卷在某种程度上与这些流行测验很

> 与大部分杂志上的测验不同,心理学家使用的问卷在科学上是有效的。

自我报告法:是收集数据的一种方法,要求人们对其自身的行为或心理状态进行评价或描述。

问卷:即一系列问题,它有着严格的目的与严密的控制,如谨慎的措辞、结构化的问题、随机取样等。

访谈:是收集数据的一种方法。在访谈中,人们对访谈者进行关于自己的口头描述。访谈可以是高度结构化的,由一系列问题组成;也可以相对松散,类似会话式的。

观察法:指观察和记录被试行为的程序。

测验:是观察法的一种。通过向被试呈现刺激或者问题,研究者可以获知被试完成某项任务的方式。

相似，但其目的更严格，同时控制更严密，例如采用谨慎的措辞、结构化的问题、随机取样。前面提到的调查即为问卷法的一种形式。

在访谈中，人们对访谈者进行关于自己的口头描述。访谈可以是高度结构化的，由一系列问题组成；也可以相对松散，类似于会话。在一些结构化访谈中，访谈者以数字形式对人们的回答进行打分，这有助于研究者根据访谈结果做出精确概括。

观察法

研究者通过**观察法**（observational method）观察和记录被试的行为。自然观察是观察法的一种，还有一种观察法叫作**测验**（testing）。通过向被试呈现刺激或者问题，研究者可以获知被试完成某项任务的方式。例如，假设你参加某项研究性测验，研究者可能要求你解逻辑题，或者要求你看到一个灯亮就按一下按键。

资料收集方法的利与弊

没有哪种收集资料的方法是完美的，每种方法都各有利弊，这着实令人沮丧。问卷和访谈非常适合收集私人信息，但并不能保证人们的回答是真实的（即便那些绝对诚实的人，当他们评价自己的行为时，也可能不甚客观）。研究者通过自然观察获得第一手资料的同时，很可能会干扰被试的自然行为，而且观察资料的统计分析也很复杂。测验使用方便，计分容易，但结论具有一定的人为性，例如，你在 5.2 分钟内成功解出一道逻辑题，但你的解题能力可能与你在日常生活中行为的逻辑性毫无关系。在选择研究设计类型时，研究者必须确定，他们采用的收集资料的方法能够为其正在研究的理论提供有效信息。

心理学中的统计方法

资料收集完成之后，研究者将通过统计学方法分析资料、发现有意义的模式。统计学分为两类：**描述性统计**（descriptive statistics）和**推断性统计**（inferential statistics）。描述性统计用于概括一组数据（例如身高、体重、年级平均成绩）；推断性统计则是运用概率原理帮助研究者做出决策——他们获得的结果在多大程度上是偶然的，进而推断观察结果可以在多大程度上适用于更广泛的人群。

描述性统计

集中趋势的测量

全国平均汽油价格，或者社区里拥有混合动力汽车的平均人数，这些数据属于什么类型呢？这完全取决于你对"平均"（average）一词的理解。有三种方法可以测量一组数据的集中趋势（central tendency），或者说测量这组数据的典型代表分数。**平均数**（mean）是算术平均数——所有分数之和除以分数的个数。**中位数**（median）是位于一组数据中间的那个分数——所有的数据从小到大或从大到小排列，有一半数据高于中位数，另一半低于中位数。**众数**（mode）是一组数据中出现次数最多的那个分数。

变异性的测量

变异性（variability）指的是一组分数彼此之间以及与平均数之间的差异程度。测量变异性最简单的方法就是**全距**（range），指一组数据中最大值与最小值的差。假设 11 月份汽油的最低价格是每加仑[①]3.2 美元，而到阵亡将士纪念日[②]时飙升到了 4.5 美元，那么在这期间每加仑汽油的价格全距就是 1.3 美元。但全距并不能准确地对变异进行估计，因为它未将一些分数的极端性考虑在内。例如，假设美国绝大多数的加油站都将汽油的价格定为每加仑 4 美元，可有一个加油站将价格压至每加仑 2.5 美元，而另一个加油站将价格抬高至每加仑 5.5 美元。这些价格上的极端变化造成了一个很大的全距，但这个很大的全距并不能反映汽油价格实际上的变异性，因为大多数加油站的价格是基本一致的。

> "统计学之于他，就像路灯柱之于一个喝醉的人——其作用在于支持，而非照明。"
> ——安德鲁·朗格

---

① 1加仑约合3.8升。——译者注
② 每年5月的最后一个星期一。——译者注

测量变异性更好的方式是运用**标准差**（standard deviation）。标准差是通过考察一组数据中的每一个具体分数来描述整组数据的分散性。通过计算每个具体分数的实际值与该组分数的平均值的差异，可以得到每个实际值的**离差分数**（deviation score）。计算标准差可以帮助我们更好地了解分数究竟是紧密集中的还是相对分散的。

频率分布

频率分布（frequency distribution）简要描述了一组数据中每个分数出现的次数。研究者先将分数从高到低排列，划分为若干个分组区间。然后将分数按数值大小划归到相应的组别内，计算每个区间包含分数的个数（或者每个分数在该组数据中出现的次数），这就形成了一个频率分布表。最后，研究者可以通过画图的方式呈现信息。**条形图**（bar graph）使用垂直或水平的直条，直条的长度与其代表的值成比例。**直方图**（histogram）与条形图的外观有相似之处，但直方图在 X 轴上表示组距，在 Y 轴上表示频率，因此直方图特别适用于呈现频率分布。

描述性统计：是研究者用于概括数据的统计方法。

推断性统计：运用概率原理帮助研究者进行决策的方法——他们获得的结果在多大程度上是偶然的，进而推断观察结果可以在多大程度上适用于更广泛的人群。

平均数：是一组数据的算术平均数，即所有分数之和除以分数的个数。

中位数：是位于一组数据中间的那个数。

众数：是一组数据中出现次数最多的那个数。

变异性：是一组分数彼此之间以及与平均数之间的差异程度。

全距：是一组数据中最大值与最小值的差。

标准差：是对一组数据分散性的测量，它运用了该组数据中的每一个数值。

离差分数：表示每个具体分数的实际值与该组分数的平均值之间的差异。

频率分布：是对一组数据中每个分数出现次数的简要描述。

条形图：用于表示频率分布的图形，垂直或者水平的直条的长度与其代表的值成比例。

直方图：表示频率分布的矩形。矩形的宽代表一个区间，矩形的面积与相应的频率成比例。

推断性统计

对数据进行解释是一项困难的工作,因为收集到的数据或多或少总是基于一定的偶然因素,例如测量可能不如期待中准确、数据可能受到不可控变量的影响、分组可能不是完全随机的,等等。考虑到上述因素,结论还有意义吗?统计学方法可以帮助我们解决这一问题。

正态分布和偏态分布

如果将一组均匀分布(even distribution)的数据用图形表征,则结果是一条正态曲线(normal curve)。

正态分布(normal distribution)中,数据趋向集中于所在组的中心,因此正态曲线呈对称的钟形。在正态曲线中,平均数、中位数和众数是相等的。如果不是均匀分布,图形将呈现**偏态分布**(skewed distribution),即数据集中于一端,而不是中间,平均数、中位数和众数也各不相等。一般来说,我们获得的大多数数据不会恰好是正态分布,但我们可以运用正态曲线对数据的统计学意义进行决策。

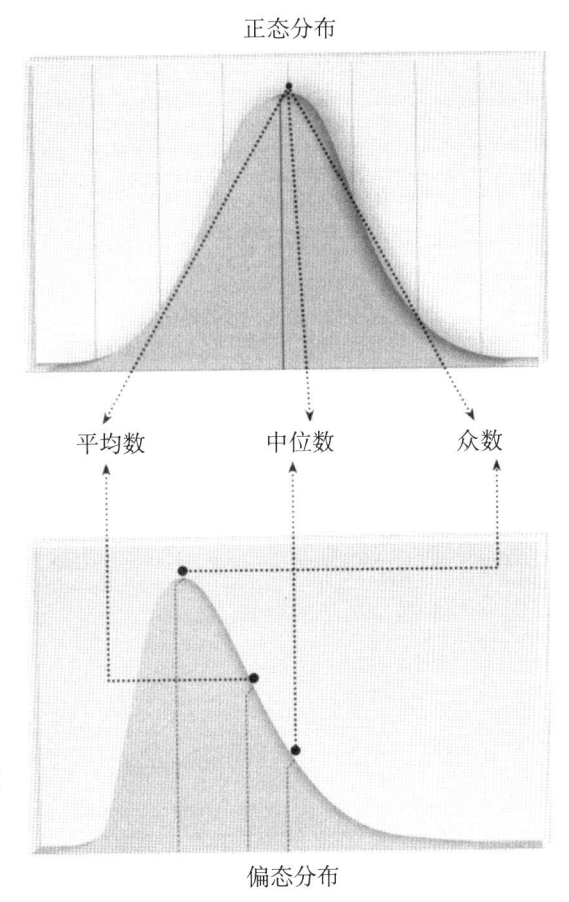

正态分布

平均数　　中位数　　众数

偏态分布

统计学意义

如果两个样本的平均数差异很大,而且两个样本都是可靠的,那么这个差异就具有**统计学意义**(statistical significance)。换言之,差异不能简单地归因于偶然因素。例如,心理学家考察两组大学生的语言技巧,发现新生和高年级学生的平均成绩存在一定差距,那么该研究结果可能是有统计学意义的。

字母 p 貌似平常，但在科学家看来，p 是非常重要的。在统计学中，字母 p 代表概率（probability），用于表明一个效应的**显著性水平**（level of significance）。或者说，如果某个研究结果发生的概率小于 p，那么就可以认为该研究结果是一个偶然事件。p 值越小，意味着观察到的结果作为偶然事件发生的概率越低。p 值越小，结果的统计学意义越大。当结果的 p 值小于 0.05（5%），研究者一般就会认为结果具有统计学意义。

当要对结果的统计学意义进行决策时，需要考虑以下几个因素。

1. 对观察到的效应的把握。你观察到的差异有多大？例如，为了在环保方面超过竞争对手，当地的汽车代理商决定对混合动力汽车打折促销。于是，代理商的销售量上升了。但是，销售量上升了多少？如果之前的平均销售量与优惠活动期间的销售量差距非常大，那么差异可能是有统计学意义的。但如果差异比较小，就可能是由偶然因素引起的。

2. 被试的数量或观察的次数。如果有一位汽车代理商发现，对混合动力汽车进行打折促销之后，销量猛增，则这足以令人印象深刻。如果销量猛增确实不是偶然因素引起的，那么印象想必会更深刻——想想看，如果国内所有的汽车代理商都进行了同样的优惠活动，是否都能收到类似的效果？相对于小样本，在样本容量较大的情况下，偶然因素的影响更小。大样本可以更好地说明影响整个人群的趋势。

3. 群体内部的变异。有多少没被控制的随机因素在影响汽车的销售量？政府是否给予购买混合动力汽车的人更大的退税优惠？或者上个周六下雨了，这使得人们更愿意在商场里购物，而不是去户外卖车的地方？每个群体内部的变异越小，结果具有统计学意义的可能性越大。

假设其他因素完全一致，若观察到的效应很大，又是大样本，而且群体内变异很小，那么该项研究的结果很可能是具有统计学意义的。

统计学意义的使用

当你在看统计数据时，尽量不要太关注"意义"这个词。毕竟，在统计学上有意义的数据，也许没有任何实际意义或实际价值。如果采用足够大的样本，哪怕最小、最不相干的细枝末节也可能具有统计学意义。

控制心理学研究中的偏差

误差

假设有人为了能够参与研究而对研究者撒了谎,可研究者没能觉察到,那么基于这些被试得出的结论就可能存在**误差**(error),或者随机变异。在某种程度上,心理学研究中的误差是在所难免的。因为无论我们如何努力,都不可能对影响目标行为的每一个变量都进行有效控制。

有误差未必意味着有人犯了错。如果样本足够大,相对而言,误差的影响就显得不那么重要了。不过,在对数据进行统计学分析时,研究者均会考虑误差的影响。一般来说,研究者通过计算相关数据的标准差来测量误差。

偏差

当米尔格拉姆和他的同事在实验中与被试互动时,他们必须非常小心地避免产生**偏差**(bias)。想象一下,如果当时他们对所有的女性被试都正常处理,但对那些感觉不舒服的男性被试施以轻蔑、讽刺或者贬斥,研究结果会怎样?很有可能,研究结果会受到这种不平等、有偏差的处理方式的影响。在心理学研究中,偏差是一个很严重的问题,因为通过统计学程序并不能发现和纠正偏差。误差只是降低了结果具有统计学意义的可能性,偏差则可能使研究者得出错误的结论。为了解决偏差问题,科学家会在实验中使用多位研究者,遵循严

正态分布:是一组均匀分布数据的图形化表征。由于是均匀分布,而且均匀分布的数据趋向其中心集中,因此该曲线呈对称的钟形。

偏态分布:表示的是一种非均匀分布,其数据集中于某一端而非中间。

统计学意义:指两个可靠样本的平均数的差异不能简单归因于偶然因素。

显著性水平:是一个统计量,用概率表示。若研究结果达不到某个概率,即被认为是偶然事件。

误差:是随机变异,由实验中的偶然因素引起。

偏差:由研究者主观的、有时是非理性的判断造成的差异,往往影响实验结果。

格的训练程序，以确保所有的研究者恪守同样的实验技术。

除了研究者，还有一个因素叫作**要求特征**（demand characteristic），也会产生偏差。要求特征指情境中的某些因素，这些因素使得被试猜测研究者的期待，然后据此产生行为。要求特征可能会导致研究结果的无意义。

避免偏差样本

如果样本不是由研究总体中的代表性个体组成，那么这个样本就是一个有偏样本。当参与者被随机分入不同的处理组，他们之间的个体差异即为误差。在对结果进行统计分析时，这部分误差能够被计算出来。但是，如果参与者不是随机分组，那么产生的既有误差又有偏差。还有一个潜在的问题是自我选择——有时仅仅是被试选择了参与某项研究，也会造成偏差。例如，如果一项调查会询问很多私人问题，那么只有那些对此不反感的人才会完成此项调查。

这样说来，我们如何能够确保使用的是无偏样本呢？实际情况是，无论样本多大，总会有偏差。关键在于，要把偏差控制在尽可能不重要之处，并使其尽可能小。

避免测量偏差

优秀的研究者会核查其测量是否可靠（reliable）和有效（valid）。可靠通过信度

要求特征：指情境中的某些因素，这些因素使得被试猜测研究者的期待，然后据此产生行为。

信度：指一项测量在特定情境中，通过特定被试，每次所得结果的相似程度。

效度：指一项测量在多大程度上测出了它想要测量的内容。

表面效度：指一项研究看上去在多大程度上测量了所要测量的内容。

效标效度：指一项测量与另一项考察同一特征的准则测量之间的相关程度。

预测效度：是效标效度的一种，即可以通过一项测验的结果来预测一个人在另一个领域的分数或表现。

结构效度：是效度的一种，通过特别的程序来测量或者关联一个理论概念或者抽象概念。

内部效度：是效度的一种，指研究结果在多大程度上是由自变量引起的。

外部效度：是效度的一种，指一项测验可以被推广到总体中其他人群的程度。

体现。**信度**（reliability）是指一项测量在特定情境中，基于特定被试，每次所得结果的相似程度。一项可靠的测量，基于不同被试，得到的结果可能是不同的。但若基于同样的被试进行多次测量，则每次得到的结果应该是相同的。研究者必须保证研究方法的一致性，从而保证研究结果的可比性，因此一项测量的信度反映的是测量的误差而非偏差。如果一项测量的信度很低，那么基于该测量的研究很难具有统计学意义。

有效则通过效度体现。**效度**（validity）是指一项测量在多大程度上测出了它想要测量的内容。这是一个比信度更严格的指标，因为也许程序是可靠的，但如果程序无效，那么测出的内容也是没有意义的。效度可以分为以下几种。

1. 表面效度（face validity）。表面效度指一项研究看上去在多大程度上测量了所要测量的内容。假设在一项旨在测查智力的研究中，研究者问被试是否喜欢吃冰激凌，这个问题就没有表面效度，因为是否喜欢吃冰激凌与智力高低并无关系。在上述研究中，具有表面效度的测量应该是采用解逻辑题的方式。

2. 效标效度（criterion validity）。在一项智力测验中，你可能得了很高的分数，可是研究者怎样确定这个测验测量的是智力而非其他呢？理想的情况是，该项测验具有效标效度。效标效度指的是一项测量与另一项考察同一特征的准则测量的相关程度。为了保证一项智力测验是有效的，研究者可能将该测验的结果与另一项与智力相关的测验结果进行比较。例如，智力测验分数一般与学业成绩进行比较（Aiken & Groth-Marnat，2005）。如果有一个足够大的人群，他们在学校考试中成绩出色，在智力测验中也表现突出，那么这个智力测验就是具有效标效度的。

> 如果一项研究表明，每天食用一磅鱼子酱可以改善1%的大脑功能，但一磅鱼子酱的价格是50 000美元。这项研究是否具有实际意义？

有一种效标效度叫作**预测效度**（predictive validity）。如果一项测验具有预测效度，你就可以通过该测验的结果来预测一个人在另一个领域的分数或表现。例如，你的职业规划顾问会让你做一份有预测效度的测验，从而对你胜任某项职业的可能性进行评估。

3. 结构效度（construct validity）。如果一项测验具有结构效度，它会通过特别的程序来测量或者关联一个理论概念或者抽象概念。你不能将你的智力取出放到秤上称一称，或者用卷尺量一量，但通过具有结构效度的智力测验，可以得到与智力相关的具体结果。

4. 内部效度（internal validity）。如果研究者能够控制所有的额外变量（extraneous variable），自变量是唯一影响研究结果的变量，那么这项测验就具有内部效度。内部效度保证了自变量和因变量之间的引起和被引起关系。

5. 外部效度（external validity）。如果一项测验可以被推广到总体中的其他人群，那么这项测验就具有外部效度。若研究者得出的研究结论是基于人群中的代表性样本，则该结论应适用于此人群中任何其他样本，且这项研究是具有外部效度的。

避免期望效应

还记得"聪明的汉斯"和它的主人吗？在研究过程中，如果研究者本身带有希望或期待，那么他们可能会在无意间将其传递给被试，从而影响被试的行为方式。正是威廉·冯·奥斯顿无意中向汉斯提供的那些微妙的线索，使得他的"实验"发生了偏差。期望还会影响研究者对被试行为的观察。如果奥斯卡·芬斯特之前期望汉斯是马中的爱因斯坦，他就不会觉察到冯·奥斯顿的非言语暗示。观察者期望效应（observer-expectancy effect），也称为观察者偏差，可以通过单盲观察者来克服。单盲观察者即不让观察者了解研究目的，在组间设计中也指观察者不了解被试接受的是何种处理。

被试有时会预期某些实验结果，然后据此调整自己的行为，这就是**被试期望效应**（subject-expectancy effect）。避免被试期望效应的有效途径是单盲被试，即不让被试了解自己接受的是何种处理。例如，1971年心理学家桑德拉·贝姆（Sandra Bem）设计了《贝姆性别角色量表》（*Bem Sex Role Inventory*），用以评估被试在男性化、女性化和中性化三个方面的性别认同。该量表的指导语告诉被试将回答一些关于自身人格方面的问题。被试并不知道这个量表实际上考察的是性别认同，如果知道了，他们给出的回答可能会大不一样。

安慰剂效应可能非常强大。这在精神力量方面给予了我们怎样的启示？

在**双盲实验**（double-blind experiment）中，被试和观察者双方都处于盲目状态。在一项双盲药物研究中，一些被试拿到的是处于测试阶段的药物，另一些被试拿到的则是**安慰剂**（placebo）——看起来与药一样，但没有药效。被试和观察者都不知道谁服用的是什么，因此任何行为上的差异都会被认为是药物的作用，而非由被试或者观察者的期望造成。当今大名鼎鼎的性功能障碍药物——万艾可（Viagra）采用的就是这种测试方法。测试结果表明，服用万艾可的被试中69%的人成功，服用安慰剂的被试中则只有22%的人成功。（Goldstein，et al.，1998）

不过，双盲程序在避免被试和观察者的期望方面并非总是有效。**安慰剂效应**（placebo effect）就是暗示力量的极端例子。当个体服用了安慰剂，反应却像服用了真正的药物一样，这就是安慰剂效应——因为他们相信他们服用的是真正的药物。在对疼痛、沮丧和焦虑的治疗实践中，研究者均观察到了安慰剂效应的存在。（Kirsch & Saperstein，1998）

心理学研究中的伦理学问题

1971年，斯坦福大学的心理学家菲利普·津巴多（Philip Zimbardo）招募了大约70名年轻人——其中多数是大学生——参加一项关于监狱生活的心理学研究。通过诊断性测验，他最终挑选了24人参与这项为期两周的实验，每天的报酬是15美元。参与者们以掷硬币的方式被随机分为两组。一组作为"看守"，另一组则充当"囚犯"的角色。这些"囚犯"在真正的监狱里登记，然后被蒙着眼带进了模拟监狱。这个模拟监狱其实是校园中的一幢建筑，只是已

被试期望效应：发生在研究的参与者对实验有所预期之时的效应。当被试期望以某种行为方式作为处理结果时，就会有意对其行为进行调整。

双盲实验：是一种实验方式，被试和观察者均处于盲目状态，从而可以消除观察者期望效应和被试期望效应。

安慰剂：指一种物质或程序，它看上去实施了治疗，但并没有真正的治疗效果。

安慰剂效应：是指这样一种现象，当个体服用了安慰剂，反应却像服用了真正的药物一样——因为他们相信他们服用的是真正的药物。

在一名曾经有过牢狱生活的人的帮助下，被尽可能改造成真实监狱的样子。一到监狱，每名"囚犯"都被脱光衣服接受搜身，然后被喷洒了灭虱药，穿上统一的囚服。

实验的第二天，"囚犯"们便发起了一场暴动，随即被"看守"镇压。然后，"看守"开始采用更多的强制手段，要求"囚犯"完成一些屈辱的任务，例如徒手清洗马桶。5名"囚犯"因为严重的情绪问题导致生病，被提前释放。该实验最终在第五天被叫停。（Zimbardo, 1971）

以人类作为被试的研究

津巴多当然不是为了故意伤害被试而创设的斯坦福监狱实验（Stanford Prison Experiment），但这个实验是否合乎伦理？当研究者以人类作为被试进行实验时，必须考虑以下三个问题。

1. 个体的隐私权。研究者需要从被试那里获得信息。但被试也必须被告知，对于他们不愿分享的内容，可以不必分享，而且实验结果中涉及的相关内容绝对是匿名的。

> 当研究者以人类作为被试进行实验时，必须考虑以下三个问题：个体的隐私权、不适或受伤害的可能性以及欺骗的使用。

2. 不适或受伤害的可能性。如果津巴多能够预期到他的实验结果，也许他就不会进行这项实验了。研究者有责任保护被试不受伤害，并且要确保被试可能承担的任何风险都必须能够被潜在的人类利益所弥补。被试必须被告知，他们随时可以自由退出实验（这也是津巴多研究中存在的一个问题）。

3. 欺骗的使用。一些心理学家反对研究中的任何欺骗，因为这违背了充分

告知：是在研究结束之后，研究者对被试就研究的真实性质和真实目的进行的口头解释。

美国心理学会：是一个代表美国心理学家的专业科学机构。

机构审查委员会：指公立研究机构设置的伦理审查小组，用于评估该公立机构拟进行的研究的伦理学问题。

告知的原则。还有一些心理学家认为，如果一点欺骗都不存在，有些研究根本无法进行。为了避免欺骗，心理学家可在研究结束之后**告知**（debrief）被试，告诉他们研究的真实性质和真实目的。

以动物作为被试的研究

在心理学研究中，使用动物作为被试是否合乎伦理？有人发现，一些实验如果以人类作为被试进行，是不合乎伦理的，但这些实验可能被用于动物。动物的很多基本生理机制与人类相似，因此动物研究可以提供宝贵的信息。我们现在了解的人类的知觉、感觉、药物、大脑工作方式等信息，很大一部分来自动物研究。(Carroll & Overmier，2001)

但是，动物是不会讲它们是否同意参与研究的。在这种情况下，使用动物进行研究是否合乎伦理？动物在实验中遭受的痛苦必须与该项研究的潜在益处进行权衡。如果在老鼠身上植入肿瘤可以帮助我们探索治疗癌症的方法，那么我们是否会反对？谁来决定这个结果合理与否？社会与动物论坛（Society & Animals Forum）等动物保护组织提出，应该在动物生活的自然环境中，而不是在实验室实验中，对动物进行研究。这些团体的反对者则声称，如果遵循上述建议，很多重要研究根本无法进行。

如何保证研究的伦理性？

美国心理学会制订了心理学研究的伦理学准则。如果研究者想在学会的杂志上发表他们的成果，就必须遵守这些准则。而且，按照法律规定，公立研究机构必须建立伦理学审查小组，来评估所有拟进行的研究，这些小组一般被称作**机构审查委员会**（Institutional Review Board，IRBs）。有了这些保障和准则，一些之前被认为是可以接受的研究，现在可能会被拒绝。包括本书中引用的一些"经典"研究，例如斯坦福监狱实验，在当今是不可能得到批准的。

回 顾

为什么研究方法在心理学研究中非常重要？

- 心理学家运用科学方法进行研究，以减少后视偏差和错误共识效应。
- 在进行经验性研究时，心理学家提出的新假设都是基于既存事实和理论的。

有哪些不同的研究策略？

- 研究者通过实验、相关研究和描述性研究（自然观察、实验室观察、个案研究和调查）进行不同类型的研究。
- 研究可以在实验室中进行，也可以在自然环境中进行。
- 收集资料可以通过自我报告法，也可以通过观察法。

如何运用统计方法实现对资料的收集和分析？

- 描述性统计可以概括数据的基本形态，提供关于集中趋势、变异性和频率分布方面的信息。
- 推断性统计可以提供关于数据的统计学意义方面的信息。

怎样才能将偏差降到最低？

- 误差在任何心理学研究中都是不可避免的。在对收集到的资料进行统计分析时，会考虑误差对数据的影响。
- 通过采用代表性样本、进行可靠测量、避免被试期望效应和观察者期望效应等努力，研究者可以尽量将偏差最小化。

心理学家必须面对的伦理学问题是什么？

- 进行研究时，心理学家需要考虑以下三个问题：个体的隐私权、不适或受伤害的可能性以及欺骗的使用。
- 如果研究者想在美国心理学会杂志上发表其研究成果，必须遵循美国心理学会的伦理学准则。

第 3 章

人　　脑

- 可以描述的人脑特征是什么？
- 神经系统是如何构成的？
- 在细胞水平，神经系统是如何运作的？
- 人脑有哪些不同的部分？每一部分起什么作用？

想象一下安装两条假腿，然后行走于海滩。如果你无法感受到脚趾间温暖的沙子或者凉爽的海水，还有接触你皮肤的海草，那么对你而言，海滩的体验会有怎样的不同呢？研究者们正在帮助截肢者们体验这些感受，这要借助一项叫作"靶向肌肉神经支配恢复术"（targeted muscle reinnervation，TMR）的外科手术和人脑的功能。

芝加哥研究院的受试者肩或肘以上部位先前被截肢，是首批体验这种手术的人。这种手术把原先就连接在被截断的肢体上的神经连接到靠近截断点的大肌肉上去。在本例中，是连接到臂部或胸部的大肌肉上。受试者们只需想象用假肢完成一项运动，就像假肢是真正的肢体。当已连接好的神经感受到胸部和上肢肌肉的收缩时，埋到肌组织中的传感器向假肢发出特殊信号，使假肢完成一个动作，诸如捡起一把餐用刀叉、接球或握手。更令人惊奇的是，在2007—2008年的研究中，截肢者用机器人肢体完成了几项特殊的运动，只比非截肢者慢不到一秒。

外科医生近来已经把神经移植到脑，这些神经可以将感觉连接到脑，并让假肢使用者获得精神体验感。所谓的"靶向感觉神经支配恢复术"（targeted sensory reinnervation，TSR），是指从截断肢体上把神经连接到胸部皮肤上。病人将一个物体放到这个区域，就能感觉到似乎真正用自己的手接触到了某些东西。这项技术已经精细得不可思议，可以让病人感觉到冷热的差别，体验粗细纹理，甚至感觉到放在胸部不同位置的每个手指的不同。在将来，研究者们希望开发一种新技术，允许假肢发送感觉信号到已连接的神经，使截肢者再次用手直接体验环境。这种非凡的进步，以神经功能和人在体验过程中脑的作用为中心。这不仅恢复了截肢者的触觉，而且也许会导致他们感知自我和被别人感知的方式的重大变化。

本书中的脑

为何研究脑？

简单地说，人脑使人能够产生行为。然而，这到底是如何完成的，对科学家来说仍然是个谜。目前，我们尚不能弄清脑内发生的现象和人的行为的简单关系。但是，我们能够确立几种脑区和行为类型之间的稳定的可预知的关系。理解人脑如何工作是理解我们为何做我们所做的关键。

一般说来，人脑有三个主要特征：

1. **整合性**。人脑的各个结构总是竞争又合作的。

2. **复杂性**。在思维和行为的复杂性方面，即使世界上运算最快的计算机也不能和人脑相匹敌。

3. **适应性**。人脑总是处于工作和变化中。控制假肢的能力是脑在非通常情况下完全适应和发挥功能的一个有趣的例证。

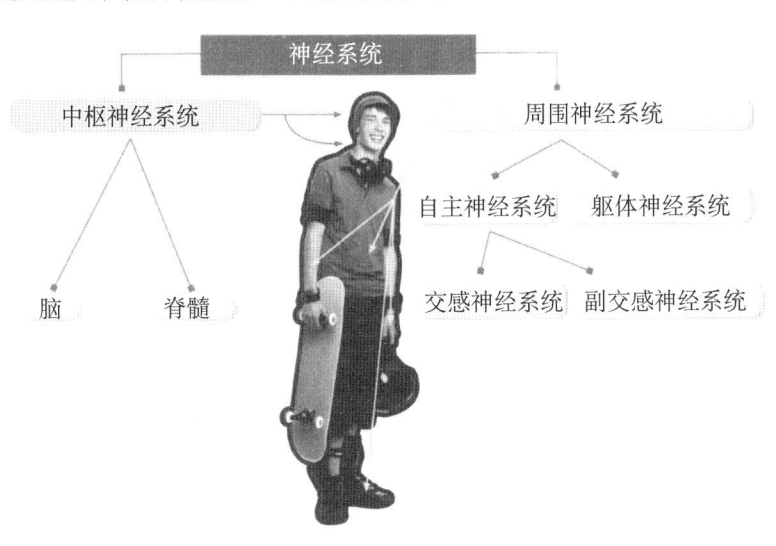

脑和神经系统

神经系统细分为两部分：**中枢神经系统**（central nervous system，CNS）和**周围神经系统**（peripheral nervous system，PNS）。中枢神经系统是神经系统的最大部分，包括脊髓和脑。周围神经系统位于中枢神经系统的外边，环绕四肢和脏器。

周围神经系统进一步划分为**躯体神经系统**（somatic nervous system）和**自主神经系统**（autonomic nervous system）。躯体神经系统从外部世界拾取刺激，还协调运动以及完成意识控制的其他任务。自主神经系统由**交感神经系统**（sympathetic nervous system）和**副交感神经系统**（parasympathetic nervous system）组成。交感和副交感神经系统影响同一器官，但彼此作用相反。在多数情况下，交感神经系统对器官活动起到加速器的作用，而副交感神经系统起到刹车作用。副交感神经系统不要求即时生效的功能。与此相反，交感神经系统通常是活跃的，特别是在应急过程中，会变得明显活跃。对这两个系统的作用有押韵的描述：交感系统的作用是"斗争或逃跑"（fight or flight），副交感系统的优先工作是"静息和消化"（rest and digest）。

神经元：它们的解剖学和功能

神经元（neurons）是神经系统的构建模块。一个神经元是一个可兴奋的细胞，可接收不同的刺激类型以及来自其他神经元的大多数信号。当对一个信号做出反应时，神经元可以"兴奋"，这样方可将这个信号传递到另一个神经元；但是，它也可以控制自己的兴奋，不传递这个信号。尽管神经元有二重性，也就是兴奋和不兴奋，但它兴奋的速率很不相同（从每秒100次到1 000次），因而可以将高度细腻的信息传递到其他神经元。

神经元解剖学

树突（dendrites）是相对短小的、丛状的、树枝状的结构，从神经元细胞

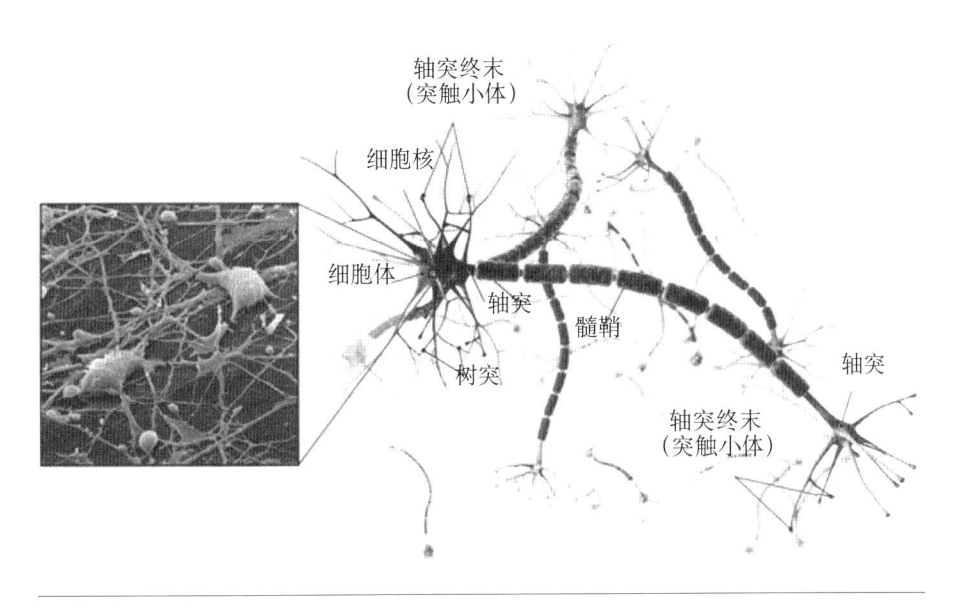

神经元是人脑中通信过程的基本单位，能够把发送和接收信息贯通全身。神经元的形状与它的功能有关吗？

中枢神经系统：是神经系统的最大部分，包括脊髓和脑。
周围神经系统：是神经系统中服务于四肢和器官的部分。
躯体神经系统：是周围神经系统的一部分，它拾取外界刺激，协调运动和完成其他的意识控制的任务。
自主神经系统：是周围神经系统的一部分，它完成非意识控制的任务。
交感神经系统：是自主神经系统的一部分，它激活或加速器官活动。
副交感神经系统：是自主神经系统的一部分，它负责器官的非即时性活动功能和起到制动作用。
神经元：是接受不同类型刺激的可兴奋的细胞，是神经系统的构建模块。
树突：是神经元的细胞体突出来的相对短小的、丛状的、树枝样的结构，接收邻近神经元的信号。
soma：是神经元的细胞体。
轴突：是一种电缆样的延伸物，把信号从胞体传输到通信靶标。
髓鞘：是起包被和绝缘轴突作用的脂质物。
突触小体：是轴突延伸出的分支的末端上的结构。

2. 感觉神经元激发脊髓后角灰质部的中间神经元。

到脑部

3. 中间神经元激发脊髓腹侧灰质部的运动神经元。

感觉神经元

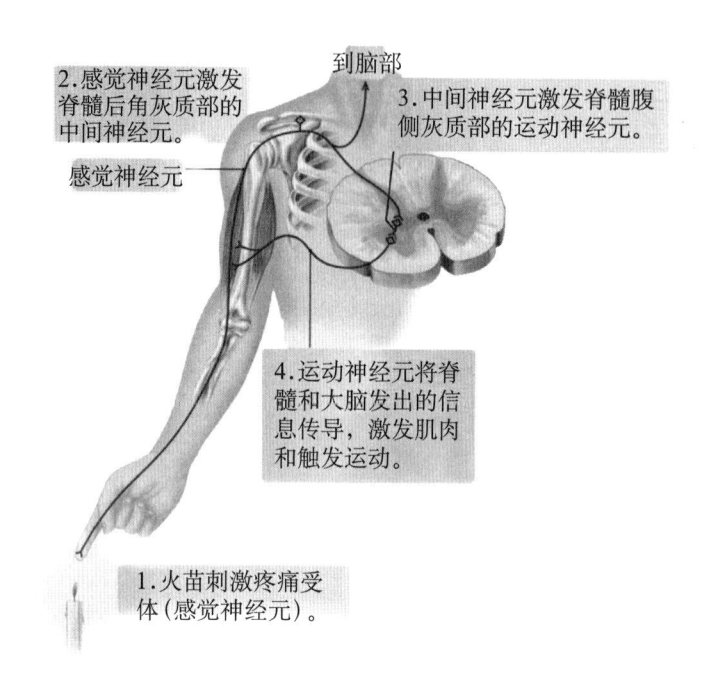

4. 运动神经元将脊髓和大脑发出的信息传导，激发肌肉和触发运动。

1. 火苗刺激疼痛受体（感觉神经元）。

体伸出，从毗邻的神经元接收信号。通过许多树突分支，一个信号神经元和其他神经元可以有多达 2 000 个连接点。

神经元细胞体，即 soma，包含细胞核。树突将接收的所有信息汇集到胞体上，并在此处理这些信息。胞体可以有效地计算进来的信息总量，而且如果总的电压超过某一阈值，神经元就会兴奋，并传递信号到它联系的多个细胞。

当一个神经元兴奋了，信号就会下传到这个神经元的**轴突**（axon）。轴突是一种电缆状的延伸物，把信号从胞体传输到通信靶标。轴突可以和三种不同的靶标"交谈"：肌肉、腺体和邻近神经元的树突。轴突的长度在不同神经元之间有所不同，有些轴突相对较短，而另一些可以从大脑基部延伸到脚趾尖。

在大多数但并非全部情况下，轴突覆盖着一层**髓鞘**（myelin）。髓鞘是一种脂质物，起到类似于电线的塑料外套的作用，可以使轴突绝缘，因此，提高了下传一定距离的信号的强度和速度。

轴突通过多个叫作**突触小体**（terminal buttons）的结构将信号传送到邻近的树突上。突触小体是每个轴突延伸出的多个分支的末端上的结构。当接收到信号，突触小体会释放化学物质到两个神经元之间的间隙中，激发邻近的树突。

神经元的分类

尽管所有神经元在结构上基本相似，但它们在形状和大小上是不同的。不过，依据在神经系统中的位置和功能，所有神经元都可以划分为三种类型。

感觉神经元（sensory neurons）携带信息从感觉器官（眼、耳、鼻、舌和皮肤）到中枢神经系统。

运动神经元（motor neurons）携带信息从中枢神经系统离开以便调动肌肉和腺体。

中间神经元（inter neurons）在感觉神经元和运动神经元之间发送信息。

中间神经元在人的神经系统中是数量最多的神经元：感觉和运动神经元有数百万个，但中间神经元有 1 000 亿个。中间神经元只定位于中枢神经系统中，能接收和综合不同来源的信息。作为中枢神经系统的成员，这些细胞负责从感觉产生知觉，形成我们的内在精神世界，还组织和引发行为动作。

胶质

将神经元聚集在一起的胶是什么？正是**胶质细胞**（glial cells），希腊文为"glia"（胶质），即胶（glue）的意思。在人脑中，每一个神经元大约有 10 个胶质细胞。胶质在多个方面支持神经元——其中一个任务便是维持神经元的空间位置、产生髓鞘、提供营养和绝缘。另外，一种叫作星形胶质细胞的特殊类型的胶质细胞包绕脑血管，形成所谓的**血脑屏障**（blood-brain barrier），这是一种脂质封套，过滤试图离开血液进入脑的物质。既然许多毒素和毒药不能溶入脂质，它们便不能穿过血脑屏障而伤害到脑。

感觉神经元：将信息以编码信号的方式从感觉性受体运载到中枢神经系统的神经元。

运动神经元：携带信息从中枢神经系统离开以便调动肌肉和腺体的神经元。

中间神经元：在感觉神经元和运动神经元之间发送信息的神经元。

胶质细胞（胶质）：是支持神经元的细胞，支持功能通过下列之一来实现：维持神经元的空间位置、产生髓鞘、提供营养和绝缘。

血脑屏障：是一种脂质封套，过滤试图离开血液进入脑的物质。

神经元之间的通信

兴奋和不兴奋

神经元是有相当社会性的生命体。它们生活于被称为**网络**（network）的大群落中，而且簇集于被称为**神经**（nerves）的紧密组合中。神经元依赖相互接触而存活，既作为个体又作为较大组群的一部分而工作。

神经元通信很像人们传播绯闻时所采用的那种方式。想象一下一个八年级的中学生兴冲冲地走在学校走廊里，想要告诉她的密友"最新消息"。她的兴

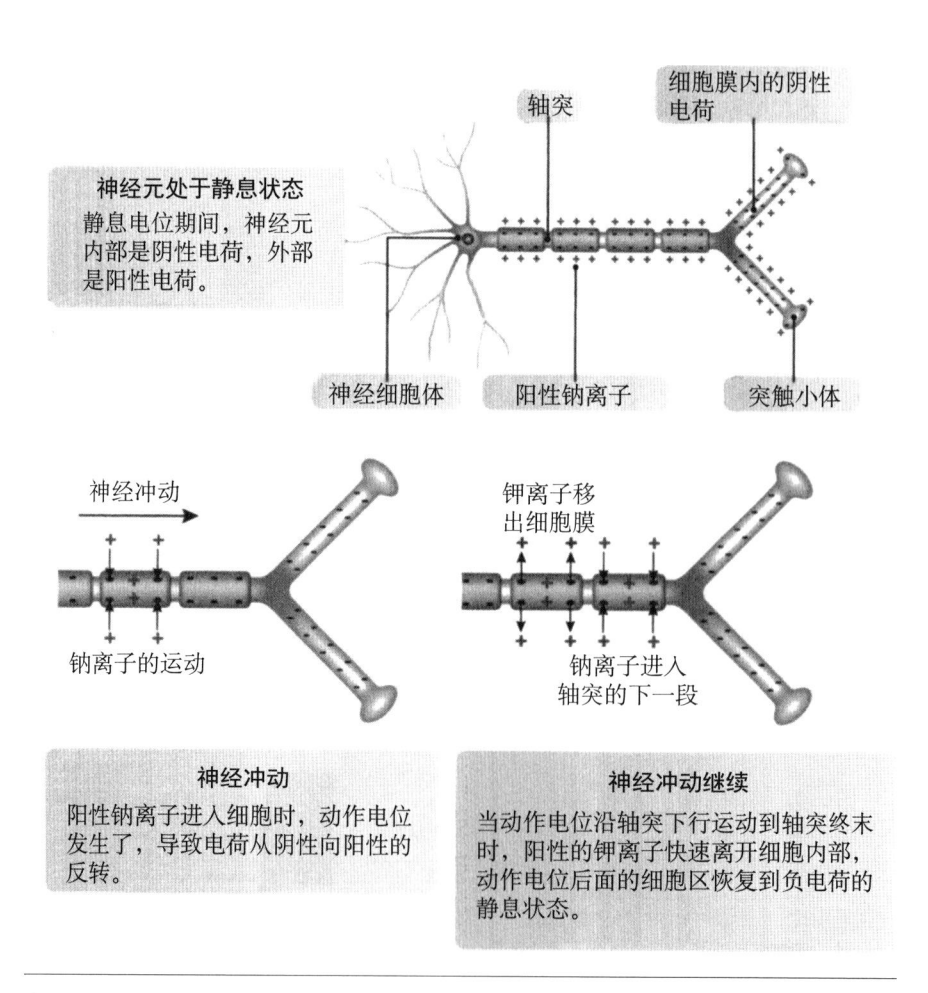

神经元处于静息状态
静息电位期间，神经元内部是阴性电荷，外部是阳性电荷。

轴突
细胞膜内的阴性电荷
神经细胞体
阳性钠离子
突触小体

神经冲动 →
钠离子的运动

钾离子移出细胞膜
钠离子进入轴突的下一段

神经冲动
阳性钠离子进入细胞时，动作电位发生了，导致电荷从阴性向阳性的反转。

神经冲动继续
当动作电位沿轴突下行运动到轴突终末时，阳性的钾离子快速离开细胞内部，动作电位后面的细胞区恢复到负电荷的静息状态。

△ 阴性和阳性带电粒子的运动容许电信号沿轴突下行。

奋是不言而喻的。她迎着她的朋友，在她耳边低语。她的朋友则兴奋地尖叫并走开去告诉下一个学生。当然，神经元通过能量传递信息而不是耳语。但是，神经元通信的基本模式对于青少年来说应该是熟悉的。

神经元受到信号刺激时才会兴奋，比如另一个神经元或已受到热、光或压力刺激的感受器。多种不同的邻近细胞可以中继信号到信号神经元。一些细胞引导神经元兴奋，即传输信息到其他神经元，另一些细胞则告诉神经元不要兴奋[这个过程被称为**抑制**（inhibition）]。面对这些相互对立的信息，神经元的活动很有社会性：按大多数神经元的要求做。

每个神经元都有一个特定的必须达到的使它兴奋的**阈值**（threshold）。无论阳性输入的数值是超过了阈值1毫伏还是100毫伏，结果都是一样的——只要越过了阈值，细胞就会兴奋。这称为**全或无原则**（all-or-none-principle）。当你站在跳水高台上的时候，你要么跳下去，要么不跳，没有中间状态。神经元也是这样。

当一个神经元兴奋的时候，树突或胞体接收到的信号必须沿轴突下传到位于这个神经细胞对侧端的突触小体上。为此，该神经元产生了一个**动作电位**（action potential），这是一个电化学波纹，以这种方式从胞体下传到突触小体。当动作电位终止的时候，神经递质释放并刺激下一个神经元。

当静息的时候，一个神经元的内部液体比外界环境中容纳更多的阴性带

网络：是一个巨大的神经元集落。

神经：是一种神经元的紧密组合。

抑制：是一个指令神经元不传递信息到其他神经元的过程。

阈值：是神经元传递信息前必须接收到的阳性输入的数量。

全或无原则：是指一种规则，一旦某个特定的神经元达到了阈值，它就会传递所有信息，而与它接收高于阈值的输入信息的多少无关。

动作电位：是一种电化学波纹，工作方式是从细胞体传播到突触小体并终止，引起神经递质的释放以刺激下一个神经元。

静息电位：是指神经元内部的相对阴性状态，此时，神经元内液中含有过多的阴性带电离子。

朗飞结：是指轴突上没有被髓鞘绝缘的部位。

电离子。这种神经元内部的相对阴性状态叫作**静息电位**（resting potential）。静息电位是靠细胞内的阴性带电蛋白分子和氯原子以及细胞膜上的离子泵来维持的，离子泵可以保持神经元内部有较多钾离子而外部有较多钠离子。钾离子和钠离子进出细胞使用不同的通道是并不令人惊讶的事情。

当神经元受到刺激，最靠近胞体的轴突膜选择性地改变了它的离子通道状态。结果是钾通道关闭而钠通道开放。随即细胞内带阳性电荷的钠离子数量增加。钠离子内流改变了轴突的内部状态，使之由阴性向阳性转变，并且扩布动作电位到轴突膜的下一部分。钠离子进入神经元和钾离子移出神经元的运动以及把它们泵回原处的运动持续下传到整个轴突，同时产生活动性电信号。这种信号以与参加一项体育比赛的人浪围绕着体育场运动相同的方式传到整个轴突。

这种自我扩布动作电位到达突触小体的细胞膜处，在此使化学物质释放，激发邻近的神经元。有髓神经元能加速这个过程。覆盖轴突的髓鞘并非连续不断的；相反，由胶质细胞构成了髓鞘，形成绝缘的多个节段，尚留下多个被称为**朗飞结**（nodes of Ranvier）的裸露的轴突。动作电位能从裸露点跳跃到裸露点。这种从结到结的跳跃，允许信号以很快的速度下传到整个轴突。

突触

在显微镜下看**突触**（synapse）时，解剖学家圣地亚哥·拉蒙·卡哈尔（Santiago Ramóny Cajal，1937）戏称它们为"原生质之吻"。突触是两个神经元之间的联结，通过这个结构，信息可以传递。突触经常由一个窄的空隙构成，即**突触间隙**（synaptic cleft），位于传递性神经元的突触小体和接收性神经元的树突之间。提交信号到突触的神经元叫作**突触前神经元**（pre-synaptic

---

突触：是神经元之间的区域，神经冲动跨过该区传递。
突触间隙：是传递性神经元突触小体和接收性神经元树突之间的狭窄空隙。
突触前神经元：是递送信号到突触的神经元。
突触后神经元：是从突触接收信号的神经元。
神经递质：是一种由突触制造的化学信息，它来自突触小体传递的电信息。
重吸收：是神经递质被释放回突触前神经元的过程。
可塑性：指一种能够生长和改变的柔韧性。

neuron），从突触接收信号的神经元叫作**突触后神经元**（post-synaptic neuron）。突触也位于神经元和肌肉之间以及神经元和腺细胞之间。

突触把沿轴突下传的电性的动作电位转化成一种化学信息，后者叫作**神经递质**（neurotransmitter）。当一个神经元兴奋时，它的突触小体释放神经递质到突触间隙中，其中的一些神经递质就越过突触并且给邻近神经元以化学性刺激。反过来，受刺激的神经元可以把化学信号转变回电信号。

神经递质不会长时间停留在突触间隙中——一种被称为**重吸收**（reuptake）的过程将许多已释放的神经递质移回突触前神经元中（最近的研究表明，胶质在从突触里清除神经递质中也起作用）（Volterra & Steinhäuser，2004）。如果一个神经递质分子不能迅速地到达邻近神经元的受体上，它的命运将沦落于重吸收过程。

一种被设计为可解除焦虑症状的特殊药物具有影响这个过程的效应：焦虑假说的一种理论认为，一种叫作 5-羟色胺的神经递质的缺乏阻止了细胞通信，而这种通信方式正是正常人所使用的那一种。这种药物被称为选择性 5-羟色胺重吸收抑制剂（SSRIs），阻断 5-羟色胺从突触间隙的重吸收。因为 SSRIs 阻止了突触前神经元快速重吸收 5-羟色胺，较多的神经递质停留在突触间隙中的时间较长，增加了神经递质刺激邻近细胞突触后受体的可能性。

突触重塑

正如假肢研究中表明的那样，脑的一个鲜明特征是它的**可塑性**（plasticity），即它适应和改变的能力。在整体脑水平和分子水平，这种可塑性均是明显的。1949 年，唐纳德·赫布（Donald Hebb）首次提出突触重塑的想法，作为一种解释脑如何学习和维持记忆的理论模型。赫布的理论认为，相互"交谈"的细胞越多，它们的突触联结就变得越多。除了提供一种关于学习和记忆的引人入胜的模型之外，这种现象还有助于理解脑如何从多区域的损伤中恢复过来。这里有两种主要的理论。第一种相信，既然脑不能制造新的功能性神经元，那么，它只是募集和强化了较小的、先前使用较少的联结。最近的发现进一步支持了赫布的突触重塑理论。一项研究显示，伦敦出租车司机与相似年龄的非出租车司机成年人相比，他们的海马体体积增大（海马体是空间记忆的关键结构，将在本章后面详细讨论）。科学家们相信这些司机增大的海马体体积是由于突触

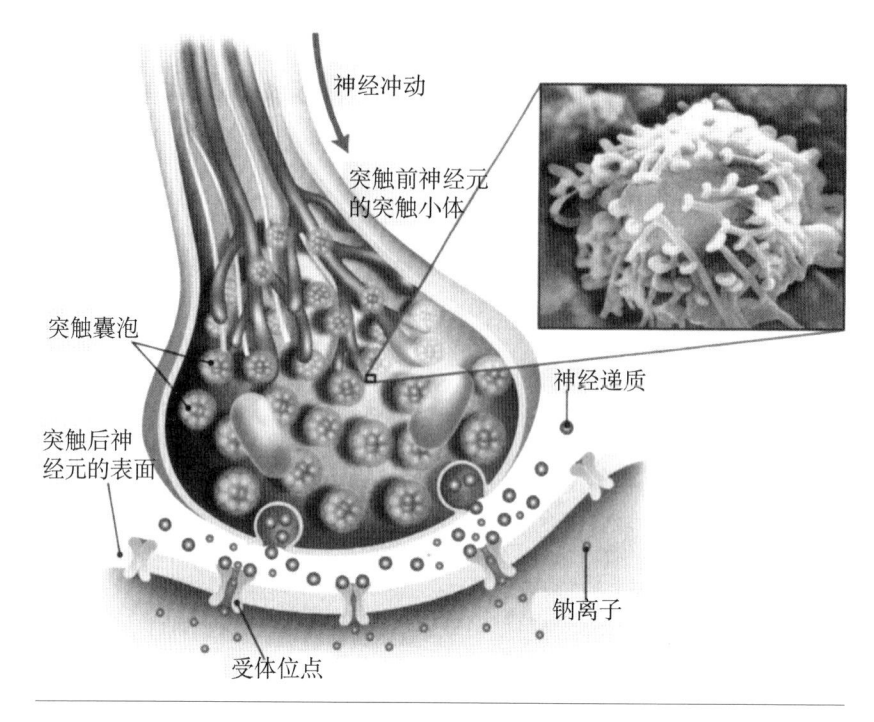

图中标注：
- 神经冲动
- 突触前神经元的突触小体
- 突触囊泡
- 突触后神经元的表面
- 神经递质
- 钠离子
- 受体位点

△ 选择性5-羟色胺重吸收抑制剂（SSRIs）被设计为影响重吸收过程并改变跨突触的信号传递过程。这些药物的优点和缺陷是什么？

密度增加引起的，海马体在学习许多复杂的驾驶线路时受到刺激。（Maguire, Spiers, Good, Hartley, Frackowiak, & Burgess, 2003）第二种理论与神经重塑有关，认为人脑的确可以产生新的神经元。事实上，已经有新的证据提示成年神经再生的确可以发生于某些脑区，比如海马体。（Eriksson, et al., 1998）如果这是真的，这些细胞很可能与学习和记忆，以及脑的一般性重塑有关。

中枢神经系统：脊髓

脊髓（spinal cord）将脊神经连接到脑，并且管理简单反射和节律性运动。它由上行和下行传导束构成：上行传导束将感觉信息从躯体传送到脑，而下行传导束将运动指令从脑送达肌肉。

脊髓的功能

反射（reflex）是为了人生存而特别设计的，它们是应对特殊刺激时产生的快速、自动的神经肌肉运动。大多数情况下，这些自动性活动由脊髓管理，而不需要脑的意识性参与。要产生一个反射，感觉神经元要传送刺激到脊髓，在脊髓中，中间神经元能够联系运动神经元，后者产生一个特定的运动模式。举一个例子，当你赤脚走在沙滩上时，你感觉踩到一个锐利的东西。脚上的感觉神经元立即被疼痛刺激所激活，发送信号到脊髓中的中间神经元。中间神经元顺次回应了这个呼叫，激发了引导到脚上去的运动神经元。于是，在你有时间真正"思考"之前，你的脚已经从沙子中抬起来，避免了伤害。

你是否曾经感觉你不能控制身体的运动？对于反射而言，你根本做不到有意识的控制。仅仅一个简单的运动，就需要把信号传到脑再返回来，这会降低效率。当存在潜在的伤害时，做出一个精细的决定不如尽快脱离刺激更重要。当然，当你踩到锐利的东西时，疼痛信号确实到达了你的脑，尽管这种信号传输比脊髓反射要慢。当信号到达时，你将有意识地体验到疼痛，接着就会注意到自己快速移动的脚。但是，反射和意识并没有真正意义上的联系：尽管脊髓损伤的人显示出脊髓反射，但他们没有意识到这样做了。

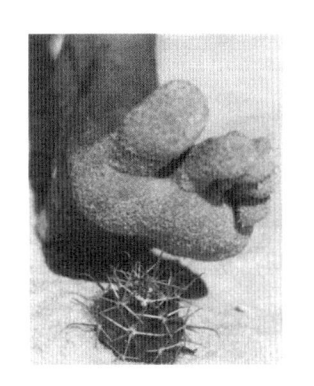

脊髓的损伤

不像人体的许多组织，脊髓不能在损伤后修复自身。绝大多数的脊髓损伤与交通事故有关，受伤者年龄在 16 到 30 岁之间。最常见的情况是脊柱的骨损伤切断或阻塞了脊柱本身。脊髓损伤如同切断了一串圣诞彩灯，切断处之后的所有灯泡都不会再亮了。与此相似，一个人会丧失脊髓损伤以下部位的所有功能。例如，颈椎的损伤能导致身体的触觉丧失。这种损伤导致胸和肺的麻痹（即病人必须依靠机器呼吸），以及躯干、胳膊和腿的麻痹。相对来讲，腰椎或较低部位的脊柱的损伤，会引起臀部和腿的麻痹。脊柱很少被完全切断，因此，一些人可以设法恢复某些功能，但是，完全恢复是不可能的。

中枢神经系统：人脑

人身上发现的所有细胞和结构也发现于其他动物，但是为何人与动物王国成员的绝大多数又根本不同呢？是什么东西带给人独一无二的思想和情感，诸如符号表象、移情和厌世？我们确实不知道这些问题的答案，但我们知道人脑的结构并非极为与众不同。事实上，它共享了位于进化阶梯较低端的动物脑的许多结构。然而，也许是这些结构所采用的活动方式造就了人脑真正的与众不同。

保罗·麦克莱恩（Paul MacLean，1990）已经大致描写过三重脑。依照这个模型，只要把人脑划分为三个区域，它就可以在社会-认知背景中得到很好的理解。

脑原始的和进化最古老的部分叫作**脑干**（brainstem），这部分代表以生存为指向的功能，诸如呼吸、心功能和基本的觉醒。第二个区域叫作**边缘系统**（limbic system），在进化期间出现得比较晚。它由一些控制社会性和情感性行为的结构组成，会影响到认知过程，特别是记忆形成。脑在进化上最新的部分叫作**新皮层**（neocortex），特别是**前额叶皮层**（prefrontal cortex）。这种进步使人能够实现符号表象，这是最复杂的认知过程的基石，使人在进化阶梯中的位置迅速上升。

遵循麦克莱恩的模型，我们将从"底部"向上探索人脑，先看一下最基本的和退化了的结构，再领略脑的较复杂的或"已进化"的部分。

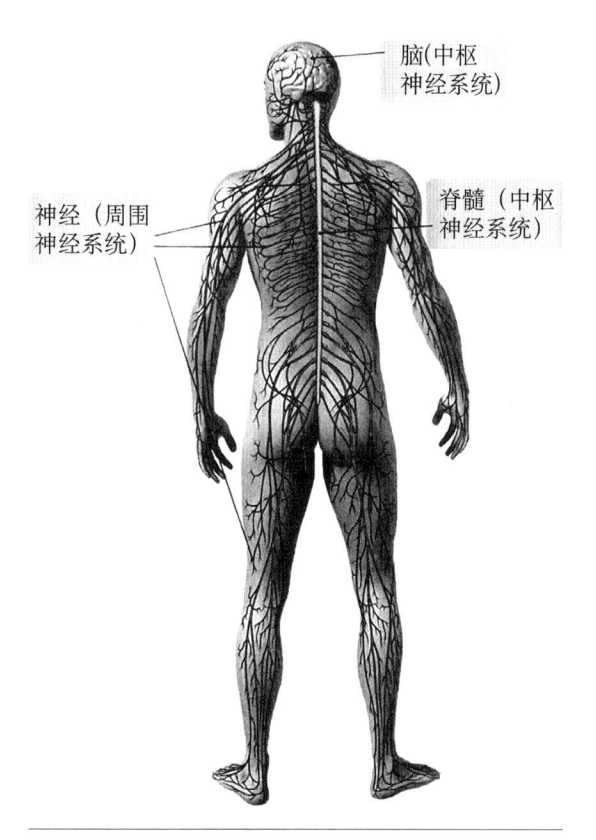

︿︿ 脊髓联结脑和周围神经系统。

脑干和皮层下结构

脑干恰如它的称呼，是脑的"干"或基部。它与脊髓相联系，内有控制基本生命功能的结构。与脊髓类似，这些结构能完成反射活动。

脑干有两个功能。第一，它是一个感觉信息进入和运动指令传出的通道，这一点很像脊髓。第二，它具有整合功能，这对以下过程至关重要，包括心血管系统控制、呼吸控制、疼痛敏感性控制、警觉和意识。考虑到这些信息的重要性，不难看出为何脑干的损伤经常是致命性的。

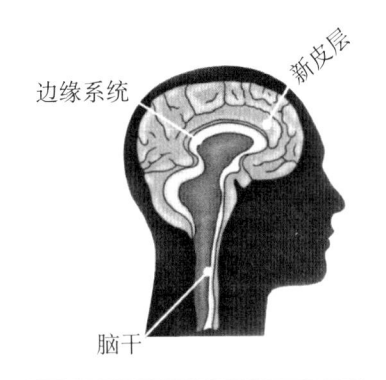

△ 麦克莱恩的三重脑模型如何解释脑的整合性、复杂性和适应性？

不幸的是，脑干在直接或间接损伤中都是脆弱的。成年人的颅由很坚硬的骨构成，而开口很少。最大的开口是位于颅基部的**枕骨大孔**（foramen magnum），它通过脑干将脊髓连接到脑。大多数明显的脑创伤都会引起肿胀。既然颅是坚硬的球体，肿胀的脑会通过颅基部的这个大孔扩张到其他地方。这些"额外"体积的脑组织对颅的基部造成很大的

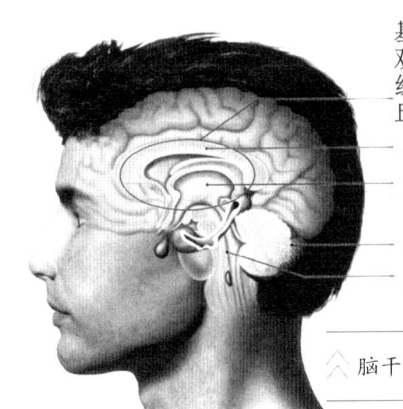

基底神经节（位于双侧半球的一组神经核，在胼胝体和丘脑的每一侧）
— 胼胝体
— 丘脑
— 小脑
— 脑干

△ 脑干控制基本生存功能。

脊髓：联结脊神经和脑的组织，管理简单的反射和节律性活动。
反射：是应对特定刺激而产生的快速的、自动的神经肌肉活动。
脑干：是脑的基部，与以生存为指向的功能有关，诸如呼吸、心功能和基本的觉醒。
边缘系统：是脑内由许多控制社会性和情感性行为的结构组成的一个系统，影响认知过程，特别是大多数记忆形式。
新皮层：是脑在进化上最新的部分，使人能够实现符号表象。
前额叶皮层：是脑的最前部，新皮层的一部分。它与执行功能有关，例如调解冲突的思想和在正确与错误之间做出选择。它对情感的认知性体验至关重要。

压力，并且能事实上压迫脑干，足以造成昏迷。在最典型的病例中，肿胀能损伤**延髓**（medulla）和**脑桥**（pons），这两个部位是调节心脏和呼吸功能的中心，被损伤可引起死亡。虽然我们知道脑有弹性和适应性，但脆弱的、重要的脑干通常不能依靠这些特性来避免严重损伤。

丘脑

丘脑恰位于脑干上方，有多种重要功能。它发挥了翻译器的作用，可以直接接收从大多数感觉器官传来的信息，并把这些信息加工成**大脑皮层**（即脑外侧部分）能够理解的某种形式。然后，它将这些信息发送到大脑皮层的不同部位。另外，丘脑协助调节唤醒、睡眠和清醒以及意识。

小脑

小脑在多个方面类似于一个较小型的大脑皮层（例如，它包含两个明显的半球），就位于大脑皮层的下后方。小脑起整合器的作用，允许我们控制和加工知觉与运动。许多神经通路将小脑连接到大脑运动皮层和脊髓。小脑平滑地整合这些通路，接受身体位置的反馈并以此指导运动。

小脑有助于运动员完成快速的、复杂的运动。

枕骨大孔：是颅的最大的开口，脊髓通过它与脑相连接。

延髓：是脑的一部分，调节心脏和呼吸功能。

脑桥：是脑的一部分，与睡眠、做梦、左右身体协调和唤醒有关。

丘脑：是脑的一部分，恰好位于脑干上部，接收感觉信息，处理并发送到大脑皮层；有助于调节唤醒状态、睡眠和觉醒以及意识。

大脑皮层：是脑的外侧部分，主要与协调感觉和运动信息有关。

小脑：是脑的一部分，协调肌肉运动和维持平衡。它与条件反射和建立程序性记忆及与习惯相关的运动有关。

基底神经节：是脑内一整套相互连接的结构，辅助运动控制、认知、不同形式的学习和情感过程。它还与和运动相关的程序性记忆和习惯有关。

尾状核：是基底神经节的一部分，与随意运动的控制有关，也是脑的学习和记忆系统的一部分。

壳核：是基底神经节的一部分，与强化学习有关。

苍白球：是基底神经节的一部分，将信息从尾状核和壳核中继到丘脑。

因为小脑是调节运动而不是产生运动，所以它的损伤会导致与运动相关的困难而不是麻痹。这些困难在完成快速的、有节拍性的动作时会最为明显，比如拨电话号码、做体育运动或演奏乐器。但是，运动控制并非小脑的唯一特长——小脑也有助于我们将注意导向刺激和加工不同的感觉信息。

基底神经节

基底神经节（basal ganglia）是一套相互连接的结构（**尾状核**、**壳核**和**苍白球**），位置靠近丘脑。基底神经节广泛联系脑干、丘脑和大脑皮层，是运动调节、认知、不同形式的学习（特别是运动学习）和情绪加工的关键部分。损害基底神经节的疾病，如亨廷顿氏病，会经常让病人感到胳膊、腿和面部肌肉痉挛。损伤基底神经节还会导致协调功能下降。

边缘系统

边缘系统与脑干和新皮层的联系非常丰富（Davis，1992），它的内部相互联系，负责多种与生存相关的行为。简单地说，它的一系列神经结构对人的情绪、动机和某些形式的情绪性及社会性学习至关重要。但是，上述功能与边缘系统的哪些特殊结构有关尚存争议。鉴于目前讨论的目的，有关边缘系统的描述只限于与情绪驱动性行为有关的结构，包括**杏仁核**（amygdala）、**海马体**（hippocampus）、**下丘脑**（hypothalamus）和**扣带皮层**（cingulate cortex）部分。

杏仁核

杏仁核（来自希腊词 almond，即杏仁，这个词描述了该神经核的形状）

> **杏仁核**：是边缘系统的一部分，与恐惧探测和条件反射有关；对诸如斗争或逃跑反应之类的非意识性情感反应至关重要。
> **海马体**：是脑的一部分，与显性记忆的加工、长期记忆的识别和调用以及条件反射有关。
> **下丘脑**：是脑内的一个小结构，将神经系统连接到内分泌系统。
> **扣带皮层**：是脑的一部分，分为四部分，与不同功能有关，例如情感、反应选择、个人定向和记忆形成与提取。

扣带皮质
下丘脑
海马体
杏仁核

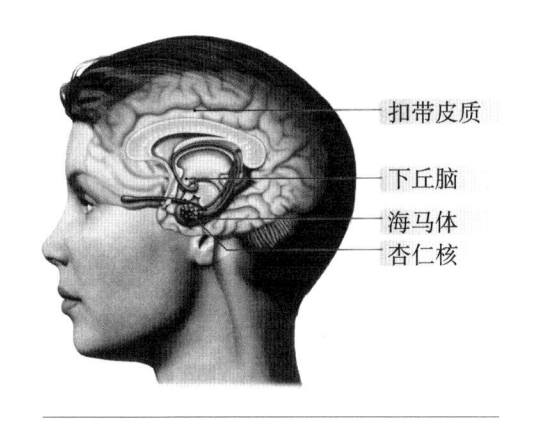

△ 边缘系统的结构与动机和情感有关。

与恐惧的察觉和调节有关。科学家们把这个结构描述为"一个经过进化的神经系统，可以探测危险并产生快速的保护性反应而不需要意识参与"（LeDoux, et al., 1994）。想象一下你因听到敲窗声而半夜醒来。在你还尚未明白你看到和听到的是什么的时候，杏仁核就已经接收到这种感觉信息的"粗略拷贝"。如果杏仁核评定接收到的信息是具有威胁性的，它就会启动被称为**斗争或逃跑反应**（fight or flight response）的生理反应，这种反应使你的身体做好了行动准备。你也许注意到你的心跳加速了，并且你突然感觉完全醒了。与此同时，二级的、包含细节的信息从你的眼睛和耳朵传到合适的感觉皮层，以便你对信息进行更广泛的加工和形成意识性知觉。脑多个部位的信息被用来详细分析你听到的敲击声。一旦脑判断出这种威胁是真实的或是想象的，信息就会被发送回杏仁核。如果一个夜贼正进入你的卧室，那么你的杏仁核已经替你准备好了你的身体以便做出反应。如果你听到的声音是树枝拍打窗户，恐惧环路就会关闭，你就能够回去睡觉了（尽管需要一小段时间来放松自己）。

海马体

海马体，因为在横断面切片上呈弯曲的形状而得名。这个结构对于生成和储存新的记忆非常重要。海马体可被理解为忙碌办公室中的一名顶级管理助手。它负责生成和逻辑性储存记忆"文件"。它知道把这些文件放到何处，也能够在必要的时候提取它们。如同一个好的管理助手，海马体知道任何东西放到哪里，这意味着海马体在不同记忆过程中起到重要作用，包括空间记忆。（还记得先前描述过的伦敦出租车司机吗？）海马体受损的人能够在短时间内把握新的信息，但是不能形成持久性记忆。

扣带皮层

扣带皮层沿每侧半球的脑中线分布，恰好位于**胼胝体**（corpus callosum）

的上方。扣带从功能和解剖学角度被划分为四个不同的区域。（Vogt，et al.，2005）**前扣带皮层**（anterior cingulate cortex）最接近额部，在情绪调节、内脏和认知信息的整合方面发挥主要作用。**中扣带皮层**（midcingulate cortex）在前扣带皮层的后方，与反应的选择有关，特别是在多个竞争性刺激之间选择。**后扣带皮层**（posterior cingulate cortex）位于头后部，与人的定向能力关系密切，它不仅有助于确定你的空间位置，还能帮你度量在社会情境中你的融入性和关联性。最后一部分，我们了解得不多，叫作**后压部皮层**（retrosplenial cortex），被认为与记忆的形成和提取有密切关系。

下丘脑

下丘脑是相对较小但功能十分重要的结构，连接神经系统和**内分泌系统**。它调节身体温度、饥饿、口渴、疲劳、愤怒和昼夜生理循环周期。它位于丘脑下方（hypo 是希腊文，意为"下"）和**垂体**（pituitary gland）的正上方，而垂体调节身体的许多其他腺体。通过这些联系，下丘脑可以调节数量庞大的人体过程。接到来自上方的指令后，下丘脑将这些指令转换成化学信息，通过垂体发送出去。

大脑皮层

从进化的角度讲，大脑皮层是人脑的最新部分。大脑皮层是从拉丁文翻译过来的，意思是"脑皮"（brain bark）。这是一个恰如其分的名字，因为皮层实际

斗争或逃跑反应：是一种对应激因子的生理反应，由杏仁核触发，使机体为行动做好准备。

胼胝体：是一个联结两个脑半球的大的轴突带。

前扣带皮层：是一个脑区，作为执行控制系统，有助于控制人的行为，与身体疼痛的感知有关。

中扣带皮层：是扣带皮层的一部分，主要与反应的选择有关。

后扣带皮层：是扣带皮层的一部分，主要与人的定向能力有关。

后压部皮层：是扣带皮层的一部分，主要与记忆的形成和提取有关。

内分泌系统：与激素的释放有关的系统，调节代谢、生长、发育、组织功能和情绪。

垂体：是人体最重要的内分泌腺，分泌生长激素并且影响所有其他的激素分泌腺体。

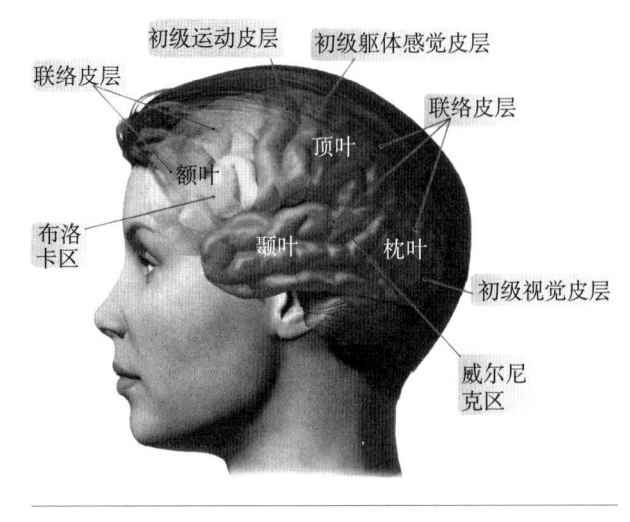

大脑皮层是脑的最外侧部分，包满了神经联系。

上由**灰质**（gray matter）构成，有 1.5～5 毫米厚，覆盖着大脑和小脑，就像树皮覆盖着树。大脑皮层本身也像树皮，它是嵴状和有皱纹的，形成了隆起部 [被称为**脑回**（gyri）] 和沟槽部 [被称为**脑沟**（sulci）]——因为它们增加了皮层的总表面积，也就增加了它的处理能力。如果你展平所有皮层，它可以覆盖大约 2.5 平方英尺①，这会让颅内容纳不下。

人脑在结构方面有点像橘子。灰质像一层厚的橘子皮，组成了整个脑体积的三分之二。皮层的灰质大部分由细胞体构成，呈带粉红色的灰色。大脑皮层的内部汇合了到脑内的血流供应，容纳着完成脑功能的细胞体。如果你打算剥掉皮层（再想一下橘子），余下的组织将会是白色的并且发亮——这正是**白质**（white matter）。白质是髓鞘化的轴突，形成了脑内数以万亿计的连接。正是这些连接使人脑做出了一些令人瞠目结舌的事情。可以把灰质想象成城市（这是事情"发生"的地方），把白质想象成连接城市的道路。白质的功能是独特的，同样也是非常重要的。

大脑皮层被划分为左右两个半球，每个半球可以进一步被划分为四个具有特异化功能的叶，四个叶的边界由脑表面特别深的沟生成。每个叶包含了一个**初级皮层**（primary cortex，感觉和运动）区，管理基本的感觉和运动功能；也包含了一个**联络皮层**（association cortex）区，有助于来自特定脑叶的基本感觉和运动信息整合来自脑其余部位的信息。

---

① 1平方英尺约合0.09平方米。——译者注

枕叶

枕叶（occipital lobes）位于颅的最后方，是人脑四个叶当中最小的一个。已知枕叶与视觉处理功能有关。**初级视觉皮层**（primary visual cortex）接收来自眼睛的输入信息，并把输入信息转化为我们"看见"的东西。枕叶的联络皮层整合我们的视知觉的色彩、大小和运动，以便视刺激变为我们可以识别的东西，然后联络皮层和脑的其他部分共享这种信息。比如，枕叶将其处理结果发送到颞叶，颞叶就可以找出刺激的名字；而发送到顶叶，顶叶就可以确定刺激在空间中的位置。

颞叶

颞叶（temporal lobes）就位于枕叶的前方，主要与听觉的处理有关。两个颞叶分别位于脑的两边，两个顶

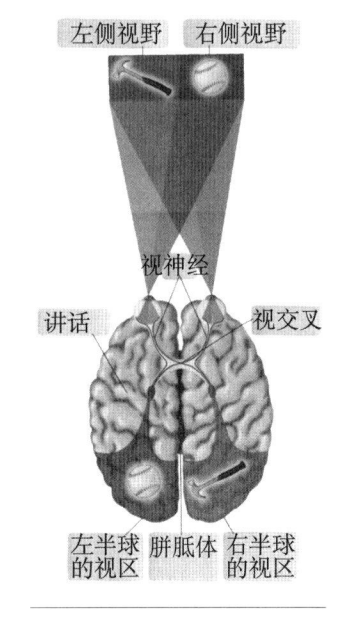

△ 胼胝体是人脑中最大的轴突带。

灰质：是构成大脑皮层的物质，覆盖了大脑和小脑。

脑回：是大脑皮层上的隆起。

脑沟：是大脑皮层上的沟槽。

白质：构成脑内联络的髓鞘化的轴突。

初级皮层：是大脑皮层的一部分，管理基本感觉和运动功能，存在于大脑皮层的每一个脑叶中。

联络皮层：是大脑皮层的一部分，有助于来自特定脑叶的基本感觉和运动信息整合来自脑的其余部位的信息；存在于大脑皮层的每一个脑叶中。

枕叶：是与视觉处理有关的脑的一部分，是人脑四个脑叶中最小的一个。

初级视觉皮层：是接收眼输入信息的脑的一部分，它将这些输入转换成人们看到的东西。

颞叶：是与听觉处理有关的脑的一部分。

顶叶：主要与躯体感觉有关的脑的一部分，包括触觉、味觉和温度觉。

初级听觉皮层：是与听觉处理有关的脑的一部分。

初级躯体感觉皮层：是大脑皮层的一部分，接收和整合躯体感觉信息；位于顶叶。

叶（parietal lobes）的下方。从外观上看，人脑就像一个拳击手套。如果你以这种方式想象人脑的话，你可以预料颞叶就在拳击手套的拇指处。

颞叶容纳着**初级听觉皮层**（primary auditory cortex），围绕听觉皮层的联络皮层用于完成理解语言的复杂任务。因为颞叶的联络皮层与语言的关系非常密切，因而颞叶也有助于完成视觉任务（比如命名已经观察到的物体），以及与记忆相关的任务（比如生成我们想记住的信息的叙述语境）。

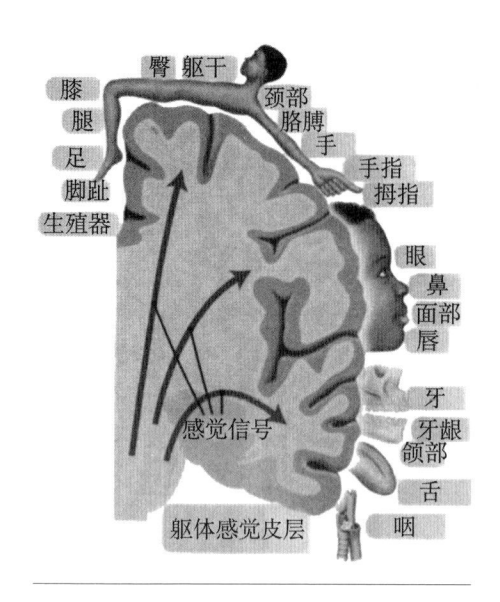

△ 小矮人用于图示感觉皮层。为何脑拿出如此大的空间处理手部和口部的信息？

顶叶

顶叶位于枕叶的上方、额叶的后方。**初级躯体感觉皮层**（primary somatosensory cortex）位于顶叶内，接收和解释所有躯体感觉的信息。我们可以把皮层的这个区域想象成一个小矮人，或者"小不点儿"，当然，这种想象看上去是有点怪诞或吓人。这个小矮人是一幅扭曲的身体映像，在这个映像上，它的身体的每一部分都有明确的大小，其大小是按照脑提供的部位大小来确定的，而这个脑的部位大小与处理来自对应的那部分身体的信息量的多少有关（Jasper & Penfield，1954）。例如，因为有较多的神经元用于处理来自手部和口部的大量信息，所以小矮人的手部和口部显然是过大了。初级躯体感觉皮层实际上并不像一个奇形怪状的人，但是它的各个局部都和小矮人的局部相一致：脑较多的部位用于处理来自手部的信息，而臀部对应的脑的部位就不占据太多空间。

额叶

额叶（frontal lobes）位于额部的后面。额叶经常被称为脑的"执行者"或"指挥"，可以完成不同的整合和管理功能。紧靠额叶的后部，有**初级运动皮层**（primary motor cortex），负责产生神经冲动，从而控制运动的执行。这是十

分重要的功能，因为如果没有某种类型的动作，任何行为都不可能"出自"人脑。相关的联络皮层用于整合和协调运

> 额叶经常被称为脑的"执行者"或"指挥"，可以完成不同的整合和管理功能。

动。例如，额叶和顶叶必须密切配合以保证动作在空间内的正确完成，以及视觉信息转变为适当的运动。控制运动的这部分皮层直接与躯体感觉皮层相邻，也对应着一个和上文提到的几乎相同的小矮人。既然所有的运动都要求有即时的感觉反馈，以便确认运动的适度执行，那这一点就很有意义了。运动和感觉反馈之间的相互作用的最重要的例子之一就是人讲话的过程。**布洛卡区**（Broca's area）是额叶中的一个区域，它启动了产生讲话所必需的运动，而正是运动和感觉皮层的精细的相互作用防止你发音错误。

额叶的最前部是脑的任务—主宰。它提供了显性注意和工作记忆的脑基础，保证注意被引导到手头上的任务并完成它。它也协调了大量的复杂信息，并且支持一些过程，像推理、问题解决和多种复杂的社会行为。

分裂的脑

脑的对称性

脑被划分为两个半球，它们借助叫作胼胝体的粗大轴突带连接起来。大量脑功能，比如初级感觉和运动区，都位于左右大脑半球上。这种对称性是很有趣的，然而，事实是脑和人体是交叉的：比如，右半球的运动皮层控制身体左边的运动。这种连接方式可以被描述为**对侧的**（contralateral）。尽管大多数的脑—身体连接是对侧的，但也有**同侧的**（ipsilateral）连接，即脑的一边连接身体相同的一边。这种分工

额叶：是完成多种整合和管理功能的脑的一部分，涉及编码和贮存工作、长期记忆以及较小程度的感觉性记忆处理。

初级运动皮层：是脑的一部分，负责产生神经冲动来控制运动的执行。

布洛卡区：是额叶的一部分，触发讲话所必需的运动。

对侧的：指一侧的东西控制另一侧的东西。

同侧的：指一侧的东西控制同一侧的另一些东西。

似乎是相当简明易懂的，但在脑的一部分区域，精神和身体的关系是极为复杂的。

语言和脑

被最广泛和深入研究的人脑功能性不对称是语言。语言功能最常见于左半球，特别是右撇子的男性。左撇子的人右半球有一些语言功能的可能性较大，女人的每个半球都可能有一些语言功能。但是，他或她的左半球不具备语言功能的可能性几乎是零。左半球受损的人几乎总是出现理解和形成语言的困难，这是一种损伤的结果。如果损伤右半球相应的部位，在诸如阅读地图、绘制形状和识别面部之类的任务中，成绩就会下降，因为所有这些任务都依赖对刺激的空间关系的感知和整合。一般说来，左半球对于语言功能是关键性的，右半球对于空间关系是关键性的。

> 一般说来，左半球对于语言功能是关键性的，而右半球对于空间关系是关键性的。

发育中的脑

各种功能在脑内的分布方式主要是人发育的产物。在人的生命的早期，大量的皮层很好地适应了自身能完成的功能类型。因此，许多发育性影响因素，

画出人脑：脑成像的时间线

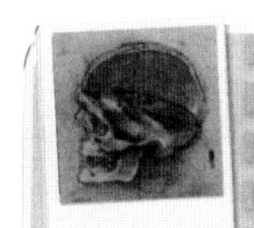

1489
达·芬奇（Leonardo Da Vinci）描绘了人脑。

1543
在意大利画家提香（Titian）的工作室里，艺术家们详细描绘了尸体脑。绘图出现于解剖学家维萨里（Andreas Vesalius）的书中，此人引起了解剖学学习的革命。

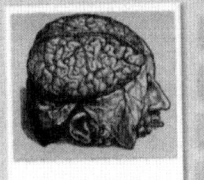

1861
法国外科医生布洛卡（Paul Broca）通过尸检确认了脑的讲话中枢。

1911
卡哈尔（Santiago Ramón y Cajal）发展了高尔基（Camillo Golgi）的可视化神经元、树突和轴突的绘图和染色方法。卡哈尔推动了"神经元理论"，这一现代神经科学的基本原则坚持认为神经元是中枢神经系统的基本单位。更重要的是，卡哈尔认识到神经元通信要跨过小的间隙，或称突触。

1929
脑电图被引入。它可以测量和记录神经元产生的细微的波纹样电信号。

诸如性别、经历和文化等，均能深刻地影响脑构成的方式。正是这些发育性影响因素，而不是那些已做过很好研究的因素，使我们难以归纳概括脑的功能。

两种意志吗？

很少有人能像迈克尔·加扎尼加（Michael Gazzaniga）和他的同事们那样，帮助我们加深对脑的不对称性的理解。在20世纪60年代，医生们治疗了一组患有顽固性癫痫的病人，方法是通过切断胼胝体来阻止癫痫发作在半球之间的扩散。这种手术缓解了病人的癫痫而又似乎不怎么影响他们的日常生活。但是，加扎尼加设计出一系列的试验，证实了在这些病人脑内有两种不同意志，每种都有不同的能力。当普通物体呈现于脑分裂病人的左半球时，病人能毫不费力地告知实验者他们看到了什么。当物体呈现于右半球时，情况就不是这样了。病人声称他们没有看到任何东西，或者胡乱猜测。然后加扎尼加让病人使用右手或左手识别这个物体（请记住管理每只手的感觉皮层是对侧的）。令人吃惊的结果是：当病人不能用讲话的方式来识别这个物体时，他们能用左手（右半球）选出同一个物体。对此，加扎尼加解释说，右半球能完全独立地行使功能，但不具有明显可见的语言能力。

1973
首台计算机断层成像（CT）照相机被制造。这台照相机通过一个围绕颅旋转的发出许多X射线的扫描头，产生了一张脑的合成图像。

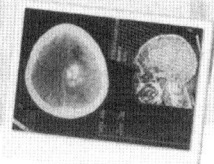

1975
首台正电子发射断层成像（PET）照相机被揭开面纱。PET照相机的原理是血液涌入脑的忙的区域，以便将氧气和营养递送给这些神经元。病人被注射放射性葡萄糖，然后当这些溶液代谢时，发射的射线被扫描，从而显示神经元活性。

1977
首台磁共振成像（MRI）照相机通过将病人的头部置于强磁场中，产生了几次无线电波脉冲，生成了一张三维计算机图像。

1992
功能性磁共振成像（fMRI）被引入。它通过检测当氧出现于血液中时氢原子的反应变化，来显示脑活性。

2003
曼斯菲尔德（Peter Mansfield）和劳特布尔（Paul Lauterbur）因为发现了MRI相关现象而获得诺贝尔奖。

回 顾

可以描述的人脑特征是什么？
- 人脑有三个主要的特征：整体性、复杂性和适应性。

神经系统是如何构成的？
- 神经系统由中枢神经系统（脑和脊髓）和周围神经系统（神经元和神经，管理身体的任何其他部位）组成。
- 周围神经系统分为躯体神经系统（记录刺激和调节意识性活动）和自主神经系统（控制非随意运动）。
- 在自主神经系统内，交感神经系统激发器官活动并与应激反应有关，而副交感神经系统平息器官活动并与维持正常功能有关。

在细胞水平，神经系统是如何运作的？
- 脑由神经元和胶质细胞组成。神经元是通信细胞，可以接收、处理和传递神经信号。胶质细胞对神经元起到支持和绝缘作用。
- 神经元信号是全或无事件。当一定量的阳性输入达到某一阈值，神经元点激发动作电位——一个可以下传到轴突的电化学信号。在突触内，神经递质将信息传递到下一个神经元或腺体。

人脑有哪些不同的部分？每一部分起什么作用？
- 脑干联结脊髓，容纳着维持基本生命功能的多个结构。
- 边缘系统调节情感、动机以及社会性和情感性学习。
- 大脑皮层完成大部分的信息处理。它有四个叶：枕叶处理视觉信息，颞叶掌控听觉输入和语言，顶叶解释感觉信息，额叶协调记忆、推理、问题解决、社会性行为、语言和运动。

第4章 感觉与知觉

- 什么是感觉阈值?
- 我们如何处理来自外界的刺激?
- 为什么我们一次只能体验一种知觉?
- 关于知觉的主要理论有哪些?
- 知觉是天生的还是后天培养的?

想象一下，如果吃生日蛋糕会引起过分强烈的味觉反应，那么吃生日蛋糕就会变成一件痛苦的事情。科学家们发现，有些人的味蕾数量特别多，这不仅影响了他们的饮食偏好，还影响了他们对食物的体验。20世纪90年代，耶鲁大学的研究人员琳达·巴托斯萨克（Linda Bartoshuk）发现，美国白种人中，约35%的女性和15%的男性的味蕾比平常人多。她将这些有味觉天分的人称为"超级味觉者"。

许多超级味觉者并不认为拥有味觉天赋是好事。因为每个味蕾连着成簇的痛觉纤维，所以味蕾数量比较多的人味觉反应强烈到会有痛的感觉。辣椒引起灼热感令他们难以忍受，而脂肪也会引起蕈状乳头上触觉受体（即味蕾）的强烈反应。对于超级味觉者，吃糖果并不是令人愉快的味觉享受，而是一份令人烦恼的苦差事。

巴托斯萨克指出，超级味觉者长期偏食，容易引起健康隐患。例如，超级味觉者不仅不喜欢脂肪含量比较高的食物，而且他们也很难找到合口味的水果和蔬菜。因此，超级味觉者可能会比普通人更苗条、更健康，因为他们不吃甜食；但是他们患结肠癌等疾病的概率会增加，因为这些疾病可以通过吃大量水果和蔬菜来加以预防。

我们的感觉以何种方式影响我们对世界的感知？对于有的人，品尝新的美食是一种探险，而对于另外一些人则是难以忍受的。我们不断用感觉收集外界信息，但没有哪两个人对世界的体验是相同的。

感觉系统

在神经系统中，**感觉系统**（sensory system）负责加工和处理感觉信息，让人类和动物能够解析来自外界的刺激。感觉系统对于生存和繁衍是必不可少的。试想一下，如果我们的祖先无法听到树枝折断的声音——这是一种危险迫近的警告——那么人类的足迹不可能延续得如此长远。感觉系统是基于特定需求的。换句话说，每个物种基于他们的行为和生活环境都形成了独特的感觉系统。例如，在漆黑的夜晚觅食的蝙蝠不依赖于它们的视力，而是依靠敏锐的听觉，通过回声定位来捕获蚊子。

感觉是通过感觉器官识别周围环境中自然界的能量，并将这些能量编码成神经信号的过程。我们选择、整理和解析感觉信息的过程就是**知觉**（perception）。我们通过感觉和知觉的协同作用来接收和解析来自外界的刺激。

感觉阈值

心理物理学

自然界的很多能量是人类无法察觉的。例如，非常低频率或非常高频率的声波都超出人类的听觉范围。每个物种都有自己不同的感觉阈。这就是为什么吹狗哨子对人的影响不大，却能引起区域内所有狗的立刻响应。**心理物理学**（psychophysics）所研究的刺激的物理特性与刺激所引起的感觉之间的关系，使我们了解了需要多少感觉器官刺激我们才能看清远处的蜡烛，或者听到老鼠蹿过厨房的声音。

绝对阈值

绝对阈值（absolute threshold）是在 50% 的次数中，人能察觉到刺激所需的最小能量（光、声音、压力、味道或者气味）。心理学家通过给予不同强度的刺激，然后询问受试者的感觉来确定绝对阈值。通常，与儿童相比，成年人的绝对阈值较高，但我们都能明显地察觉出周围世界的改变。例如，人类能闻到三居室公寓内一滴香水的香味。（Galanter，1962）

信号察觉理论

人类并不总能察觉到刺激。感觉依赖于一个人的情感是疲倦的还是活跃的，刺激是期望的还是潜在的。如果你被告知听不到脚步声就会引起爆炸，你的警觉性会大大提高，超过平常。心理学家试图用**信号察觉理论**（signal detection theory）来解释人们对不同刺激的差别反应，以及他们如何因环境不同而产生不同的反应。信号察觉理论通过比较察觉成功与误报的数目，统计了人类察觉到弱刺激的频率。

人类并不总能察觉到刺激。感觉依赖于一个人的情感是疲倦的还是活跃的，刺激是期望的还是潜在的。

差别阈值

差别阈值（difference threshold），或者**最小可觉差**（just noticeable difference，JND），是在 50% 的次数中，刚刚两个引起不同刺激差别感觉的刺激之间的最小强度差。差别阈值随着其中一种刺激大小的改变而增加。例如，如果你加一勺糖到一杯茶中，你会发觉味道变甜了。但是，如果你把一勺糖放到非常大的茶瓮里，你可能就无法察觉出其中的变化。

感觉系统：在神经系统中负责加工处理感觉信息的部分。
感觉：是通过感觉器官识别周围环境中自然界的能量，并将这些能量编码成神经信号的过程。
知觉：是我们从环境中选择和整理感觉信息的过程。
心理物理学：研究刺激的物理特性与刺激所引起的感觉之间的关系的学科。
绝对阈值：是在 50% 的次数中，人能察觉到刺激所需的最小能量。
信号察觉理论：用于解释人们如何及何时发觉微弱刺激和背景刺激的理论。

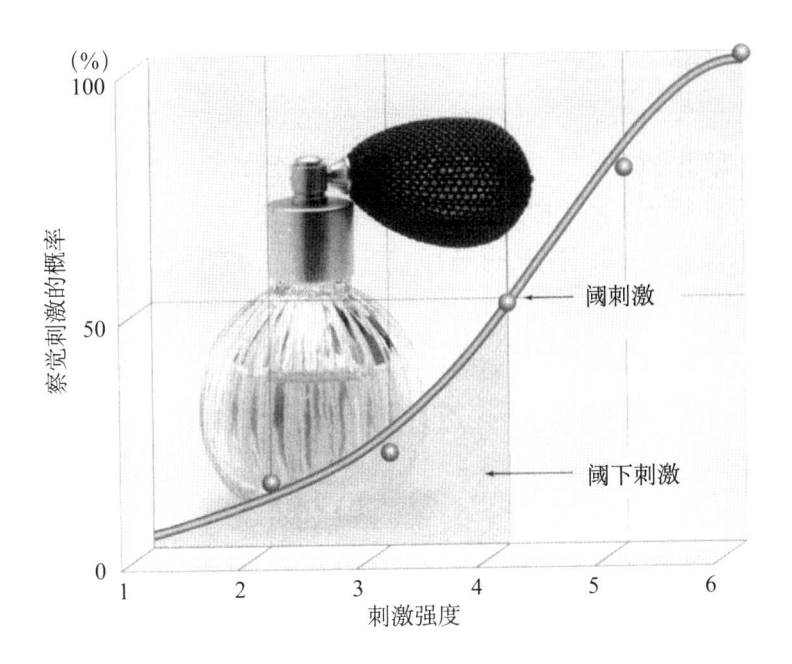

	无反应	有反应
有刺激	失败	成功
无刺激	正确的否定	误报

恩斯特·韦伯（Ernst Weber，1795—1878）提出，无论大小如何，两个刺激必须达到一定的比例差异，才能引起差别感觉。他的定律后来被命名为**韦伯定律**（Weber's Law）。

△ 心理学家让一个受试对象每次听到嘟嘟声的时候都点一下头，根据受试者的反应和声音的有无，心理学家会标记下失败、成功、正确的否定、误报。

感觉过程

心理学家对分析自然界的刺激、刺激引起的生理反应以及刺激后产生的相应感觉三者之间的关系充满兴趣。如果有人问你人体有多少种感觉，你可能会认为这是一个捉弄人的问题。但是哪种感觉告诉我们什么时候身体处于平衡？或哪种感觉让我们知道，相对于脚来说，手在哪里？事实上，人体的感觉种类远比传统认为的5种感觉要多得多。

当自然界能量激活感觉器官上的**受体细胞**（receptor cell）时，感觉就产生了。当刺激强度超过绝对阈值，受体就会爆发神经冲动。**感觉神经元**（sensory neurons）将信息从感觉器传递到大脑进行信息编码。

将自然界能量如光或声音转化成动作电位的过程被称为**换能**（transduction）。刺激强度影响感觉神经元爆发神经冲动的速度。例如，明亮的光线可以迅速激发一组感觉神经元，而微弱的光线引发神经元放电的速度明显变慢。一种受体通常只对特定形式的能量变化敏感。因此，眼睛上的受体只对光有反应，而耳朵上的受体只对声波有反应。

试想一下你刚走进谷仓，或者开车经过化工厂时闻到气味的情形。最初，我们闻到一股强烈的刺鼻的气味，但几分钟后，我们就察觉不到了。这是因为我们的受体对同一刺激的反应逐渐降低，这一现象被称为**感觉适应**（sensory adaptation）。感觉适应现象使我们能够关注周围环境的变化。如果没有感觉适应，我们会持续感受脚下地面的压力，或者办公室内空调的嗡嗡声。

是在战时还是在和平时期，士兵更有可能察觉微弱的刺激？

感觉适应有三因素：受体的数量、爆发神经冲动的速度以及相应的脑感觉皮层。

🧠 视觉

哪种感觉对你最重要？回答这个问题时，很多人选择视觉。尽管我们最终能够适应黑暗世界中的生活，但是大多数人认为这个适应过程是一个挑战。视觉是关键性的感觉——但是视觉是如何产生的？

差别阈值（最小可觉差）：是在 50% 的次数中，刚刚引起两个不同刺激差别感觉的刺激之间的最小强度差。

韦伯定律：是一种规律，无论大小如何，两个刺激必须达到一定的比例差异，才能引起差别感觉。

受体细胞：是一类通常只对特定形式的能量变化有反应的特殊细胞。

感觉神经元：将信息从感觉器传递到大脑进行信息编码的神经元。

换能：是将自然界能量如光或声音转化成动作电位的过程。

感觉适应：是受体细胞对一成不变的刺激的敏感性降低的过程。

眼睛的结构

首先集中注意看可触及的物体，然后看向窗外并将注意集中在远处的物体。你是否可以看清近处和远处的物体？为什么？因为当我们聚焦近处或远处的物体时，晶状体的形状发生从厚到薄的变化。这一过程就是**视觉调节**（visual accommodation）。让一个老人不戴眼镜尝试同样的事情，他就可能很难做到。随着年龄的增长，晶状体变硬，不能再根据距离调节晶状体的形状，这种现象就是老花眼。

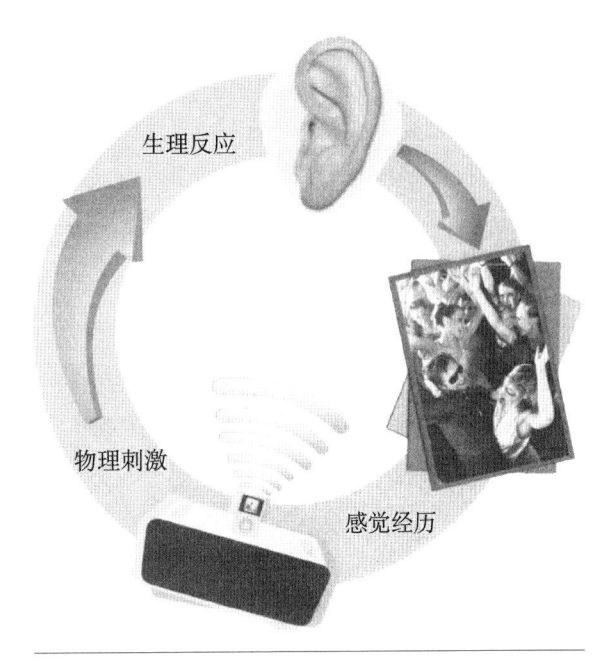

△ 我们的感觉系统分三个阶段工作。

视网膜（retina）是位于眼球后面的多层性组织，负责传递视觉信号。由于晶状体的形状和结构，投射到视网膜的图像是上下颠倒的，这可能会造成混乱。幸运的是，视网膜上的受体将光刺激转换成神经冲动，传递到脑进行加工处理。大脑将它们构建成正立图像，从而使我们能够正确地认识周围的世界。

视网膜中存在两种感光细胞：视杆细胞和视锥细胞。它们有特殊的形状并存在于特定的区域，在视觉加工处理过程中能发挥功能。

视觉调节：是当我们能够聚焦近处或远处的物体时，晶状体的形状发生从厚到薄的变化过程。
视网膜：是位于眼球后面的多层性组织，负责传递视觉信号。
视杆细胞：能够辨别不同程度的明暗变化的细胞。
中央凹：是视网膜的中央凹下的部分，位于视野的中央。
视锥细胞：使我们能够辨别颜色的细胞，主要分布在中央凹。
视敏度：是视觉的敏感程度。

视杆细胞（rods）能够辨别不同程度的明暗变化。视杆细胞分布在中央凹以外的地方。**中央凹**（fovea）是视网膜中间凹下的部分，位于视野的中央。你曾试过在晚上盯着一颗星星，生怕它在眼前消失吗？试着将目光转向星星的旁边。既然视杆细胞在昏暗的光线下发挥功能，那么在昏暗的光线下我们就能清晰地看清物体了，而这时光线投射到中央凹以外的区域。这是因为我们没有直接注视要观察的对象，而是稍微偏向它的一侧了。

视锥细胞（cones）使我们能够辨别颜色，主要分布在中央凹。视锥细胞在明亮光线下才能充分发挥功能，这就是为什么我们在黑暗中不能辨别颜色。视锥细胞专门负责视力，或称为**视敏度**（acuity），也称为色彩感知。当你想要仔细看某样东西，你是会把它放在明亮的光线下，还是会关上灯呢？因为视锥细胞专门负责视力和色彩感知，所以只有在明亮的光线下，我们才能观察物体的细节内容。

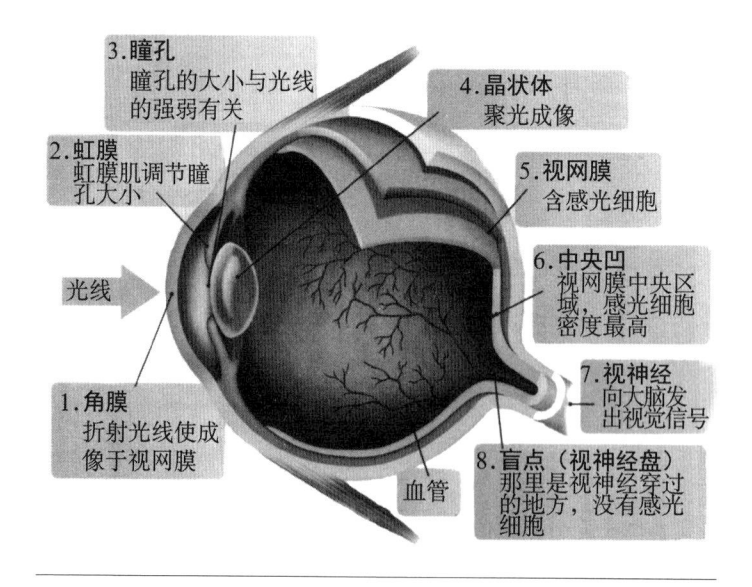

△ 光线通过角膜和瞳孔进入眼睛，光线穿过晶状体成像于视网膜上，视觉信息经由视神经传输到大脑。

视觉信息加工

视网膜实际上是脑的延伸。当我们处理一个图像时，首先光刺激视网膜，然后传送到**节细胞**（ganglion cell），其轴突组成**视神经**（optic nerve）。当每只眼睛的左侧视网膜的光线转化成神经信息后，沿视神经传递到左侧视觉皮层。来自右眼的信息通过**视交叉**（optic chiasm）传递到左半球。同样，当每只眼睛的右侧视网膜的光线转化成神经信息后，沿视神经传递到右侧视觉皮层。来自左眼的信息通过视交叉传递到右半球。然后，大脑后部的视觉皮层加工处理这些信息。

特征察觉

诺贝尔奖得主大卫·胡贝尔（David Hubel）和托斯滕·威塞尔（Torsten Wiesel）证明（1979），分布在初级视觉皮层的**特征察觉神经元**（feature detector）能够识别特定类型的特征。他们发现，**简单细胞**（simple cell）只能识别单一的特征，如垂直线。而**复杂细胞**（complex cell）能够识别一个刺激的两种特征，如垂直线在水平方向移动。**超**

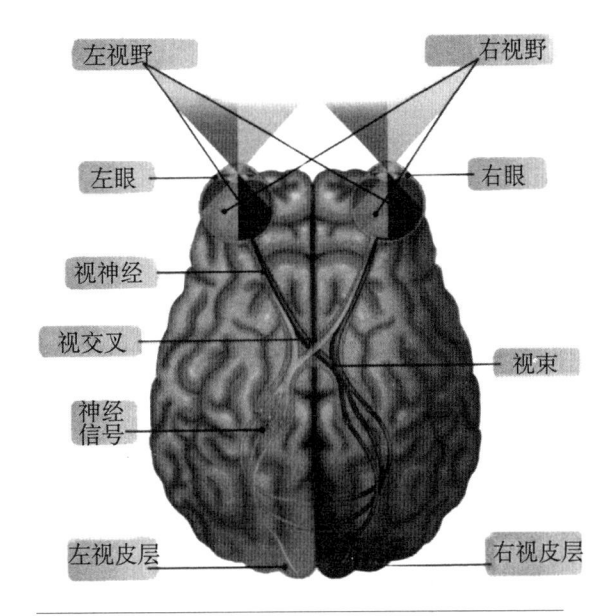

△ 要产生一次视觉，信息必须从眼睛传入视觉皮层。

节细胞：把眼球的双极神经元连接到大脑的多种神经元之一。

视神经：是一束神经节细胞轴突，传递视觉信息到大脑。

视交叉：是脑底部的一个点，在那里视神经纤维将视觉信息传到对侧脑。

特征察觉神经元：是一类分布在视觉皮层，能够识别视野内特定类型的特征的特殊神经元。

简单细胞：只能识别单一的特征的细胞。

复杂细胞：能够识别一个刺激的两种特征的细胞。

超复杂细胞：能识别一个刺激的多种特征的细胞。

梭状回面孔区：是特别善于识别面孔的知觉和识别的视觉皮层区。

并行加工：指我们的大脑可以同时加工处理几件事情的过程。

复杂细胞（hyper complex cell）能识别一个刺激的多种特征，例如，垂直线在水平方向移动特定的长度。多种神经系统相互协作，我们才能够感知整个事物。大脑的某些区域善于感知特定类型的事物。例如，位于左右耳朵后的视觉皮层特别善于对面孔的知觉和识别，被称为**梭状回面孔区**（fusiform face area）。当看到面孔图片时，该脑区在核磁共振扫描时明显活跃。

并行加工

不同于机器一步步地运转，我们的大脑可以同时加工处理几件事情。换言之，大脑具有**并行加工**（parallel processing）的特长。当我们看到一张图画时，大脑的不同区域能够同时加工处理图画的颜色、立体感、动作以及形式。（Livingston & Hubel，1988）令人惊讶的是，我们可以在几分之一秒内，收集所有信息重新构建我们脑海中的图像，就像以破纪录的速度完成一张拼图一样。

并行加工的概念解释了为什么脑损伤可能会导致一些不寻常的视觉障碍。以患者 M 为例，中风损伤了其双侧脑后部，导致其丧失了对运动的感知能力。M 倒一杯茶变得有些困难，因为茶水似乎在半空中被冻结了。（Hoffman，1998）

损伤到了初级视觉皮层的脑损伤也可能导致人们看不到部分视野，这被称为**盲视**（blindsight）。尽管盲视无法知觉到某些刺激，但是病人似乎仍能对这些刺激进行准确的判断和辨认。例如，患者可能无法看到木棒，但是当被问及

盲视：指一个人虽然没有下意识地注意到他或她所看到的事物，但是能感觉到所看到的东西。

色调：是一种特定的颜色。

饱和度：指颜色的强烈程度。

亮度：指光波的强烈程度。

颜色恒常性：是我们倾向于认为熟悉物体的色彩是永恒不变的一种知觉特性，尽管感觉信息变化了。

声波：由空气中的气体或液体分子的碰撞和散开造成的气压改变所引起的传播过程。

频率：是每秒波源震动的次数。

振幅：指波长的高度。

音色：是音调的质量和纯度。

木棒是垂直还是水平方向,这些病人几乎总能做出正确的回答。

色觉

为什么天空是蓝色的?从技术上讲,天空可以是任何一种颜色,但就不是蓝色,因为天空只是反射了蓝色的波长。光线本身是没有颜色的,是我们的大脑创造了颜色视觉。人类的大脑能够分辨700万种不同的颜色。(Geldard,1972)

不同波长的光投射到我们的眼睛,创造出不同的色彩,或**色调**(hue)。色彩的强度或纯度,被称为**饱和度**(saturation)。光波的强度能够影响色彩的**亮度**(brightness)。

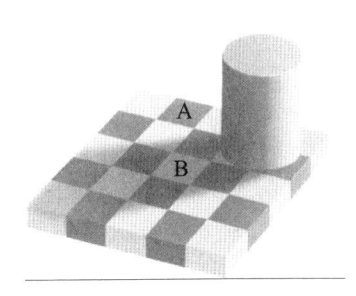

△ 哪个方格更暗,A还是B?

看看上页棋盘上的圆柱形图片。方块 A 的颜色比方块 B 的颜色深些,对不对?令人惊奇的是,方块 A 和 B 的阴影实际上是相同的。我们的颜色知觉依赖于其所在的背景。我们认为熟悉的物体的色彩是永恒不变的,尽管其亮度和波长在不断地变化。这种现象被称为**颜色恒常性**(color constancy)。

试戴一副有颜色的太阳镜,是不是几秒钟后所有物体看起来都成了褐色?你是否还能区分绿色的草地、蓝色的海洋以及灰色的建筑物?我们对物体颜色的知觉不是一个孤立的现象,而是依赖于周围环境的颜色。

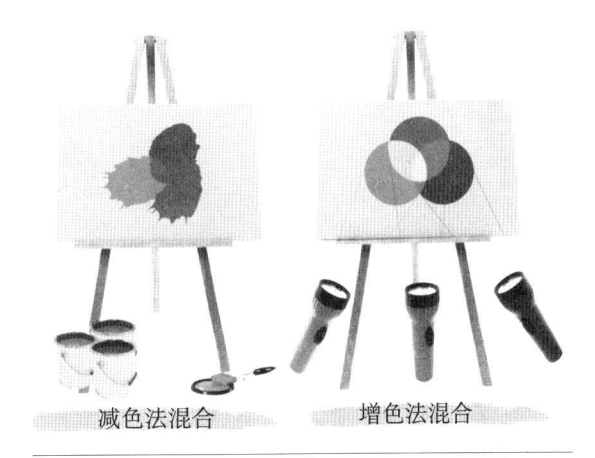

减色法混合　　　增色法混合

△ 用颜料做成的减色法混合形成了棕色或黑色,因为每个颜色的波长都被其他的吸收了。用光造成的增色法混合形成了白光,因为每束光的波长都进入了眼睛。

听力（听觉）

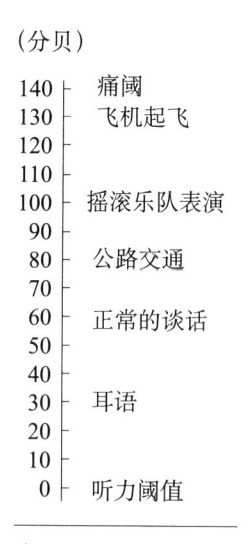

虽然我们人类无法像海豚或蝙蝠那样进行回声定位，但我们的听觉仍然是相当惊人的。在大脑和耳朵的协助下，我们能够将空气振动形成的声波转换成有趣的声音。

（分贝）
- 140 痛阈
- 130 飞机起飞
- 120
- 110
- 100 摇滚乐队表演
- 90
- 80 公路交通
- 70
- 60 正常的谈话
- 50
- 40
- 30 耳语
- 20
- 10
- 0 听力阈值

△ 你每天给你的耳朵施加多少压力？

声波

你走进太空，不会听到任何声音。为什么？因为**声波**（sound wave）是由空气中的气体或液体分子的碰撞和散开造成的气压改变所引起的。在太空中，不存在分子，不会发生分子间的相互碰撞。所以真空中没有声音。

声音可以表示为正弦波。像光波一样，声波也具有波长、振幅和纯度。

声波的**频率**（frequency）或称音调，表示每秒的循环数，单位是赫兹（Hz）。人类的耳朵能听到的声音频率的范围是 20 到 20 000 赫兹。海豚能听到高达 200 000 赫兹的声音，与海豚相比，人类实际上是高频率段声音的聋子。

声波的**振幅**（amplitude），或者叫高度，被理解为音量，即声音有响或弱。音量以分贝数来测量。听力的绝对阈值是 0 分贝，长时间暴露于 85 分贝以上的任何环境中，会产生听觉丧失。一些摇滚乐队演奏时，发出接近 140 分贝的巨大响声，而他们（和他们的铁杆歌迷）竟能听力完好，这确实令人惊讶！

内耳承担声音能量的转导。声波在耳内运动，并被基底膜上的受体细胞转换成神经信号。音量影响激活的毛细胞数量，大脑能从激活的毛细胞数量获知声音的响度。过多的噪声能够永久性损害毛细胞，使之功能衰退或终止。

初级听觉皮层是按**张力学说**的方式来组织的。这意味着特定的神经元对特定的一些频率有反应，并且按照偏爱的频率构成一组。

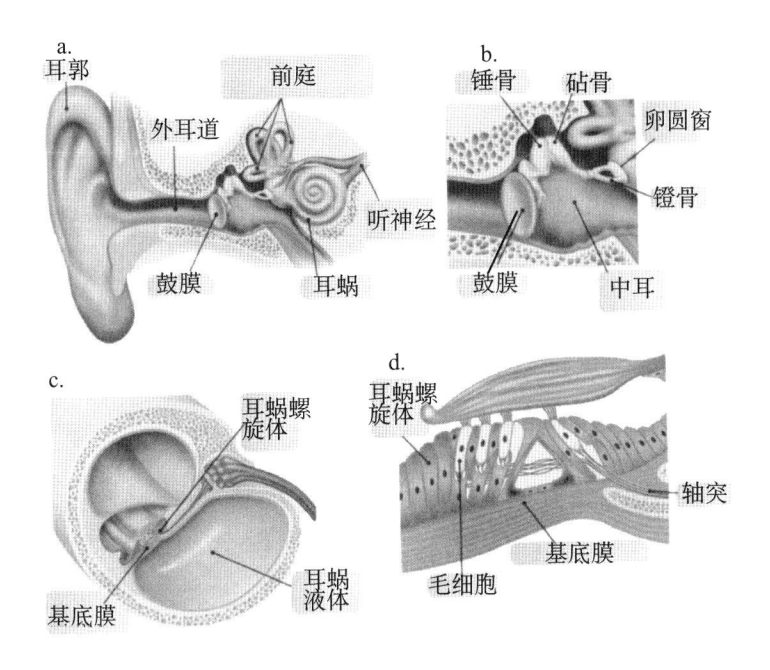

（图：a. 耳郭、外耳道、前庭、鼓膜、耳蜗、听神经；b. 锤骨、砧骨、卵圆窗、镫骨、鼓膜、中耳；c. 耳蜗螺旋体、基底膜、耳蜗液体；d. 耳蜗螺旋体、毛细胞、基底膜、轴突）

> **听觉的形成过程：**
> a. 声波通过耳郭收集后经外耳道触碰鼓膜，引起震动。
> b. 锤骨、镫骨和砧骨相互碰撞产生震动，并将震动传导到卵圆窗和内耳耳蜗。
> c. 耳蜗内的液体流动，在基底膜内形成声波。
> d. 基底膜内衬有毛细胞，毛细胞的末梢纤毛刺激受体细胞轴突将信号经由听神经传导到额叶听觉皮层区。

声波定位

你有没有想过为什么我们的耳朵长在头的两侧，而不是位于头的前面或后面？这不仅是为了更美观，更重要的是，我们耳朵的位置使声音听起来更具立体感。当我们左边的狗开始狂吠，进入左耳朵的声音的速度和强度比右耳要快

> **张力学说：** 认为初级听觉皮层是由回应特殊的音频的神经元组成的一种理论。
> **声音阴影：** 是指耳朵周围的声音强度逐渐减弱的远离声源的区域。
> **回声定位：** 是通过发出声音信号，然后听反射回来的声波的频率来分析和定位周围环境中的物体。

一些、强一些。我们的头脑蒙上了**声音阴影**（sound shadow），也就是说，声音必须穿过或绕过头脑才能到达另一个耳朵。在声音传递的过程中，声音逐渐减弱，给予了我们额外的提示，那就是声音来自什么地方。

很少有人能算得上声波定位的专家。然而，如果我们可以教会自己**回声定位**（echolocation），我们就可以依靠声音来导航。像蝙蝠和海豚等具有这种天赋的动物，它们通过发出声音信号，然后听反射回来的声波的频率来分析和定位周围环境中的物体。

气味（嗅觉）

> 你曾经偶尔忘了关煤气吗？你的嗅觉是让你识别危险的最早的警惕系统。

像味觉一样，嗅觉也是一种化学感觉。物质分子通过空气进入鼻腔，接触到鼻腔顶部的受体，意味着我们吸入了所闻到的气味。在夏天，闻到玫瑰花瓣的香味会感觉不错，但当你经过污水处理厂时，你肯定想屏住呼吸。

你曾经偶尔忘了关煤气吗？你的嗅觉是让你识别危险的最早的警惕系统。化学感觉也被用来吸引伴侣，这个概念一直被一年数十亿美元产值的香水企业所利用。我们的嗅觉不如视力和听力敏锐，也远不及狗的嗅觉。狗拥有至少

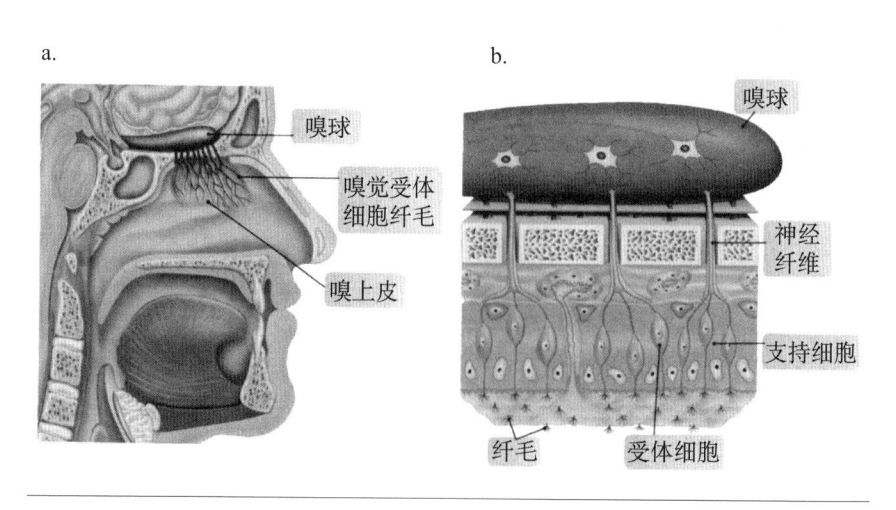

△ 鼻腔里的嗅觉受体细胞向大脑嗅球发送信号。

1.25 亿个气味受体，而人只有 5 万。但是，人类的嗅觉仍然相当可观：我们能够区分 10 000 种不同的气味。（Malnic，et al.，1999）

气味分子达到鼻腔顶部，与嗅觉受体相结合。嗅觉受体是分布在嗅觉神经元上，能识别气味的特异性的大分子蛋白。我们有 400 种感觉神经元，它们就像一把钥匙配一把锁一样，与特定的气味相互对应。当闻到特殊的气味，相对应的受体便识别这种特殊的气味。因为我们没有与 10 000 种气味一一对应的受体，所以很可能每种气味能够刺激多个受体。

你是否曾经因闻到一股芳香的气味而回忆起快乐的时光？处理加工嗅觉信息的大脑区域与负责记忆和情感的边缘系统紧密相连。此外，嗅觉不必穿过丘脑，而与大脑的情感和记忆中心的杏仁核和海马体直接关联。因此，气味能够唤醒记忆和情感。无论我们最早的记忆是快乐还是悲伤，都与特定的气味相关。（Herz，2001）

你可能听感冒的人抱怨过每样东西吃起来都像吃纸一样乏味。我们的嗅觉和味觉有着千丝万缕的联系，因为口腔背面与鼻腔是相连的。捏住鼻孔，闭上眼睛，朋友喂你苹果和生土豆块，你会发现你无法分辨它们之间的差别。

年龄和性别的差异

你是男性？超过 49 岁？吸烟？如果以上三个问题，你都回答"是"，那你职业生涯中的坏消息将是你不可能被香水公司录用。人类识别气味的最佳时期是早期成年期。与男性相比，女性拥有更敏锐的嗅觉，能识别气味的种类也更多。（Dalton，et al.，2002）吸烟、酗酒、阿尔茨海默氏病和帕金森综合征都会对我们的嗅觉造成不利的影响。（Doty，2001）

味道（味觉）

如果我们的祖先喜欢马利筋草的味道，那我们今天就不会很健康了。幸运的是，我们养成了避免苦味食物的天性，这种天性是对产生苦味物质的多种有毒植物的天然防御机制。化学公司采取技术方法将苦味物质引入清洁剂类产品中，以避免误食。味觉警示我们什么食物吃起来不安全。

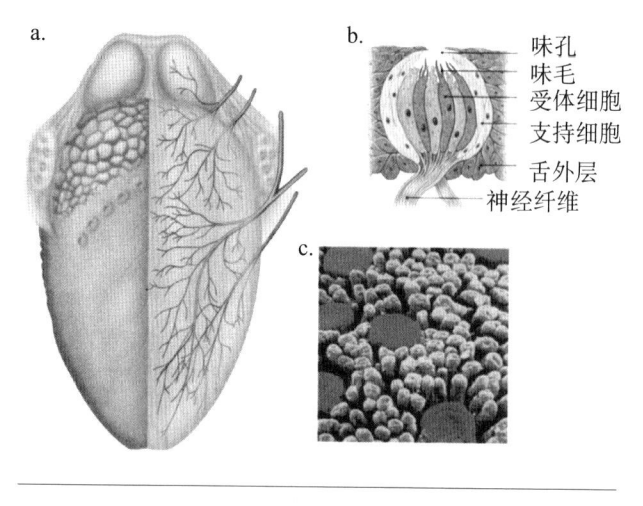

a图为舌神经分布，b图为味蕾的解剖结构，c图为舌头表面的显微图像。

味孔
味毛
受体细胞
支持细胞
舌外层
神经纤维

味觉受体细胞位于味蕾上，它们被包埋于舌的乳头上——在舌上能看到的隆起。微绒毛是味觉感受细胞顶部的细微的丝状物，它产生神经冲动，在脑内被解释为特定味道。进食时，唾液溶解食物中的化学物质，并滑过乳头，到达味蕾。味觉信号进入边缘系统和大脑皮层。

心理学家现在识别了五种基本味道：甜、咸、酸、苦和鲜（在日语中，用来描述汤、鸡肉、奶酪和其他包含谷氨酸钠的东西的味道的词）。每一种味道的受体细胞遍布于舌、口腔和喉，但某些区域存在占优势的类型。（这就是你在小学就学过的，不同的味觉对应舌的不同部分。）

味觉的情绪反应是固有的。如果将一块苦的物质放在新生儿的舌上，他会呈现厌恶的表情，成年人的反应也是相似的。

躯体（躯体的）和皮肤（皮肤的）感觉

我们的第五感觉被称为触觉，但它实际上是几种感觉的组合：皮肤感觉，包括压力、触觉和疼痛；运动觉，关系到身体各个部分的协调；前庭觉，包括运动和身体姿势。

疼痛

斯特凡·萨尔瓦多（Stefan Salvatore）是电视剧《吸血鬼日记》（*The Vampire Diaries*）里面的主要角色之一，他受伤后感觉不到疼痛，甚至是普通人受伤后那种无法忍受的疼痛，他都感觉不到，因此在荧幕中留下了令人印象深刻的特技表演。对人类来说，如果不能感觉疼痛，最终会导致死亡。疼痛让你知道，把手放在热炉子上或者跑去撞墙，都是坏想法。疼痛让我们不会再去尝试这些事情，从而延长我们的生存时间。因罕见基因异常导致无法感觉到疼痛的人，往往在未成年就夭折了。

疼痛实际上分为几种不同的种类。伤害性疼痛是由外部刺激引起的一种不愉快的情感体验。扭伤脚踝、挫伤手臂或在火炉边烫伤自己，这些感觉都属于伤害性疼痛。伤害性疼痛往往是有时间限制的，伤口愈合后，疼痛就会消失。

神经病理性疼痛是由中枢神经系统的功能紊乱引起的。发病原因包括外伤、疾病，例如扰乱细胞功能的肿瘤。幻肢痛也是一种神经病理性疼痛，截肢的患者有时会感觉到已经不存在的肢体的疼痛或在活动（Melzack，1992）。药物疗法和控制细胞异常活动的方法，往往都不能完全逆转神经病理性疼痛。

当来自体内和体表的疼痛感觉信息在脊髓汇聚于同一神经细胞时，牵涉痛就发生了。换句话说，疼痛不仅发生在受伤部位，还发生在受伤部位以外的其他部位。其中最常见的例子就是心脏病患者往往伴有肩膀或左手臂疼痛。

为什么有些人的痛觉比其他人更敏感？目前对疼痛发生机制最好的解释是闸门控制理论（Melzack，1980；Melzack & Katz，2004），即疼痛信号到达脊髓部位的"闸门"，闸门阻断或者允许疼痛信息传入大脑。当疼痛信号到达大脑时，它们激活丘脑、躯体感觉皮层和边缘系统的细胞。大脑分析这些信息并传递信号到脊髓的闸门，当信号进一步开放闸门，我们会感觉到更加痛苦；当关闭闸门，我们就感觉到疼痛缓解。

你可能听说过断腿的运动员仍然坚持完成田径比赛，或者断了锁骨的足球运动员坚持踢完比赛。你会奇怪为什么他们没有蜷缩在地上痛苦地挣扎吗？内啡肽是内源性的吗啡，能够抑制疼痛信号传递到大脑，使我们在压力之下，能像超人一样。

触觉

你是否知道人体有大约21平方英尺的皮肤？皮肤上存在大量的受体细胞。皮肤各层中有不同的细胞类型，分别感知疼痛、压力和温度。

心理学的世界

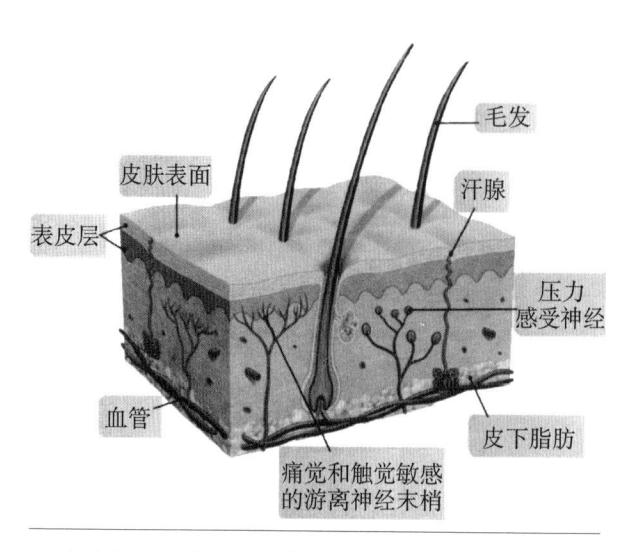

（图示标注：毛发、皮肤表面、表皮层、汗腺、压力感受神经、血管、皮下脂肪、痛觉和触觉敏感的游离神经末梢）

△ 皮肤分好几层，一些受体细胞覆在真皮里的毛发末端，一些覆在表皮表面，一些在组织顶部的下面。皮下层储存脂肪和类脂。

想象一下，在一个世界里你不能和伴侣握手，不能亲吻你的父母或用拥抱来安慰朋友。这听起来像生活在一个可怕的地方，那是因为触觉对于我们的成长和生活是必不可少的。与同龄的幼鼠相比，离开母鼠抚摸的幼鼠分泌的生长素较少且代谢率较低。（Schanberg，1988）不准接触母猴的幼猴变得非常愤怒，然而用屏障将幼猴与母亲隔离开，但允许它们接触，幼猴就变得十分满意了。（Harlow，1965）

身体的位置和运动

我们的运动觉将肌肉和关节的位置与行为的信息传递到大脑。没有运动觉，我们就无法直线行走、举杯靠近嘴唇或弯腰捡起一支铅笔。来自肌肉神经末梢或本体受体的信息源源不断地通过脊髓上传到脑的顶叶皮层。

前庭感觉控制身体的空间位置。它位于内耳，这就是为什么当耳朵有炎症时，你会失去平衡感。半规管的毛细胞通过前后摆动将信息传递到大脑。

运动也能刺激前庭囊中的微小晶体，前庭囊将半规管连接到耳蜗。该受体将信息传递到小脑，使身体保持平衡。

知觉

知觉是对外界的感觉信息进行组织和解析的加工过程。没有两个人对世界的知觉是相同的。以光头文身的人坐在公共汽车站点为例,有些人视这些人为残酷的暴徒而匆匆地穿过马路,尽量躲避,而有些人则会称赞这些年轻男子的艺术创意。

我们将亲历的感觉理解为有意义的资料,这就是知觉。除了能分辨光明和黑暗,我们还能感知青蛙跳进池塘、高速公路上汽车呼啸而过。但是,我们如何从每天众多的感觉信息中发现其中的含义?

注意和知觉

有意识的注意是具有选择性的,在特定时间内我们只能够集中形成一种知觉,尽管我们知道另一种可替换的知觉也有可能形成。如果你注视内克尔立方体,会发现你的思维在图像之间来回切换,但是在同一时间你不能够看到两个图形。

有的时候我们的注意是**内源性**的,亦即是由我们自身决定的。我们选择性地将注意集中在特殊的刺激上。你可能有意识地去关注这本书,而不是去注意正在播放的作为背景音乐的新歌。

有的时候我们的注意是**外源性**的,亦即是由外界刺激决定的。如果在卧室的窗外,有飞机坠毁,你的注意会不自觉地转向这场事故,而不管你手头有多么引人入胜的教科书。

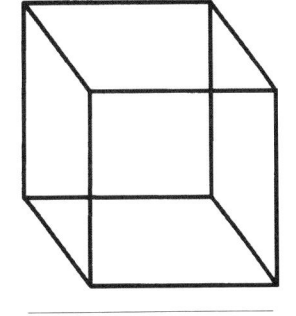

△ 这个立方体朝向哪?

内源性:指我们的注意被人体的内部所决定的情况。
外源性:指我们的注意被外界刺激所决定的情况。
非注意盲视:是指我们未能感知到给定的刺激。
变化盲视:是指不能察觉到场景中显著性的视觉变化。

非注意刺激与弹出刺激

虽然我们时刻被各种各样的刺激所包围，但是在任何一个时刻，我们都只能有选择性地处理其中的几种。这就是为什么开车时讲电话是极其错误的——如果我们正在关注昨天晚上的八卦新闻，那么我们就会错过本来应该注意到的重要的交通标志。我们未能感知给定的刺激被称为**非注意盲视**。

如果你正在给一个人指路，而他或她突然改变了容貌，你会不会意识到这种情况？我们总是认为，我们是明眼人，但大多数人会遭受**变化盲视**，即不能察觉到场景中显著性的视觉变化。1998年，西蒙斯和莱文研究发现，打扮成建筑工人的实验者停下来向路人问路，携带着一扇门的工人们来到了实验者和指路人之间，这时让第二个扮成建筑工人的实验者代替第一个实验者，有2/3的情况，指路人并没有察觉到建筑工人外貌的不同，仍然继续指路。

与非注意盲视相似的情况是**变化耳聋**——无法识别显著性的声音变化，和**选择盲视**——无法察觉我们所做的选择发生了变化。例如，在一项研究中，实验者向被试展示女性面部的卡片，让他们选出最具有吸引力的面部。一旦被试选出了特定的卡片，诡计多端的实验者就会换成另一张卡片给他们。然后要求被试对他们的选择做出解释，尽管这张卡片已经不是他们最初选中的那张卡片。大多数被试不仅没有识别这种替换，而且他们仍然能够用非首选的面部卡

变化耳聋：指无法识别显著性的声音变化。

选择盲视：指无法察觉我们所做的选择发生了变化。

鸡尾酒会效应：是指选择性注意，即将我们的注意集中于一个声音而忽略其他吵闹声。

弹出刺激：对于我们很重要或很有意义的突然出现的刺激。

前注意过程：指一个没有意识参与的复杂的信息加工过程。

多任务处理：指同时处理多种独立感觉输入。

自上而下加工：指我们对世界的感知受到信仰、经验和期望的影响。

无意识推理：指视觉系统根据我们所看到的得出看到了什么的结论。

错觉轮廓：是视觉的错觉，其中的线条是想象的而不是实际存在的。

知觉定势：指我们以前的经验和期望会造成的一种心理倾向。

片来解释他们的"选择"。(Johansson, et al., 2005)

我们在拥挤的房间里是如何进行谈话交流的呢?选择性注意将我们的注意集中于一个声音而忽略其他吵闹声,**鸡尾酒会效应**就是一个很好的例子。对于我们来说,重要的或有趣的刺激被称为**弹出刺激**——它们突然出现在我们面前,吸引了我们的注意。

> 对于我们来说,重要的或有趣的刺激被称为弹出刺激——它们突然出现在我们面前,吸引了我们的注意。

前注意过程

如果你在几分之一秒的时间内瞄一眼图片,你不可能观察到它的所有细节。但是,你知道的可能比你认为你知道的要多得多。**前注意过程**是一个没有意识参与的复杂的信息加工过程。如果给出一张图片,在布满蓝色斑点的网格中有一个红色的斑点,那么即使是一瞬间,我们也会记住这个红点。

前注意过程指导我们以引导搜索的方式对所看到的图像进行分析。我们的大脑能够快速筛选图像中的特殊之处,例如颜色和形状。

多任务处理

当你在看这本书时,你可能也在听收音机,或者不停转换电视机的频道。你可能在尽力读懂这一页时,还要和朋友讲电话,或者倒茶。当你尽力同时处理多种独立感觉输入时,你就在进行**多任务处理**——在当今快节奏的社会中,人们因具有多任务处理的技能而感到自豪。但是,我们真的可以同时做几件事情吗?

脑扫描用于研究特殊形式的感觉信息(如听觉)时发现,当我们关注声音时,专门处理听觉的大脑皮层区域活动增加,而支配其他感觉信息的区域,如视觉,则活动减少。

这些研究表明,对一种感觉信息的分析处理能量可以消耗对其他感觉的分析处理的能量,因为大脑中的血液循环是有限的。匹兹堡卡内基梅隆大学的神经科学家证明,即使大脑的不同区域支配不同的任务,大脑活动水平也是下降

的，而不是加倍，这就是为什么开车时打电话能影响我们的驾驶水平。（Strayer & Johnston，2001）

知觉理论

自上而下加工

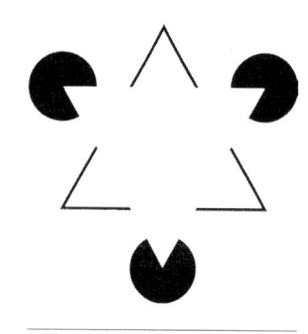

我们对世界的感知受到信仰、经验和期望的影响——心理学家称之为**自上而下加工**。德国生理学家赫尔曼·冯·亥姆霍兹（Hermann von Helmhotoltz，1821—1894）认为，我们有意识的知觉决定于**无意识推理**。依靠无意识推理，视觉系统根据我们所看到的得出看到了什么的结论。例如，我们将手指放在月亮前面，我们是怎样知道手指和月亮不是相同大小呢？亥姆霍兹认为我们是通过经验学会了分析空间概念。

△ 为什么我们能够在这张图片中发现一个并不存在的白色三角形呢？

我们的大脑拥有能创造逻辑和秩序的本能。通常，我们通过创造知觉的轮廓和边界来构建逻辑形式，即使它不是真的存在。**错觉轮廓**是视觉的错觉，其中的线条是想象的而不是实际存在的。研究者发现错觉轮廓图像激活了视觉皮层的特定区域。区域内细胞的反应表明这些轮廓似乎由真实的线条和边缘组成。（von der Heydt，et al.，1984）

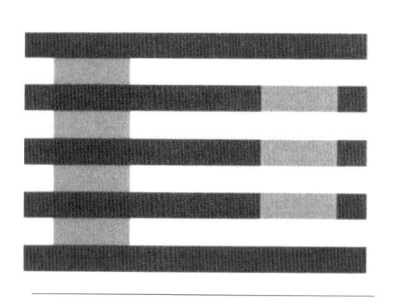

在左图的错觉里，左边灰色的长方形比右边的长方形暗。而事实上，它们是完全相同的。我们对亮度的感知依赖于刺激所在的背景环境。右边的长方形几乎被白色所包围，而左边的长方形由黑色包围着。我们的大脑评估的是与周围物体相对比的相对的光的折射。

△ 哪些长方形更暗？

知觉定势

我们以前的经验和期望会造成一种心理倾向,或者叫作**知觉定势**,这会影响我们感知事物的方式。例如,孩子递给你一张用棕色蜡笔涂得乱七八糟的图片,然后告诉你他画了一匹马,你可能会想象这些涂鸦像一匹马。自上而下加工使我们能够依靠已有的知识在大脑中创造一个相关的图像。

你是否曾经错听过朋友说的话,因为你希望她能说些别的?知觉定势不仅限于视觉,还有不少听觉方面的例子。

共同性指出,如果刺激的所有部分都朝一个方向移动,那么我们会认为它们是一个整体。

知觉定势一般由早期的经验造成,使我们形成对事物的图式或者内部影射。这些受到文化的影响。例如,欧洲人和北美人对图像的感知不同于土著人。我们可以利用众所周知的"魔鬼的三叉戟"来证明这点。欧洲人和美国人本能地将其解释为三维物体,然而土著人将这个图视为二维图像,仅仅是一系列的线条和圆。(Deregowski,1969)

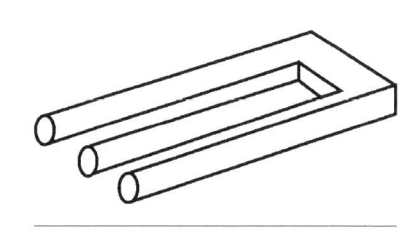

△ 如何理解"魔鬼的三叉戟"?

格式塔原理

德语"格式塔"意思是"形式",或"整体"。在心理学方面,它指的是我们将多个客体自然地组织在一起,去感知整体形状,而不是一系列单独的部分。例如,内克尔立方体实际上是一系列的会聚线,但是当我们看到它时,我们看到的是一个三维物体。20世纪初德国格式塔心理学的发展,部分原因是对结构主义中内省法的反应。

分组(组合)

格式塔心理学的重要概念是**完形定律**(在德语中是"意识"的意思),它认为人总是尽可能用简单的方式去感知外界刺激。六个月大的婴儿,已能遵循

一定的规则将刺激组合在一起。(Quinn, et al., 2002)

接近性。将距离相近的各部分趋于组成整体——这个规则是**接近性**。

相似性。**相似性**是形状、大小或者颜色的某一方面相似的各部分趋于组成整体。例如，穿着相同制服的警察，被认为是一个整体。

闭合性。**闭合性**是感知完整对象，而忽略其不完整性的知觉倾向。当我们看到一系列不相连的曲线摆放成圆形时，我们会认为它是一个圆。

连续性。**连续性**是认为相交线趋于组成整体，而不是一系列单独的线条。相交通常被认为是两条相互交叉的线条，而不是四条线在中央点的相聚。

对称性。我们的知觉系统往往认为事物是围绕其中心以对称的形式存在的，

完形定律：认为人总是尽可能用简单的方式去感知外界刺激的一种理论。

接近性：是将距离相近的各部分趋于组成整体的知觉倾向。

相似性：是将形状、大小或者颜色的某一方面相似的各部分趋于组成整体的知觉倾向。

闭合性：是感知完整对象的知觉倾向，而忽略其不完整性。

连续性：是认为相交线趋于组成整体，而不是一系列单独的线条的知觉倾向。

对称性：是将两个不相连但是对称的形状看为一个整体的知觉倾向。

共同性：如果刺激的所有部分都朝一个方向移动，那么我们认为它们是一个整体的知觉倾向。

背景：对象或图形所处的环境。

可逆图形：指当你长时间看一幅图时所产生的图形和背景调换的一种错觉。

视角依赖：该理论的支持者认为，最初看到的物体存储为模型，就像是在视网膜成像一样。

视角无关理论：该理论的支持者认为，视觉系统认为对象是各个单独部分的组合。

远距刺激：来自周围环境对象的刺激。

近距刺激：是由远距刺激人的感受器所引起的一种物理能量模式。

特征整合理论：一种理论，认为刺激可以被分解成原始的特征，或者分解成简单的组成部分。

组分识别：一种理论，认为我们认识一个陌生物体，是通过拼凑圆柱体、圆锥体、楔形和长方体来组成这个物体的。

即**对称性**。当我们看到两个不相连但是对称的形状,我们不自觉地把它们看作整体。

共同性。**共同性**指出,如果刺激的所有部分都朝一个方向移动,那么我们认为它们是一个整体。如果在聚会中,你看到四个人站在一起,然后两个人走向厨房,而另外两个走向卧室,那么你就不会再把他们看作四个人的整体,而是看作两对。

| 相似性 | 接近性 | 连续性 | 闭合性 | 对称性 |

△ 感觉组织的格式塔理论。

图形-背景关系

知觉加工过程中的主要组成部分是能够从周围环境——背景中,分离出我们所关注的对象——图形。图形—背景关系涉及所有的感官,而不仅仅是视觉。例如,我们能够在嘈杂的体育比赛中听到有人叫我们的名字,或者能够在街上诸多的气味中分辨出新鲜出炉的烤面包的香味。

有时,从背景中分离图形是比较困难的,如观察**可逆图形**鲁宾酒杯。当你第一眼看这个图片,你会以一种方式来辨别图形和背景,但是如果继续看,你的知觉发生会改变——图形和背景发生了调换,但是你会发现在任何时候,你都只能看到其中一种。

△ 你看到的是两张脸的轮廓还是一个高脚杯呢?

对象识别

对象识别的理论主要包括两种。**视角依赖**理论的支持者认为,最初看到的物体存储为模型，即心理表象，就像是在视网膜成像一样。与此相反，**视角无关理论**的支持者提出视觉系统认为对象是各个单独部分的组合的观点。

当我们听到狗叫声，或者看到一只鸟落在树枝上时，我们利用来自**远距刺激**的信息——狗的叫声或者真实的小鸟——感知到物理能量。**近距刺激**——狗叫声激活了我们的听觉感受器或者小鸟在视网膜成像——在我们的头脑中重现了远距刺激。

特征整合理论

既然我们以前从未见过汽车模型，那我们是如何识别汽车的？心理学家安妮·特瑞斯曼（Anne Treisman）提出**特征整合理论**，即刺激可以被分解成原始的特征，或者被分解成简单的组成部分，然后采用两步法将它们组合起来。（Treisman & Gelade，1980）根据特瑞斯曼所提出的理论，我们首次采用平行加工模式来识别视觉特征——我们的大脑快速地预感知性扫描到对象的弹出刺激（如红点在蓝色的网格）。系列加工随后把对象的特征联系起来构成整体。我们已有的储备信息有助于明确我们当前所看到的对象。

特瑞斯曼的理论是有事实依据的，当我们无法集中注意，并且没有关于观察的事物的储备信息时，可能会导致错误的特征联系，从而产生错觉结合。尽管我们识别了所有个体单独的特征，但在系列加工的过程中，我们仍可能将它们错误结合。例如，你实际上看到的是红色的 C 和蓝色的 A，但是你认为是蓝色的 C 和红色的 A。

1. 你能猜出这是什么吗？
2. 现在怎么样？

组分理论

欧文·比德曼（Irving Biederman）认为所有的物体都由简单的三维图形构成，被称为几何子。根据他的**组分识别**理论，我们认识一个陌生的物体，是通过拼凑圆柱体、圆锥体、楔形和长方体来组成这个物体的。（Biederman，1987）比德曼的理论是有事实支持的，我们对事物的快速识别是依赖其清晰的外部边缘，而不是依赖颜色或者内部的细节特征。

背景与动作

正如你所看到的前面那些图像,从背景中识别物体是非常容易的。动作也可以协助我们的知觉。1973年,心理学家贡纳尔·约翰逊(Gunnar Johansson)将小灯泡系在实验者的主要关节和头上,让他在黑暗中行走,并对他进行拍摄。当实验者静止不动时,我们不可能辨认出这是一个完整的人形。然而,当他走动时,我们很容易识别出是一个人在走动。这证明我们不需要看到完整的图像,只要不连续的点以可识别的方式运动起来即可。(Johansson,1973)我们也比较擅长识别独特的动作,如果你曾经注意到朋友以他独特的步伐穿过马路,你就会认识到动作可能会成为认出朋友的主要线索。

知觉解释

我们是否学会了如何通过经验认识世界?或者我们先天具有分析周围世界的能力?这个问题已被哲学家辩论了几个世纪。德国哲学家伊曼努尔·康德(Immanuel Kant,1724—1804)认为知觉是先天性的,出生时就存在,而英国哲学家约翰·洛克坚持认为知觉是通过后天经验习得的。先天与后天的争辩直到今天还在继续,影响范围从犯罪预防技术到教育理论。

天生的盲人是真的能够再看见,还是早期的感觉剥夺会造成永久性伤害?研究表明,出生后不久是正常感觉和知觉发展形成的**关键期**或者最佳时期。例如,出生时就看不见的成年人,尽管后来通过手术摘除了白内障,视力得到了恢复,但他们并不能一饱眼福——他们能够从背景中分辨图形,也能够感知亮

关键期:一种理论,认为人刚出生时是感觉和知觉产生的最佳时期。
知觉适应:是一个人通过调节感觉输入来适应环境的过程。
联觉:是来自感觉器官的信息在错误的大脑皮层区进行了加工处理的过程。
字形-颜色联觉:就是把字母感知为特定的颜色的过程。
联想者:将字母联想为颜色的人,但是实际上他们并未看到。
映射者:将字母看作别的颜色的人,即使他们知道自己正在看的字母的颜色。

度和色彩，但是并不能识别对象。（von Senden，1932）其他感觉的剥夺也会造成相似的知觉缺陷。

知觉适应

感觉适应使我们能够适应环境改变，而**知觉适应**则有助于我们适应对环境的体验方式的改变。你有没有试过戴朋友的眼镜？起初，周围看起来是模糊的，但是如果你坚持上一两天，你的视力调整后，世界就变得清楚了。

知觉适应使我们能够调整感觉传入，因此世界再次变得正常了。即便视野完全改变了，这也是真的。在为期一个月的研究中，日本心理学家关山薰（Kaoru Sekiyama）要求学生戴四棱镜的眼镜，这种眼镜能够对调左、右视野（2000）。虽然最初他们会迷失方向，但在几个星期内，学生们就能够完成复杂的动作协调性的任务，如骑自行车。实验结束后，学生们又很快重新适应了正常视野。

联觉（通感）

想象一下品尝到你说话的味道，或者听到不同颜色的乐曲。当人们加工处理不止一种感觉信息时，会出现一种现象叫作**联觉**，也就是来自感觉器官的信息在错误的大脑皮层区进行了加工处理。最常见的联觉是**字形-颜色联觉**，就是把字母感知为特定的颜色，例如，认为 A 是红色。一些联觉者是**联想者**——他们可能将字母 A 联想为红色，但是他们实际上并未看到红色。少数有这种异常的人是**映射者**——他们实际上将字母 A 看作红色的，即使他们知道自己正在看的字母是黑色的。

研究人员丹科·尼科利奇（Danko Nikolic）通过改进的史楚普实验（Stroop test，或译斯特鲁测验）来检测联觉的真实性。在常规史楚普实验中，实验者展示给被试一个单词，例如 "蓝色"（blue），第一次用蓝色的墨水书写（一致的情况），然后用红色墨水写（不一致的情况）。当他们被问及这个字的颜色时，在一致的情况下，被试的反应时间比较快，因为被试的大脑不用处理矛盾的信息。为了验证联觉是否能够得出相同的结果，尼科利奇根据特定的字形-颜色的不规则性列举出一致的单词。例如，如果一个被试将字母 B 当作绿色的，那么用绿色书写的 B 是一致的，而用任何别的颜色呈现则是不一致的。该实验与常规史楚普实验结果相似，这就证实了联觉是一个真实的现象。

大多数联觉者能够看到音乐的颜色或者品尝出人名的味道，他们并不认为这种状态是一种错觉。许多艺术家利用他们的联觉创作出独一无二的绘画和音乐作品。

回　顾

什么是感觉阈值？

- 绝对阈值是在 50% 的次数中，人能察觉刺激所需的最小能量（光、声音、压力、味道或者气味）。
- 差别阈值，或者最小可觉差，是 50% 的次数刚刚引起两个不同刺激差别感觉的刺激之间的最小强度差。

我们如何处理来自外界的刺激？

- 当能量激活感觉器官上的感受器时，感觉就产生了。
- 换能是将物理能量转换成电化学代码的过程。
- 光线通过角膜和瞳孔进入眼睛，由晶状体聚焦在视网膜上。光波被转导到节细胞，节细胞形成视神经。神经信息沿着视神经传递到视觉皮层。
- 声波引起鼓膜震动。震动传到耳蜗，引起基底膜的波动。基底膜的毛细胞激活受体将信息传递到听觉皮层。
- 气体分子激活鼻腔顶部的受体，将信息传到大脑的嗅球。

- 味蕾的受体细胞末端的微绒毛将信息传送到大脑边缘系统和大脑皮层。五种基本味觉是甜、酸、咸、苦和鲜。
- 皮肤上的受体能感受到疼痛、压力和温度。目前对疼痛的解释是闸门控制理论。
- 运动觉提供关于肌肉运动和姿势改变的信息。前庭提供有关身体的空间位置的信息。

为什么我们一次只能体验一种知觉？

- 知觉是大脑组织和解析感觉信息的过程。
- 有意识的注意具有选择性——我们一次只能体验一种知觉。无法察觉刺激称为非注意盲视。

关于知觉的主要理论有哪些？

- 格式塔心理学家指出当物体互相接近，有相似的大小、颜色和形状，或者封闭的形式时，我们把物体看作整体。
- 特瑞斯曼的特征整合理论指出，我们利用并行加工来识别视觉特征，然后采用系列加工将它们结合起来。

知觉的形成是先天的还是后天培养的？

- 正常感觉和知觉是在出生后不久的关键期形成的。
- 知觉适应有利于我们适应感知环境的方式的改变。

第5章 意　　识

- 不同水平的意识如何发挥作用？
- 在我们睡眠和做梦时，我们的意识发生了怎样的改变，为什么？
- 催眠和冥想怎样改变了我们的意识？

《哥伦比亚每日论坛报》（Columbia Daily Tribune）的体育编辑肯特·奥特赫斯（Kent Heitholt）于2001年10月的一天在下了夜班后，在密苏里州报社的停车场遭到血腥袭击并被杀害。尽管现场有很多物证，但警察一直未能擒获罪犯。

两年后，19岁的查尔斯·埃里克森（Charles Erickson）酒后告诉他的朋友自己做的一个梦，在梦里他和他的同学曾经被牵扯到一宗谋杀案中，只是细节被省略了。后来他的朋友将埃里克森的这件随口说的事情告诉了警察，他被带去审讯。埃里克森能记得的关于案发当晚的情况很少，在审问时，他表现出困惑和不确定。认识到埃里克森不能提供谋杀的具体细节，警方不断提示他后来专家论证出的谋杀事实，以便使他有可能描述与这些事实相近的一些信息。显然，在被录音的审讯中，埃里克森只能简单地随声附和审问人员的自问自答。

瑞安·弗格森（Ryan Ferguson）是埃里克森的中学同学，在同一天被逮捕，保释金为2 000万美元，这是美国历史上保释金最高的一宗谋杀罪名。警方没有发现任何弗格森和埃里克森与谋杀案有关的物证，并且根据一名目击者的描述合成的男子的复合素描图与他们两个人也没有任何相似性。

在审判中，辩方请记忆专家伊丽莎白·洛夫特斯（Elizabeth Loftus）教授出庭。在伊丽莎白·洛夫特斯教授看来，埃里克森提供的是虚假供词。她认为，这是一件非常不可能的事情，一个人不可能会忘记像谋杀这样惊心动魄的事情，但又在几年后突然想了起来。尽管有她的证词，但是在2005年12月，弗格森被判定犯有谋杀罪和抢劫罪，判处40年徒刑。他目前正在申诉对他的判决。

弗格森案件引起了一些有趣的关于意识的问题。我们是否能够突然想起曾经发生在几年前的事情？记忆是否可以被梦唤醒？有时我们的大脑是不是欺骗我们，让我们记住一些从来没有真正发生的事情？如果这样，陪审团怎样才能区分虚假的和真实的供词？深入研究意识和改变意识状态后发生的身体的生理学改变，可能会使我们做出更明智的判断。

意识与信息处理

今天，大多数心理学家将**意识**定义为我们对自己和周围环境的了解。这个定义看似简单，但是，我们每次都用略微不同的角度来看世界，并且我们的观察和体验往往都具有主观性。因为我们不会以同样的方式看世界或者我们自己，因此意识对于每个人来说很可能都是独一无二的经历。

现象学研究的是表达主观经验的个体意识。你知道红色看起来是什么样子的吗？如果你指向一个停止的符号，或者一辆消防车，问你的朋友这是什么颜色，她可能会说："这当然是红色了。"但是你怎么知道你朋友对红色的认识和你对红色的认识是相同的呢？你朋友描述的红色对于你来说可能实际上看起来是绿色或者紫色。遗憾的是，无法确定你对红色的体验是否与你朋友的相一致。试图了解其他人的意识的最大困难被定义为**他心问题**——因为意识是内在的，我们无法确定别人的认识与我们自己的是否相似或不同。

意识的水平

有些人没有觉察到他的精神过程可能处于一种**意识的变化状态**——光怪陆离、杂乱无章和梦幻般的思维模式。当我们睡眠或做白日梦时，我们就可能自然地进入意识的变化状态；也可以通过有目的地通过药物、冥想或催眠诱导来进入这种状态。

当睡觉时，我们处于**微意识状态**——自身和环境之间的连接相对分散，在这种状态下，我们对刺激的反应没有在更周密的思考下进行。熟睡的人，当被碰一碰时，并不会醒来，只会翻一下身体。这种反应是在微意识状态下发生的——这个人的意识能够使他对触碰做出翻身的反应，但是还没有达到做出更周密反应的程度，因此他在早上醒来后不可能记住这个触碰。

完全清醒指人们不仅能够描述他对所处环境的了解，也能描述自己的精神状态，并且有能力给出相关信息。元认知，即对认知的认知，是这个水平的特点。

意识的最大程度的自我认识状态是**自我意识**，此时，我们仅仅专注于我们个人。每当我们进入一种自我意识的状态时，就像在镜子里审视自己。识别自己的映像是一种很高级的技能，需要自我意识来参与，大多数动物都无法完成。事实上，研究人员设计的利用镜子进行自我认知实验证明人类、猩猩和黑猩猩是拥有一定水平自我意识的相对少的物种。对于人类，这种能力通常在 18 个月左右形成。研究人员发现，在这个年龄之前，婴儿没有能力认识自己的镜面映像。（Lewis & Brookes-Gunn，1979）

假如我们没有自我意识，我们怎么解释从镜子中看到的自己？

当我们关注自己时，我们往往能够认识到我们的成功和不足；自我评价和自我批评是自我意识的两个方面。不同于大多数动物，当我们在镜子中看到自己时，我们能够去祝贺自己工作表现出色，也会经历内疚和羞耻，在回想以前的事情时，内疚和羞耻的事情比骄傲的要少。

非意识、前意识和无意识信息

我们知道我们所做的一切？不完全是。事实上，我们的大脑存储的是大量的非意识、前意识和无意识信息。如果你对这种说法持怀疑态度，尽量去回想上次睡着时，你核实心脏跳动的时间。我们不自觉地去监控和调整身体的血流量、脉搏和氧摄取量，我们每天都在进行数百个这种**无意识动作**。我们通常对

意识：是对人类自己和周围环境的觉察。

现象学：研究表达主观经验的个体意识的学科。

他心问题：指由于意识是内在的，我们无法确定别人的认识与我们自己的是否相似或不同，而产生的问题。

意识的变化状态：是具有光怪陆离、杂乱无章和梦幻般的思维模式的状态。

微意识状态：指的是自身和环境之间的联系相对分离状态，在这种状态下，我们对刺激的反应不会经过周密的思考。

完全清醒：是一种状态，处于该状态的人们，不仅能够描述他对所处环境的了解，也能描述自己的精神状态，并且有能力给出相关信息。

自我意识：是意识的最大程度的自我认识状态，它使我们专注于我们个人。

这些动作视而不见。虽然它们很少被注意，但是它们仍然在进行，即使是你正在阅读此页文字的时候。

另一种信息是**前意识信息**，是指我们不需要经常感知到它们，但是当需要时，我们会将其纳入意识的信息。例如，我们只要一点点努力就可以将前意识融入意识思维。一种熟悉的气味会淡去，或一张生动的照片会变旧，但是前意识的记忆会再次记起，这就是为什么南瓜饼的味道可以激起你对很久以前的感恩节晚餐的回忆，那是你以为自己早已忘记的记忆（有关记忆的内容，请参阅第 7 章）。

弗洛伊德认为，一些恐怖的令人无法接受的经历、想法和动机会从我们的意识中被永久地抹去。弗洛伊德认为，我们通过阻遏过程来埋葬这些**无意识信息**。当代心理学家通过形成**潜意识认知**的概念重新诠释了这些观点——无意识认知是一种精神过程的集合，它能够影响我们的感觉和行为，甚至在我们没有感知到它们的情况下。例如，一张笑脸照片快速闪现在你眼前，你甚至可能不知道你已经看到了照片。但是，很可能你会觉得你比以前更快乐，即使你不能完全解释为什么。在这个过程中，不经意接受的刺激影响了我们的思想和感情，这是无意识认知的部分。

> 幸运的是，我们能够集中精力关注在特定时间内最重要的事情。

意识的生存优势

我们能够在很多不同的水平感知信息——并且在必要时，将信息的某些片段移入或移出意识——对于生存来说，这些给了我们很大的优势。在食肉动物群体里，如果我们完全不了解自己和周围环境，我们不可能生存如此长的时间（在四车道的高速公路上也是如此）。与此同时，如果我们要了解周围和内部的每一件事情，我们可能就会被信息完全淹没，无法有效地发挥功能。幸运的是，我们能够集中精力关注在特定时间内最重要的事情。

制约功能

由于意识的制约功能，我们不会把我们的精力浪费在那些与我们目前的状态不密切相关的一些信息上。**制约功能**使我们能够有选择性地加以注意，即在给定的时间，意识只关注一种刺激或感知。例如，当你参加考试时，意识制约

> 意识的制约功能使你能够在一个拥挤的房间里只专注于与你谈话的人。

功能使你只注意你审题和答题的过程，而不去在意衬衫贴着皮肤的感觉和铅笔对手指的触压感。这种功能也能够解释鸡尾酒会效应的现象：当我们处于一个拥挤、嘈杂或者混乱的环境中时，我们能够选择性地过滤一些事情，而只选择性地关注特殊的信息。

选择性存储功能

与制约功能紧密联系在一起的是意识的**选择性存储功能**，它使我们有选择性地分析、解释和针对刺激采取行动。换言之，我们可以选择视野、声音和其他我们想要的感觉。例如，如果你戴的耳机是特殊设计的，能够同时发出两种声音，那么你可能选择只听右耳朵的信息，而忽略左耳的声音。然后，如果你决定要注意你左耳朵的声音，你可能要有意识地重新聚集你的注意力。选择性存储功能的选择性随着时间的改变发生改变，当我们曾经注意的事情对于我们不再那么重要时，我们就不需要有意识地去考虑了。当我们第一次学习新的复杂的事情——例如开车，我们必须有意识关注开车的每一个方面：松离合、踩油门和转动方向盘。在这段学习期间，其他的刺激和想法——远处的雷鸣声、为即将到来的周末做的计划——往往从我们的意识里被选择性地限制了。当我们掌握了驾驶的方方面面，开车变成了自动的过程时，这种变化"释放"了我们的意识去专注于其他的想法，我们就可以一边考虑周末的安排一边安全驾驶了。

计划功能

想象一下朋友没有兑现帮助你学习的承诺，你很不幸地没有为大型考试做

无意识动作：是指人们不是有意识地监控或调节身体发生的动作。

前意识信息：通常处于人的意识之外，但是当需要时我们能将其纳入意识的一种信息。

无意识信息：包括人们已经永久性地从意识里清除的具有威胁性的不可接受的经验、想法和动机等的一种信息。

潜意识认知：是一种精神过程的集合，虽然我们没有感知到这些过程，但它们能够影响我们感觉和行为的方式。

制约功能：是意识的一方面，使我们能够在给定的时间点有选择性地注意，或者有意识地关注一种刺激或知觉。

好准备。你很生气，但是你不会去用拳头揍你的朋友或者骂你的朋友，而会使用委婉的措辞来表达你的沮丧。是什么帮你做出这个明智的有意识的选择？是意识的计划功能。**计划功能**能够阻止我们那些不道德、不伦理或者不实际的冲动，并且使我们能够在采取行动之前，在有意识的自我认知下来分析和评估我们的想法。这种高水平的意识处理过程使我们能够避免说或者做一些不合适的事情。虽然大多数人都会同意，计划功能是至关重要的，尤其是在社交场合，但是它不是特别迅速：因为它的发生是一系列的，或者说是按顺序的，而不是所有的都一下子产生。高水平的意识处理过程，与其他类型信息处理发生比相对慢一些。如果你想要冷静和理性地面对你朋友的失信，那么，你可能需要等上几分钟，让你的计划功能有机会去发挥作用。

睡眠

如果你在床上整夜辗转反侧，或者在演播厅里打瞌睡，你就知道**睡眠**——丧失意识的自然状态——往往超出了我们的控制。

我们的体温在早上开始上升，中午处于最高状态，下午和睡觉前下降。最近研究表明思维和记忆的高峰与生理节奏是一致的。

选择性存储功能：是意识的一个方面，使我们针对刺激做选择性的分析、解释和采取行动。

计划功能：是意识的一个方面，能够阻止我们那些不道德、不伦理或者不实际的冲动，并且使我们能够在采取行动之前，在有意识的自我认知下分析和评估我们的想法。

睡眠：是丧失意识的一种自然状态。

生理节奏：是一个生物钟，调节身体功能的生物钟周期为24小时。

视交叉上核：是下丘脑中控制生物钟的部分。

褪黑素：是一种睡眠诱导激素。

腺苷：是一种睡眠诱导激素。

生理节奏

我们身体的生理节奏控制着我们的睡眠模式，调节身体功能的生物钟周期为 24 小时。我们的**生理节奏**影响着我们的睡眠和清醒的状态，也控制着我们身体温度的变化，以及睡眠和清醒时的觉醒水平。我们的体温在早上开始上升，中午处于最高状态，下午和睡觉前下降。最近的研究表明思维和记忆的高峰与生理节奏是一致的。虽然这个高峰对于不同的人而言发生在不同的时间，但是它好像越来越多地发生在一天中较早的时间，并与年龄有关。（Roenneberg, et al., 2004）这就解释了为什么许多老年人清晨 5 点起床吃饭，晚上 8 点或 9 点就睡觉。此外，研究人员也发现，在一整天中，年轻人的工作越做越好，而老年人在一天当中表现得越来越差。（May & Hasher, 1998）作为大学生，你可能也一样，觉得晚上充满了活力与力量，但是可能要费九牛二虎之力去上早上 9 点的课，这并不令人吃惊。

虽然生理节奏是我们身体内部固有的生物节律，但是它也不能幸免于外部因素的影响。例如，光可以改变或重置我们的生物钟。当光线照射眼睛，它会激活视网膜上的感光物质，然后传递信息于**视交叉上核**——控制生物钟的下丘脑的部分。视交叉上核引起松果体增加（晚上）或减少（白天）褪黑素的分泌，**褪黑素**是一种睡眠诱导激素。当我们熬夜阅读到凌晨 1 点或在光线充足的地方聊天，我们接触到的人工光源会欺骗我们的身体去分泌较少的褪黑素——这个时间本来应该分泌更多的褪黑素——从而延缓睡眠，推迟了我们的生物钟。（Oren & Terman, 1998）因此，现在的许多年轻人拥有 25 小时的生物钟周期，因为他们熬夜到很晚，在次日的早上或下午才起床。这不仅发生在人类身上，许多动物在持续光源下，也会形成一天超过 24 小时的生物钟。（DeCoursey, 1960）

由于视交叉上核在调节睡眠中发挥关键性作用，因而损伤大脑的这一区域会造成破坏性的影响，例如导致一天当中睡眠时间是随机的。你可以认为破坏了视交叉上核基本上相当于拿走了生物钟的电池。

还有什么可以影响我们的生物钟节奏？通宵熬夜的人可能都知道，咖啡因是一个答案。在正常情况下，另一个睡眠诱导激素**腺苷**，随着夜深而逐渐增加，能够抑制某些神经元，使我们昏昏欲睡。但是，如果我们需要推迟腺苷的催眠效果到深夜，我们可以通过摄入几杯咖啡、红牛或者任何含有咖啡因的饮料来阻止其活性。

睡眠阶段

20世纪50年代之前，科学家们一直认为所有的睡眠基本上是一样的。也就是说，他们认为，刚躺下的最初十几分钟的睡眠与在午夜的睡眠在生理或心理上没有什么差别。然而，1952年，芝加哥大学研究生尤金·阿塞林斯基（Eugene Aserinsky）的偶然发现为研究睡眠的不同节律和形式铺平了道路。为了尽量修好有故障的脑电波仪（EEG），阿塞林斯基决定在他每天睡眠8小时的儿子阿曼德（Armond）身上测试机器。通过在人的头颅上放置电极，脑电波仪收集放大的脑电波活动。将电极贴在阿曼德的眼睛附近后，阿塞林斯基惊讶地发现脑电波仪记录到一种完全不同的锯齿形模式。（Aserinsky，1988；Seligman & Yellen，1987）这种模式，与阿曼德可察觉的抽筋性的眼球运动相一致，整个晚上重复发生好几次。更有趣的是，当阿曼德在这期间醒来时，他告诉他的爸爸，他刚刚正在做梦。阿塞林斯基意识到，快速转动的眼球、活跃的脑电波和做梦都是相关的。最重要的是，这揭示了睡眠的不同阶段：**快速眼动（REM）睡眠**——睡眠期间可反复出现的阶段——往往伴随生动的梦境。

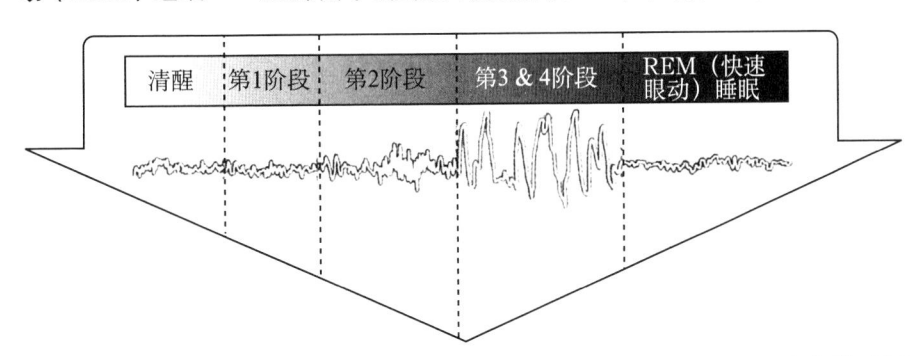

阿塞林斯基继续与纳撒尼尔·克莱特曼（Nathaniel Kleitman）合作做类似研究，他们的研究与其他研究一起，发现了另外的睡眠阶段，它们有特异性的脑电波活动。（Aserinsky & Kleitman，1953）通过使用脑电波仪记录参与者的睡眠，我们发现，睡眠是由不同的阶段组成的，循环周期是90分钟。

第 1 阶段和第 2 阶段

如果你使用脑电波仪来记录正要入睡的人的神经活动情况，你会发现什么呢？你最有可能得到这样几种不同的脑电波数据：当我们准备睡觉时，我们的大脑传递先产生的低幅度、快速而不规则的 β 波，它具有活跃的觉醒状态的特点；然后产生速度慢的 α 波，它具有放松的觉醒状态的特点。当我们进入睡眠的第 1 阶段，α 波活动减少和变大，速度较慢的 θ 波活动增加。第 1 阶段的平均持续时间约为 10 分钟。

在**入睡前阶段**，或称为清醒和睡眠之间的过渡阶段，往往会有奇怪和令人不安的感觉产生，这是第 1 阶段的特点。其中之一就是入睡前抽动——一个人就要入睡时身体的突然抽动。一个罕见的入睡前感觉被称为"爆炸头综合征"，这被描述为当一个人睡觉时出现在脑内的巨大的砰响声。有些人还说在入睡前阶段，他们就好像失重似的飘浮在床的上方。这些奇怪的感觉不是什么鬼神作祟，但它们的存在可以解释外星人绑架或其他有关"超自然"的经历。（Moody & Perry，1993）

随着我们继续打瞌睡，我们变得越来越放松，很快进入睡眠第 2 阶段。这个阶段持续大约 20 分钟，显著性特点为 **K 复合波**和**睡眠梭状波**的出现，它们均为快速爆发的、尖锐的脑电波。虽然 K 复合波和睡眠梭状波的生理功能还不清楚，但是科学家认为它们的功能是抑制意识的清醒，从而防止从睡眠中醒来。然而，在第 2 阶段，我们仍然很容易被唤醒。

快速眼动（REM）睡眠：睡眠期间可反复出现的阶段，往往伴随生动的梦境。
β 波：表示活跃的觉醒状态的脑电波。
α 波：表示放松的觉醒状态的脑电波。
θ 波：表示进入睡眠的第 1 阶段的脑电波。
入睡前阶段：是清醒和睡眠之间的过渡阶段，是第 1 阶段的特点。
K 复合波：是睡眠中自发产生的双相波。
睡眠梭状波：是快速爆发的、尖锐的脑电波。
δ 波：振幅大、表示进入第 3 阶段的脑电波。
睡眠教学法：在睡眠中学习的方法。
少睡眠者：是指睡眠时间远低于每天 8 小时的人。

第 3 阶段和第 4 阶段

睡眠的第 3 阶段和第 4 阶段是我们最向往的睡眠阶段：睡得深，精力恢复，并且最大限度地免受干扰。在作为过渡期的第 3 阶段，缓慢、不规则、大振幅的 δ 波开始出现。这种模式持续到第 4 阶段，即另外一种慢波出现的深睡眠阶段，该阶段持续约 30 分钟（虽然随着夜晚的加深，它逐渐变短直至最后消失）。在第 3 和第 4 阶段人们通常很难醒过来，如果他们被吵醒，则往往头昏眼花，无所适从。科学家们尚未完全明白是什么原因让孩子尿床，或为什么梦游往往发生在第 4 阶段的末期。大约有 20% 的 3～12 岁的孩子至少发生过一次梦游，往往持续 2～10 分钟，并且 5% 的孩子不止发生一次。（Giles, et al., 1994）因为幼儿睡眠的第 4 阶段持续的时间比成年人要长，因此他们比成年人更有可能梦游；40 岁以后几乎不会发生梦游。

有些人还说在入睡前阶段，他们就好像失重似的飘浮在床的上方。这些奇怪的感觉不是什么鬼神作祟，但它们的存在可以解释外星人的绑架或其他有关"超自然"的经历。（Moody & Perry, 1993）

REM 睡眠

大约在我们睡着后的一个小时，四个非 REM 睡眠阶段的一个周期完成，我们返回到第 3 阶段和第 2 阶段，然后进入 REM 睡眠期，它可以持续几分钟到一个小时。晚上平均睡眠时间的 20%～25%（大约 100 分钟）处于 REM 睡眠阶段。

REM 睡眠开始时，我们的脑电波与第 1 阶段睡眠出现的脑电波相似。然而，与第 1 阶段相比，REM 睡眠阶段处于生理觉醒阶段，而不是越来越安静：我们的心率加快，呼吸加快并变得不规则，眼球在眼皮下转动，大约每 30 分钟快速爆发一次。然而，在这一切的兴奋之中，我们的肌肉仍然保持放松。出于这个原因，REM 睡眠也被称为异相睡眠——即使大脑的运动皮层仍然活跃、超极化或过度兴奋，在脑干和脊髓的神经元也无法传递信息到身体的其他部位。这导致我们的肌肉处于瘫痪状态。研究人员发现甘氨酸——抑制性神经递质，能够在睡眠时期引起肌肉的瘫痪——不抑制颅神经的运动核，这解释了在 REM 睡眠时面部的偶尔抽动。人

一种记住你的梦的方法是清醒后马上写下你的梦境，你也可以画下它们，就像萨尔瓦多·达利（Salvador Dali）一样，就在睡醒之前做了一个一只蜜蜂围绕着石榴飞的梦。

们普遍认为，REM 睡眠伴随的肌肉瘫痪能够防止身体随着梦境活动，这样就避免了潜在的伤害。

REM 睡眠期是做梦的主要时期。尽管约 37% 的人声称他们很少或几乎不做梦，但是平均每人每年要花 600 小时做梦，并且在人的正常一生中大约要做超过 100 000 个梦。（Moore，2004）实际上，说自己从未做梦的人，当从 REM 睡眠期醒来时，最多 80% 的人记得梦。

虽然有些睡眠研究人员曾经怀疑，REM 睡眠的特点——快速眼球运动可能与梦的视觉方面有关，但大多数科学家认为，这些眼球运动是活跃的神经系统溢出的结果。在 REM 睡眠期发生的梦境往往是叙事、情感和幻想（例如，我和朋友在散步时，忽然变成了狮子），而睡眠的其他阶段的梦境则是模糊的、印象不深刻的（例如，我把某样东西留在了某处）。

入夜时间越长，REM 睡眠阶段就要占去越多的时间，而作为深睡眠阶段的第 3、4 阶段，持续的时间则比较短。如果 REM 睡眠阶段在持续时间和频率两个方面都增加了，睡眠时间就延长了。

刺激性的认知和学习

如果你见过一只猫打盹，你就会注意到，虽然猫睡着了，但它的耳朵仍能来回转动，并对声音做出反应。既然有这么多的信息处理不需要我们的意识参与，那么人类也能够在睡眠时处理某些刺激。脑电图记录表明，当睡眠时，听觉皮层对声音刺激有反应。这解释了为什么有人叫我们的名字或婴儿在隔壁房间哭时，我们能够从沉睡中醒来。（Kutas，1990）我们还设法在睡着时左右滚动而不从床上掉下来或踢到在我们脚下午睡的小狗。

一些研究者甚至把这种现象叫作**睡眠教学法**——睡眠中的学习。例如，在一项研究中，被试在睡眠时能够将某一声音与轻微的电刺激联系起来（Graves，et al.，2003），而其他被试在睡眠时反复听到留声机录制的片段"我的指甲尝起来味道真苦"后，能够减少他们有疑问时咬指甲的现象（LeShan，1942）。虽然我们睡觉时也许能够从事这样的行为学习任务，但是进行认知学习是不太可能的。虽然在我们睡觉时听"播客"的学习材料特别方便，但很少有证据支持可以记住在睡觉时所听到的内容这一说法。我们也经常忘记入睡前5分钟发生的任何事情，或我们从睡眠状态被唤醒后立刻发生的任何事情。

睡眠的目的

虽然心理学家早已明白睡眠时我们的大脑和身体发生的一切，但是确切地说明为什么我们需要睡眠仍然是一个有争议的话题。下页睡眠理论一表中的若干理论，试图去阐明这个有趣的问题。

睡眠需求和模式

人们普遍认为，"良好的夜晚睡眠"应持续约8小时，但每个人要达到最佳状态所需要的睡眠时间是不同的。有的人每晚睡6小时就可以精神百倍，但是另一些人睡眠时间少于10小时就不能恢复到最佳状态。新生儿一天中的三分之二时间都在睡觉，而大多数成年人只需要新生儿一半的睡眠时间来睡眠。在极少的情况下，那些被称为**少睡眠者**的人对睡眠的需求远远少于正常人要求，但是在一天中并不感觉疲倦。我们的睡眠模式似乎有一定的遗传因素。当研究人员研究同卵和异卵双生子的睡眠习惯时，他们发现只有同卵双生子的睡眠模式是相似的。（Webb & Campbell, 1983）如果任其睡眠而不受闹钟影响，精力充沛的孩子或饥饿的宠物，大部分都会一晚上睡眠至少9小时，一般情况下这些人醒来时精力充沛，在情绪和行为方面得到很大改善。（Coren, 1996）然而，文化习惯可以改变这些自然形态。现代照明技术、轮班工作、社会进步所创造的工业化社会，造成人们的睡眠远远少于20世纪的人们的睡眠时间。

> 普遍认为，"良好的夜晚睡眠"应持续约8小时，但每个人要达到最佳状态所需要的睡眠时间是不同的。有的人每晚睡6小时就可以精神百倍，但是另一些人睡眠少于10小时就不能恢复到最佳状态。

睡眠剥夺

睡眠剥夺是否让你感觉大多数时间像一个行尸走肉？如果确实如此，那你

睡眠理论

理论	描述/定义	举例
保存和保护	睡眠是进化的结果，它有利于保护我们远离在夜里可能发生的危险。	不同物种一天中的睡眠时间是不同的。在多数哺乳动物中，幼仔的睡眠时间要多于成年动物。
身体恢复	白天身体疲惫，需要睡眠来恢复。	在睡眠时，脑组织得以修复。
记忆	睡眠恢复和重建白天的记忆。	经过一晚上睡眠的人，完成的任务比几个小时不睡觉的人更出色。经过睡眠的人，解决问题比不睡觉的人更富有创意。
生长	在深度睡眠时，垂体释放生长激素，使睡眠在生长过程中起着重要的作用。	随着成年人的变老，这种激素的释放减少了，深度睡眠所花的时间也少了。

并不孤单，事实上，按照康奈尔大学睡眠研究专家、心理学家詹姆斯·马斯（James Maas）的说法，整个美国已成为"行尸走肉的国家"（1999）。睡眠剥夺是司空见惯的事情，不仅影响我们的工作能力，而且睡眠债是不容易偿还的。你是否曾经试图弥补自己连续几个晚上只睡 5 个小时造成的睡眠不足？不幸的是，这个方法往往不能达到我们想要的目的，即使补睡了很长时间，我们仍旧感觉昏昏沉沉。

年轻人，特别是青少年的睡眠严重短缺。青少年每晚需要 8～9 小时的睡眠时间，但他们平均只有约 7 小时——比 20 世纪 80 年代的青少年少了 2 个小时。（Holden，1993；Maas，1999）美国五分之四的青少年和五分之三的 18～29 岁的青年都希望平日能有更多的睡眠时间。（Mason，2003，2005）更糟的是，睡眠被剥夺的青少年晚上 11 点左右往往进入"第二清醒期"，这阻碍了他们早点睡觉和得到长时间睡眠。据斯坦福大学的研究者威廉·德门（William Dement）报道，80% 的学生被剥夺睡眠到了危险的地步，导致他们难以认真学习、烦躁、疲劳、效率低和有犯错误的倾向。此外，具有好的学业成绩的高效率的中学生，平均每天晚上多睡 25 分钟，而且上床睡觉的时间比效率低的同伴早 40 分钟。这些结果表明，如果维持高 GPA（学业平均绩点）是你的目标，那么优先保证睡眠对你来说是一个好主意。

睡眠剥夺的危险

不幸的是，睡眠剥夺的影响并不限于使人萎靡不振和情绪不稳，数据和实例说明睡眠剥夺还会造成悲剧性后果。交通记录提示，车祸容易发生在夏令时早上，此时人们刚刚改变他们的生物钟并且失去一个小时的睡眠。（Coren，

1996）即使没有出现"雨后春笋般快速增加"的效应，但疲劳驾驶也引发了美国 30% 的交通事故（美国交通部）。睡眠剥夺导致人反应过慢，增加了视觉性任务的错误，最终引起可能的突发性灾难。这些灾难针对驾驶员和那些必须掌握这些技巧的工作人员——飞行员、机场行李监控人员、外科大夫和 X 射线技师，这只是几个例子。（Horowitz，et al.，2003）1989 年"埃克森·瓦尔迪兹"（Exxon Valdez）号油轮泄漏事故、1984 年印度博帕尔联合碳化物公司毒气泄漏灾难、1979 年三里岛核事故、1986 年切尔诺贝利核事故，都发生于午夜之后，这个时候操作者们可能是最劳累的。

睡眠剥夺也会对一般健康造成可怕的后果。那些睡眠没有困难的老年人和每晚睡眠达到 7～8 小时的人，往往比那些患有慢性睡眠剥夺的人活得更长。

> 不幸的是，睡眠剥夺的影响并不限于使人萎靡不振和情绪不稳，数据和实例说明睡眠剥夺还会造成悲剧性后果。

（Dement 1999；Dew，et al.，2003）睡眠剥夺也可以削弱免疫系统功能，这就解释了为什么过度疲劳和疾病似乎是牵手而来，也可以解释为什么当我们生病时睡眠较多。（Beardsley，1996；Irwin，et al.，1994）睡眠剥夺不仅使我们易受感染，还使我们感到和表现出衰老。当我们不能得到充足的睡眠时，我们机体的代谢和内分泌系统实际上出现了类似于老年的改变，使我们更容易罹患肥胖、高血压和记忆力丧失。（Spiegel，et al.，1999；Taheri，2004）

睡眠障碍

通常情况下，睡眠剥夺是由于日程繁忙，导致睡眠时间太少。但是，有时它是由**失眠**引起的，特点是反复出现睡眠障碍、难以入睡或保持睡眠。10%～15% 的成年人抱怨失眠，但他们通常会高估他们需要多长时间才能入睡（双倍），低估他们实际上得到多少睡眠时间（一半）。（Costa e Silva，et al.，1996）如果你偶尔很难入睡，焦虑或兴奋使你保持清醒，你不用感到恐慌，大多数人都会面对这些偶然的睡眠问题，它们通常不是失眠的症状，除非这些问题经常发生。但是，经历失眠的人应该避免依靠"速效办法"，如酒精和安眠药，它们会减少 REM 睡眠而加剧情况的恶化，导致第二天疲惫不堪。此外，定期使用这些物质的人会迅速耐受。当"睡眠辅助手段"难以为继的时候，会引起令人不舒服的戒断现象和日益恶化的失眠。休闲、运动、摆脱咖啡因和坚持有规律的作息时间是天然的、有效的治疗失眠的方法。

与失眠形成鲜明对比的是**发作性睡眠症**，这是一种睡眠紊乱，其特点是周期性的、无法控制的睡眠发作。这些无法预料的睡眠通常持续不到 5 分钟，但是因为它们的发生是不能预见的（例如在一次谈话中或开车时），因此它们会严重破坏一个人的生活质量，更不用说安全了。（Dement，1978，1999）大约 1/2 000 人的患有发作性睡眠症（Stanford University Center for Narcolepsy，2002），但是目前有了希望：神经科学家已经发现，发作性睡眠症患者的下丘脑神经中心产生的**下视丘分泌素**（hypocretin）相对缺乏，这是一种警觉性神经递质。有了这些知识的武装，科学家们现在正在开发一种模拟下视丘分泌素的药物，这有可能减轻发作性睡眠症的症状。在这种药物开发出来之前，发作性睡眠症患者必须谨慎生活，避免在驾驶车辆、做饭或者实施其他有潜在危险的活动时意外地睡着。

睡眠呼吸暂停综合征从字面看就使人们喘不过气来，它影响美国 5% 的人口。那些患有睡眠呼吸暂停综合征的人在睡眠期间间歇性地停止呼吸，导致血液中的氧气水平暴跌。这些被不停中断或剥夺慢波睡眠的患者，在白天感到头昏眼花、烦躁不安。因为患者往往不记得在夜间短暂地醒来，因此许多患者甚至没有意识到这种疾病。睡眠呼吸暂停特别常见于肥胖综合征患者，随着肥胖率在美国攀升，该病的发生率也将随之上升。该病的治疗通常需要配备面罩一类设备，在睡眠中强迫空气进入肺部。

失眠：是一种睡眠障碍，指难以入睡或保持睡眠。
发作性睡眠症：是一种睡眠紊乱，特点是周期性的、无法控制的睡眠发作。
下视丘分泌素：是一种警觉性神经递质，促进清醒。
睡眠呼吸暂停综合征：有此症状的人在睡眠期间间歇性地停止呼吸，导致血液中的氧气水平暴跌。
夜惊：是一种儿童和青少年最常见的相对良性的睡眠障碍，特点是发作性高觉醒和恐惧表现。
梦：是当我们睡眠时，进入我们意识的一些连续的图像、感觉、想法和印象。
显性梦境：是指一个人清晰记住的梦的故事情节、人物和细节。

一些睡眠障碍最常见于儿童。孩子笔直坐在床上，尖叫，胡言乱语，令人害怕地喘着粗气，这种情况一定会使父母陷入恐慌。具有这些症状的人即患有**夜惊**，这是一种在儿童和青少年中最常见的相对良性的睡眠障碍，特点是发作性高觉醒和恐惧表现。不像噩梦，夜惊通常发生在入睡后的 2～3 小时，也就是在睡眠的第 4 阶段。（Garland & Smith，1991）极少有儿童夜惊发作时醒来，而第二天早晨他们往往不记得这些事件。由于第 4 阶段睡眠的长度随着年龄增长逐渐减少，所以夜惊的发生也逐渐减少。

> 孩子笔直坐在床上，尖叫，胡言乱语，令人害怕地喘着粗气，这种情况一定会使父母陷入恐慌。具有这些症状的人即患有夜惊，这是一种儿童和青少年最常见的相对良性的睡眠障碍，特点是发作性高觉醒和恐惧表现。

梦

梦是当我们睡眠时，进入我们意识的一些连续的图像、感觉、想法和印象，是人类意识中最有趣的现象。梦使我们因为恐惧或笑声而颤动，能够穿越时空，或者把不可能的事情变成引人入胜的可能。通常，梦是不可能完全破译的。但这一事实并没有阻止人类试图破译梦——你在生活中至少有一次从一个难忘的梦中惊醒，并产生这样的疑问："那是怎么一回事？"在梦和做梦的研究中，心理学家也会提出类似的问题：我们的梦是什么？为什么我们会做梦？

梦境

正如你所知道的，发生在 REM 睡眠期的梦，往往出现离奇图像和生动但非常不合逻辑的情节。然而，当做梦时，我们不加批判地接受这些奇怪的元素，有时甚至与现实相混淆。我们的梦似乎通常会被现实生活中的事件所影响。例如，在创伤性事件发生后，人们会

> 你在生活中至少有一次从一个难忘的梦中惊醒，并产生这样的疑问："那是怎么一回事？"在梦和做梦的研究中，心理学家也会提出类似的问题：我们的梦是什么，为什么我们会做梦？

做噩梦。在一项研究中，心理学家发现，睡觉前玩了 7 个小时的俄罗斯方块的人，极有可能梦到方块降落的图像。（Stickgold，et al.，2001）

西格蒙德·弗洛伊德基于自己的关于梦的意义和梦的分析的理论，将梦境分成两个层次：显性梦境（显性内容）和隐性梦境（隐性内容）。**显性梦境**是指我们能够清楚地记住梦里的故事情节、人物和细节。显性梦境往往包括日常的生活经历和关注的问题，例如梦到参加工作会议、参加考试或与家人聊天。（De Koninck，2000）睡眠环境的感觉刺激也可能被纳入显性梦境。例如，有冷水轻轻喷在脸上，在睡觉时就可能梦到水（Dement &Wolpert，1958）；当你的闹钟在早上不响了，你会发现它在你的梦中嗡嗡作响。

关于显性梦境的研究发现，梦遵循某些趋势，这些趋势对于我们来说是不幸的，还会有点烦人。不论是男人还是女人，80% 的梦都带有消极的情绪，如失败、不幸的经历或者被袭击、被追捕、被拒绝。（Domhoff，2002）尽管许多人认为有关性的梦应该是经常发生的，但是只有 1/10 的年轻男子和 1/30 的年轻女性说他们在 REM 睡眠期被唤醒时，正在做有关性的梦。（Domhoff，1996；Foulkes，1982；Van de Castle，1994）而且研究人员发现了一个有趣的性别差异：女人梦见男人和梦见女人的频率是相同的，而男人的梦中 65% 都是男性。（Domhoff，1996）

有时，我们做梦时知道自己在做梦，这个现象被称为**清醒梦**。2001 年，理查特·林克莱特（Richard Linklater）的电影《半梦半醒的人生》（*Waking Life*）和卡梅伦·克罗（Cameron Crowe）的电影《香草天空》（*Vanilla Sky*）阐释了清醒梦。正在做清醒梦的人可以通过评估梦的显性内容来判断他们是否在做梦。显然，梦幻般的特征（如时钟保持不规则行走、会飞，紫色香蕉说话，或灯的开关不好用）表明清醒梦不是真的清醒。

> 不论是男人还是女人，80% 的梦都带有消极的情绪，如失败、不幸的经历或者被袭击、被追捕或被拒绝。（Domhoff，2002）

🧠 梦的目的

你是否曾经感觉昨天晚上的梦想要告诉你什么？它是那么神秘，以至于你感觉它一定有更深的意义而忍不住试图去破译它？许多人认为，梦可以帮助我们解决日常生活中的问题或给予关于未来的暗示。正如有几种不同的理论试图解释为什么我们要睡觉一样，关于梦的目的，这里也有许多相互竞争的理论。

弗洛伊德与《梦的解析》

在《梦的解析》(*The Interpretation of Dreams*，1900）里，弗洛伊德认为，梦使我们能够实现我们的愿望，并在安全的环境中表达我们无法接受的感情。弗洛伊德认为，梦除了显性梦境外，还包含**隐性梦境**——梦的深层含义，那些危险的或不可接受的欲望和愿望被释放出来。弗洛伊德的理论认为，大多数成年人通过梦境表达的意愿是色情，只是对外不承认而已。根据弗洛伊德的理论，我们内心的矛盾和潜意识的欲望可以通过梦的解析来识别和分析。然而，有很多人批评弗洛伊德的梦理论。其中一些批评者指出，梦的解释取决于解梦者的创造力；另外的一些人认为，梦并不掩饰表面以下的任何东西，梦似乎不包含潜意识中的欲望的细微暗示。

> 在清醒梦里，如果你想要飞并且飞起来了，那么你可以十分确定你是在做梦。

信息加工

最近一种梦理论认为，梦帮助我们整理当天的经历并存放到记忆里。深的、慢波的 REM 睡眠期巩固了记忆和经验，并把它们转化为长时程的学习。鼠的大脑研究证明，梦和学习之间存在潜在的联系。在白天，研究人员让鼠跑两个不同的迷宫，测量鼠的大脑活动情况。随后研究人员测量了鼠睡觉时的大脑活动，发现鼠的睡眠模式提示，鼠不仅梦到白天它们通过的两个迷宫，而且它们遇到了一个混合迷宫，似乎综合了两个迷宫的特点。（Louie & Wilson，2001；Maquet，2001）这些结果表明，梦在记忆的巩固中发挥着一定的作用。

清醒梦：是我们做梦时知道自己在做梦的现象。
隐性梦境：是梦的意识不到的内容。
激活合成：一种理论，该理论把梦解释为在 REM 睡眠期，视区和运动区神经元兴奋的副作用。该理论认为梦是人睡眠时，大脑试图将随机的神经活动变得合理的结果。

激活合成

人在睡觉时可能变得无意识了，但大脑的神经元仍在活动。梦的**激活合成**理论表明，梦是大脑试图将随机的神经活动变得合理的产物。用 PET 扫描 REM 睡眠期的大脑，结果显示，刺激大脑的视觉加工区域，能够形成图像；刺激大脑的边缘系统，与情感有关。（Maquet & Franck，1996）根据激活合成理论，我们的大脑形成的梦是将以图像为基础、以情感为点缀的信号编织起来而形成的故事。此外，由于大脑的前额叶区域（主要负责人的推理和逻辑能力）在睡眠中几乎是不活动的，所以梦往往是荒谬的。（Maquet，et al.，1996）以下的研究进一步证明了激活合成理论，研究指出，不管是视觉加工区域还是边缘系统受损，都会导致做梦障碍。（Domhoff，2003）

发育

一些心理学家认为梦不单纯是大脑在睡眠时激发的一种幻想性的创造，它们极有可能是我们认知发育的关键组件。（Domhoff，2003；Foulkes，1999）与梦有关的大脑活动可能有助于神经通路的发育和保护，尤其对于婴幼儿而言——婴幼儿恰好有充足的 REM 睡眠，也处于神经的快速发育阶段。梦的方式随时间而变化似乎也表明了梦具有发育性作用。大约 9 岁以前，我们的梦是一系列的个别场景或图像；只有在童年的后期和青春期早期，我们的梦才变成似乎相互关联的故事。最终，梦境反映了我们清醒时的思想和智慧，表现出连贯性的特征，并且依赖于我们的知识和学问。

催眠

当你听到催眠这个词，你想到什么？你可能会想到狂欢节上一个表演者在观众面前摇晃着一块悬垂的怀表，并宣布这些观众就要睡着了，或舞台表演中的魔术师说服她的搭档扮演公鸡，或公路边上的广告牌吹捧催眠是减肥和戒烟的速效办法。催眠的这些流行概念——作为一个室内游戏、一种娱乐形式、一剂包治百病的灵丹妙药——掩盖了这个词在心理学领域的真正含义和价值。

在最基本的层面上，**催眠**是一种给人暗示的练习方法。在实施过程中，催眠师对另一个人，即被试施加暗示，希望后者体验到一种知觉、感情、思想或行为。奥地利医生安东·麦斯默（Anton Mesmer）因发展现代催眠术而被称颂。

易感性

既然催眠取决于暗示，那么催眠对被试是否有效就取决于被试对催眠的易感性。这并不是说容易被催眠的人特别容易上当，相反，那些具有可被催眠能力的人，或对催眠术有高度易感性的人，更能够将注意高度集中在给定的任务，也就是被吸引住了。研究人员发现人对催眠的易感性可能与脑的额叶系统的功能有关——该大脑区域与注意有关。依据格鲁泽利尔（Gruzelier，1998）三阶段的催眠模型可知，特别容易被催眠的人也很容易集中注意。在催眠的初始阶段，被试密切关注催眠师，同时，大脑额叶区的活动增加。然后被试"让出"自己的可控性注意，并把他的控制力交给了催眠师，同时，额叶的活动减少。在第3阶段，被试被动想象，此时，后皮层区的活动增加。由于在催眠的初始阶段，被试耗尽了前额叶活动，在催眠状态，其前额叶的活动便明显减弱了。既然催眠可以让人们有新的、离奇的体验，那么可被催眠的人在思考问题时往往具有丰富的想象力和创造力，这也就不奇怪了。这种类型的人也容易迷失在小说里，或者沉浸在电影的画面中而呆若木鸡。（Barnier & McConkey，2004；Silva & Kirsch，1992）

催眠术在哪些方面比心理学更容易招揽客人？

虽然催眠的易感性因人而异，但每个人都可以把他或她的注意转向内在从而去想象一些东西，换句话说，几乎所有人都可以体验到一定程度的催眠——无论我们是否意识到这一点，即我们在某些方面很容易被暗示。例如，事实证明当人们站着紧闭双眼，并被反复告知他们在晃动时，几乎每个人都真正开始摇动了。这个实验被称为姿势摇摆测试，这只是斯坦福催眠易感性量表的项目之一，它是用来评估催眠易感性的相对程度的。这个量表的其他方面并没有被普遍接受，例如舌头自发性的酸甜感觉。还请注意期望的作用：相信可以被催眠或期望被催眠的人，比持怀疑态度的人更容易体验到催眠。

既然催眠可以让人们有新的、离奇的体验，那么可被催眠的人在思考问题时往往具有丰富的想象力和创造力，这也就不奇怪了。

催眠术的支持者提出催眠的很多用处，但并不是所有的催眠师都这么认为。催眠有许多已被证实的用处，例如恢复记忆、戒烟、止痛，这些都有不同的证据加以支持。

回忆

许多人认为催眠可以让我们回到过去，回想起大脑史册中长时间尘封的回忆。（Johnson & Hauck，1999）这一设想提出可以使用催眠在治疗背景下诱导"返老还童"，目标是让患者重温童年时代的经历，从而发现和寻找心理问题的根源。

许多人认为催眠可以让我们回到过去，回想起大脑史册中长时间尘封的回忆。（Johnson & Hauck，1999）这一设想提出可以使用催眠在治疗背景下诱导"返老还童"，目标是让患者重温童年时代的经历，从而发现和寻找心理问题的根源。然而，研究表明，相信"返老还童"能够成功的想法，其实是令人怀疑的。事实证明，在催眠状态下"返老还童"的人们往往演绎的是他们认为这个年龄的孩子将如何行事，而不是他们实际的行为。例如，一个"被催眠"返回到四五岁的人，不合乎语法地说话，但他却没有意识到，大多数四五岁的孩子的讲话都已符合语法了。

利用催眠来帮助（或不帮助）记忆对法律体系也造成了一定的影响。如果目击证人记不清抢劫者的确切模样，怎么办呢？可利用催眠术带他们回到犯罪现场，哪怕是心目之中的现场。这一设想理论上听起来可行。

不幸的是，这种方法不但没有奏效，而且实际上弊大于利：它可以引导人们形成错误的记忆。虽然催眠师和当事人的意图是好的，但催眠师提出的问题仅通过暗示就可以塑造当事人对一个事件的记忆。如果催眠师问："罪犯的胡子是什么颜色？"当事人就会错误地"记住"罪犯有胡子，即使罪犯根本没有胡子。由于催眠诱导的"记忆"的不可靠性，世界各地，包括美国和英国的司法系统，已开始拒绝来自催眠证人的证言。（Druckman & Bjork，1991；Gibson，1995；McConkey，1995）

治疗

虽然催眠和增强记忆之间的关联查无实据，但催眠确实有一定的治疗作用。事实上，催眠可以帮助人们控制不良行为或症状。它的成功在很大程度上取决于**催眠后的暗示**——催眠期间施与的暗示，在他或她清醒后执行。例如，病人的焦虑引发难看的皮疹，催眠治疗师会建议病人，每当她变得焦虑时，想象在清洁的游泳池里游泳的轻松感觉。催眠后的暗示已被证明对缓解头痛、哮喘和与压力有关的皮肤疾病有效。不幸的是，催眠对吸毒、酗酒和吸烟成瘾者效果不好，但催眠似乎对肥胖症的治疗非常有帮助。（Nash，2001）

疼痛缓解

催眠也具有一定的缓解疼痛的作用。催眠缓解疼痛，被称为**催眠镇痛**，它可以造福我们中约一半的人，10%的人甚至可以在催眠的状态下进行大手术而不需要施行传统麻醉。（Hilgard & LeBaron，1984；Reeves, et al., 1983）当不用药的手术的前景相当乐观时，请记住，简易的催眠也可以帮助我们平静下来，并且减少我们对疼痛（和对疼痛的超敏）的焦虑。因此，如果仅仅是打一针破伤风或者要修补蛀牙使你畏缩的话，你可以考虑催眠。也许是因为抑制了疼痛相关的脑活动，被催眠的人需要较少的药物治疗，但恢复更快，比传统方式治疗的病人更早出院。

催眠镇痛如何发挥作用？一种理论认为，催眠能够导致**意识分裂**（分离），即造成同步性思想和行为的彼此分开。催眠可以切断痛觉与痛的情感体验之间

> 催眠镇痛的成功部分归因于选择性注意。想一下运动员在比赛中严重受伤，但他们坚持比赛，直到比赛结束后才感觉到疼痛。运动员往往把注意集中在比赛上，以至于他们很容易就忘了自己的伤口。

催眠：是一种给人暗示的练习方法。在实施过程下，一个人对另一个人施加有关知觉、感情、思想或行为的暗示，被试有希望去体验这些暗示。

催眠后的暗示：是一种在催眠期间施与的暗示，在参与者被终止催眠后执行。

催眠镇痛：通过催眠缓解疼痛的方法。

意识分裂：即允许同步性的思想和行为彼此分开的认识。

的联系。例如，在一项研究中，催眠断开了被试的一个典型的疼痛刺激——把他们的胳膊放在冰水中——与不舒服的情绪反应的关联，这种情绪反应通常都会伴随着疼痛的体验。该实验表明催眠技术产生了效果：将被试的胳膊浸在冰水中，他不仅没有大叫疼，反而表现冷静，若有所思地说："嗯，非常寒冷，但真的没有痛苦。"（Miller & Bowers, 1993）

催眠镇痛的成功部分归因于选择性注意。想一下运动员在比赛中严重受伤，但他们坚持比赛，直到比赛结束后才感觉到疼痛。运动员往往把注意集中在比赛上，以至于他们很容易就忘了自己的伤口。同样，利用催眠镇痛治疗病人，可能是通过催眠过程使病人非常放松或被分散了注意，以至于忘了他们的痛苦。

虽然这些理论试图解释催眠何以能够缓解疼痛，但是他们仍然认为被试在一定程度上体验了疼痛刺激。实验研究显示，虽然参与者说触电后感觉不到疼痛，但仪器仍然记录到他们心率增加。此外，PET扫描显示被催眠的人处理疼痛刺激的脑区的活动减少，但不是在接收原始感觉的感觉皮层。（Rainville, et al., 1997）看来，虽然催眠可以改变我们对疼痛刺激的感知，但它没有强大到能够阻止感觉信息的输入。

冥想

在练习瑜伽期间，特定的身体姿势或者体位可能会帮助练习者更容易集中内在的注意。

在过去，冥想——一种改变意识的形式，通过获得深度的平静感和放松感而增强自我认识和健康状态。对许多人来说，冥想似乎是为"新时代"嬉皮士之流保留的附加练习。然而，近年来，基于名人代言，加上更为重要的科学研究资料，冥想已经成为主流。

根据东方文化和宗教，冥想要集中于呼吸并调节呼吸，采取特定的身体姿势，将外部的分心干扰和心理表象达到最小化，并且进入澄明的心境。在冥想状态下，感觉传入逐步减弱，产生了卡林顿（Carrington）1998年所谓的"精神隔离室"。虽然人是清醒的，但他或她是在完全放松的状态。在深冥想状态下，大脑出现了与睡眠相似的脑电波活动。在全神贯注性冥想中，被试通过注意一些特别的事情，如特别的身体姿势、心理表象或语言，达到虚无忘我的境界。意念冥想是指集中意识于你的每一件事情，从步行上课，到洗衣服，到与朋友聊天。你可能会认为它是"无时不在的"。

实验证明，冥想可以引起生理的改变。脑电图显示，冥想与典型的放松状态 α 波有关；同时，后顶上叶的活动水平显著降低。（Herzog，et al.，1990/1991；Newberg，et al.，2001）研究发现，打坐的佛教僧侣能够利用冥想来升高体温和降低机体代谢。（Wallace & Benson，et al.，1972）一些研究人员甚至发现了冥想能够提高智力和改善认知。（So & Orme-Johnson，2001）

冥想的最终目标是教化（启迪）——智慧的超然境界。虽然这未必可行或得以实现，但请记住，最起码，冥想可以解放你的知觉和思维，并使你以新的方式看待那些熟悉的事情。大多数科学家认为冥想是缓解焦虑和压力的天然有效的良药。（Bahrke & Morgan，1978；Kabat-Zinn，et al.，1992）

回　顾

不同水平的意识如何发挥作用？

- 当处于微意识状态时，我们只依稀感知环境和应对可能没有充分觉察到的刺激（例如，睡眠时）。
- 当处于完全意识状态时，我们了解我们周围的环境，了解自己的思想和精神状态。
- 自我意识是意识的最高水平，它使我们能够根据对自己的认识反思自己。

在我们睡眠和做梦时，我们的意识发生了怎样的改变，为什么？

- 人体的生理节奏控制睡眠模式。

- 睡眠周期包括若干个阶段。第 1 阶段时间很短，特点是缓慢呼吸，脑电波不规则；第 2 阶段短暂但伴有脑活动的突然爆发，第 3 阶段和第 4 阶段是长时间的深睡眠。
- 当我们完成第 4 阶段睡眠，会返回第 3 阶段和第 2 阶段，然后进入 REM 睡眠，在 REM 睡眠期间，心率呼吸加快，脑波变得快速而不规则。
- 整个晚上这个周期每隔 90 分钟发生一次。第 3 阶段和第 4 阶段睡眠时间逐渐减少，最终消失，REM 睡眠期逐渐延长。

催眠和冥想怎样改变了我们的意识？

- 催眠是一种通过社会性的相互作用获得意识的更改状态。催眠可以引起意识分裂，造成同步性思想和行为的分离。
- 冥想是一个过程，人们通过集中注意和正念获得深度的宁静状态。

第 6 章

学　　习

- 学习的本质是什么？
- 反射如何使得我们对刺激做出反应？
- 联结如何塑造我们的行为？
- 观察别的事物时，我们能够学习到什么？
- 学习时，我们的大脑经历了怎样的过程？

最近的研究表明，一小部分的动物，比如海豚和大象，能够认出镜子中的自己。这表明什么？研究者认为这是"自我意识"的标志，即它们是独立的个体，并且产生了"它们与周围的动物不同"这样的知觉。这听起来像是一个简单的概念，但到目前为止，只有人类和特定的类人猿等动物拥有这样的能力。自我意识是可以后天学习的，还是先天固有的？学习的过程是否有着明显的界限？

你是否曾经试着反着写一些东西？童年期，你也许尝试过或者做过些类似的事情，比如用非有利手写字，或者使用不同的手和脚表演侧手翻，而并非像平常那样用擅长的手和脚去表演。成年之后，很多人会发现，用新的方式学习做某些事情会变得更加困难。你那已经达到成年尺寸的大脑，是否依旧能帮助你适应着什么？

最近有这样一项研究，要求被试练习镜像阅读杂志文章，这个研究可以表明学习具体的任务是如何改变大脑的。在大脑进化过程中，所形成的大脑皮层的最新一部分，是由灰质组成的，并且组成了大脑体积的三分之二。这里是大脑工作完成的区域。在研究中，研究者让 20～32 岁的男性被试去阅读镜像形成的杂志文章，要求他们在两个星期内，每天练习 15 分钟，这不仅使得被试用一种新颖的方式读文章，而且引发了大脑皮层的部分生理变化。这一部位的大脑皮层在先前的镜像研究中已经被证明是最活跃的部位。在这两周的末尾，研究人员发现在被试的枕叶中，灰质密度有了明显的增加。研究者相信，灰质密度的变化表明大脑细胞之间联结数量的增加。换句话说，改变大脑的能力对于学习新技术是必要的。研究人员注意到：在短期的练习时间内，变一种方式来处理特殊的任务可能会引起灰质的增加。因此，如果你想提高大脑的性能，不仅仅要学习新的东西，而且要用新的方式学东西。

这一事实表明，我们有能力在如此短的时间内改变我们的大脑，但这也会令人感到不安。不过此研究发现对于其他研究都具有重要的现实意义。若通过从事特定的任务，那些伴随着年龄增长或疾病所造成的认知能力的衰退是否可以预防，甚至颠倒？学习去做某一件不同的事情，对你来讲会不会是一个挑战呢？

学习的本质

心理学家认为，**学习**是基于经验而导致行为发生相对一致的变化的过程。想象一下，如果你未曾学习而不知道这些行为的恶劣后果：用手去摸开水、用脚踩钉子或不锁前门就离开自己的家。学习几乎包含了我们日常所做的所有事情。

行为主义

我们怎样研究学习？一些早期的心理学家认为必须直接研究可观察的反应，并且丢弃任何关于思考、感觉和动机的东西。这种方法即**行为主义**（behaviorism）。例如斯金纳和约翰·B.华生认为许多行为可以解释为简单形式的学习的产物。他们主张内省法太过于主观，在科学上是无效的，而直接观察行为使得心理学家能够分析生物体在各自的环境中如何对刺激做出反应。不过现在心理学家认为研究心理过程是有意义的，他们几乎都同意观察行为在研究学习的过程中是非常重要的。

一些一般术语

学习-习得差异

试想一下你为了下一次的心理学考试而发愤图强。到了考试之日来临之际，你已经将内容铭记于心。然而在考试中，你由于紧张而跳过了一行，在错误的位置填上了你的答案。结果你考试失利了。你所学习的与你在考试那天所用到的内容之间的差异就被称作**学习-习得差异**（learning-performance distinction）。尽管学习使得我们有能力去表现，但我们并非总是能够充分实现这种能力。

联结式学习

人类不是唯一拥有学习能力的物种。你是否看过水族馆里海豚与驯养师的表演？海豚将会跳过铁圈，并且在鼻子上稳稳地顶着一个球，我们会知道之后它会得到一条鱼作为奖励。通过使得两件不同的事情同时发生，海豚所展示的就可以称作**联结式学习**（associative learning）。我们一直学习将特定的刺激联结而成，比如雷鸣会伴随着闪电，烹饪的气味与可能的食物的类型相连，地板上的一枚尖头朝上的钉子会带来一阵阵的痛苦。这种联结学习的过程就称作**反射**（conditioning）。

消退和自然恢复

假若海豚跳过铁圈之后，驯养师突然停止给它奖赏，这会发生什么呢？海豚也许会暂时保持着这种跳过铁圈的行为，但由于对获得食物的期待越来越少，它展现技能的次数也就越来越少。当那些诸如奖赏或者奖励的无条件刺激消失后，已形成的对这些刺激的反应逐渐降低的现象叫作**消退**（extinction）。

所学过的东西不会全部消退。已经习得的行为也许在一段时期过后会自动恢复——这种现象叫作**自然恢复**（spontaneous recovery）。在几个星期之后，如果没有机会展现它的技巧，海豚也许会表演不止一次，以期获得更多的奖励。

如果驯养师决定再次给予奖赏，那么即使是过了很长的一段时间，海豚也几乎能够像它最初表演那样去展现它的技能。这种短期内再次获取已习得的行为，比起最初习得某一项行为所用时间更少的能力，叫作**保持**（savings）。

△ 有些动物经过训练，能够将得到的美味奖赏与其展现的技巧联系起来。

泛化与分化

如果一个特定的目标或情况与另一个相似，学习者对这两种情况可能会以同样的反应方式来处理，这个过程叫作**泛化**（generalization）。训练狗一听到口哨声就去取球，那么当它听到洪亮的蜂鸣声或者铃声时，也会做出同样的行为。牙牙学语的婴儿也许会用"妈妈"来指代他所看到的所有女士。

心理学家格雷戈里·拉兹兰（Gregory Razran）证明，我们加以泛化的对象不仅是那些在外形上相似的客观物体，对那些具有相似主观意义的刺激也会这样。当呈现一系列单词时，成人们会泛化语义相似的"风格"和"时尚"，而不是泛化在语音上相似的"阶梯"（stile）和"风格"（style），尽管后面这一对在发音上更为相似。拉兹兰的研究表明，我们更多的是在意义上对所习得的单词进行泛化，而并非是根据其发音或者词形。

通过**刺激分化**（stimulus discrimination），学习者可以区分那些相似但不相同的刺激。称呼每位女士为"妈妈"的小孩子，通过积极的强化可以区分出他真正意义上的妈妈。若他正确地认出他的母亲，就会得到赞扬；若他没有正确地认出其他的女士，他就不会得到奖赏。孩子的母亲就成了**分化性刺激**（discriminative stimulus），这就成了线索信号，即特定的反应会得到强化或者惩罚。

学习：是基于经验而导致行为发生相对一致的变化的过程。

行为主义：是研究学习的一种方法，在这种方法里，研究者仅仅或者直接研究可观察的反应，并且丢弃任何关于思考、感觉和动机的参照。

学习-习得差异：是指所习得的和所应用的效果之间的不同。

联结式学习：是将两件不同的事情联结而成，以使其同时发生为特征的学习。

反射：是一个由于对某一特定刺激的反复暴露而形成了隐含性的记忆而习得的联结的过程。

消退：是指当那些诸如奖赏或者奖励的无条件刺激消失后，已形成的对这些刺激的反应逐渐降低的现象。

自然恢复：是指在消退之后，已习得的行为再次发生的现象。

保持：是指短期内再次获取已习得的行为，比起最初习得某一项行为所用时间更少的能力。

泛化：是指学习者对一个特定的目标或情况加以反应，并且对与之相似的客观事物或情况加以反应的过程。

刺激分化：是训练学习者区分那些相似但不同的刺激的过程。

认知与学习

正如行为反射对不同的物种表现的不同，认知学习也会表现出不同。通过对老鼠走迷宫的研究，研究者已经发现了动物中存在认知学习的证据。心理学家爱德华·托尔曼（Edward Tolman）做了这样的实验：他训练三个组的老鼠走迷宫，将第一组中的每一只老鼠都放在迷宫内，当它们走出迷宫的时候，就会在出口处获得食物作为奖赏，这一过程重复了几个星期；第二组的老鼠同样如此训练，但直到实验的第十天才获得食物奖励；第三组老鼠，即控制组，在整个实验过程中都不获得食物奖励。

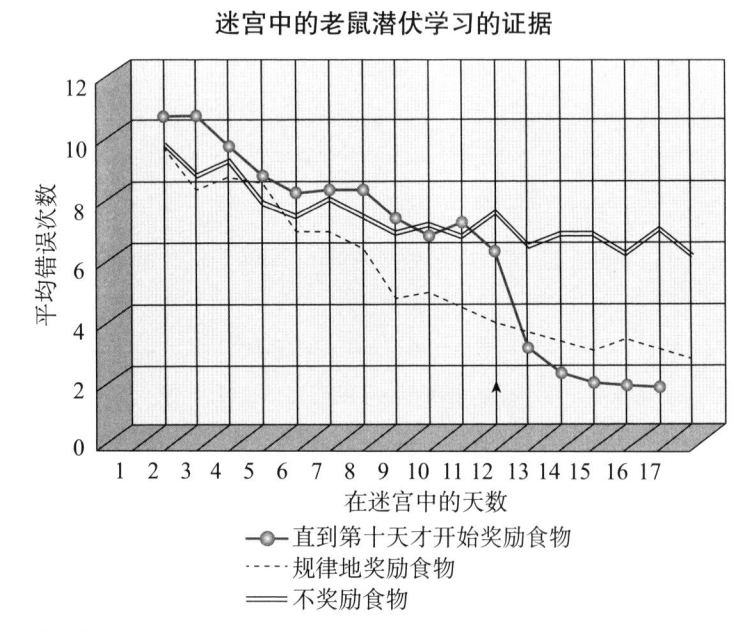

迷宫中的老鼠潜伏学习的证据

（纵轴：平均错误次数；横轴：在迷宫中的天数）

— 直到第十天才开始奖励食物
---- 规律地奖励食物
── 不奖励食物

资料来源：After Tolman & Honzik，1930.

△ 第十天给予食物奖励的那组老鼠立刻呈现出更少的行程错误，这表明了它们对迷宫有潜伏学习这一现象的存在。

分化性刺激：是一种线索信号，即特定的反应会得到强化或者惩罚。
潜伏学习：是只有当外在刺激出现时，才会表现出来的学习。
认知地图：是对环境的心理表象。

托尔曼发现，实验的前九天里，在迷宫中似乎毫无目标地徘徊的第二组老鼠，一旦当它们因为成功走出迷宫而得到食物奖赏，立刻便解决了困难。他得出这样的结论：老鼠已经学会如何解决迷宫难题，但若没有对它们所展示的行为做出奖赏，它们便不会有动机去做出这些行为。只有当外在刺激出现时，才会表现出来的学习叫作**潜伏学习**（latent learning）。

正如伦敦的出租车司机会在他们的大脑中创造出城市的心理表象那般，老鼠似乎也发展出了**认知地图**（cognitive maps），或曰迷宫的心理表象。托尔曼的实验表明，在没有强化或者惩罚的情况下，学习也可以发生。

动机

为何我们所表现的正如我们所做的那般？我们中的大部分人之所以会为了自身的利益做出某些行为，是因为**内在动机**（intrinsic motivation）的存在，即我们做某些事情，是因为它们有趣、有满足感、有挑战性或令人愉快。**外在动机**（extrinsic motivation）是一种完成某种行为的需求，因为这会使得我们得到奖赏或者避免惩罚。有时过分奖励能破坏内在激励，这一概念被称作**过度理由**（overjustification）。当孩子们玩玩具的时候，比起那些不会得到报酬的孩子，被承诺得到报酬的孩子们玩玩具的时间将会更少。（Deci，et al.，1999）

学习中的生物预设

一种动物的自然禀赋能够使其创造出学习一些联结的倾向性，却不能学习到其他的东西。训练鸡学习跳舞是很简单的，因为当鸡等待喂食的时候，它就会很自然地在地上划些痕迹，如同在跳舞（虽然跳得并不专业）；但如果你训练一只鸡只有站直了才能获得食物，就会发现这一过程会困难很多——从生物预设性上来讲，鸡不会耐心地等待食物。一个动物的倾向会随着时间的推移恢复到它的本能行为，这称为**本能漂移**（instinctual drift）。

食物偏好

如果你曾经从一个坏了的汉堡包中吃到有毒物质，你会发现以后你对汉堡包将不会有任何兴趣。因为你经历了**味觉-厌恶学习**（taste-aversion learning），这是一种条件式学习。在这种学习中，将个体暴露在一种气味中，并将其与某种令人不愉快的刺激相配对，这样个体就会对那种气味产生与该刺激相一致的厌恶。心理学家约翰·加西亚（John Garcia）发现，给老鼠一种有甜味的液体，然后给老鼠注射引发恶心的药物或暴露于引起恶心的辐射中，老鼠便不会再碰那种液体。（Garcia & Koelling，1966）即使是在我们感到恶心前的几个小时里已经消化完了食物，我们仍然可以对那种食物的味道表现出强烈的厌恶。

如果我们被剥夺了基本的营养物质，我们是否会自动转向那些可以提供我们需求的营养的食品？钠剥夺和钙剥夺的大鼠研究表明，动物会有选择地寻找含有这些丰富矿物质的食物。（Richter，1936；Richter & Eckert，1937）这些大鼠确实从未暴露于钠或者钙的环境中，说明这种偏好是不学而知的反应。

然而，食物偏好不只是生物反应。动物（包括人类）也会通过社会观察学习到吃什么东西是好的。一项在挪威的关于大鼠的研究表明，啮齿类动物会表现出对某种食物的偏好，而这些食物已经由它们的同伴证明是可消化的。

位置学习能力

一些动物拥有着很特殊的学习能力，这会帮助它们锁定一些重要的位置。一只松鼠能够回忆起许多埋藏食物的地点；鲑鱼在即将产卵的时候，它们的生物倾向可以使得它们重新返回当初自己孵化出来的地方。尽管如我们所知，松鼠通常拥有着很大的海马体，但一项研究表明这是具有季节性的。春秋两季，当松鼠很

内在动机：是指因为某些事情有趣、有满足感、有挑战性或令人愉快而产生的一种欲望。

外在动机：是一种完成某种行为的需求，因为这种需求会使得我们得到奖赏或者避免惩罚。

过度理由：是指过分奖励会破坏内在激励的一种理论。

本能漂移：是指有机体在经过训练获得新行为后，又返回到本能行为的一种倾向。

味觉-厌恶学习：是一种条件式学习，在这种学习中，将个体暴露在一种气味中，并将其与某种令人不愉快的刺激相配对，这样就会对那种气味产生与该刺激相一致的厌恶。

活跃地收集和寻找坚果时,比起这一年的其他时候,它们的海马体会有 15% 的增长。

恐惧相关学习偏向

很多人从未被鲨鱼攻击过,但有相当多的人当试图踏入海洋时,头脑中就会浮现出《大白鲨》(Jaws)的主题音乐。人们在生物学上倾向于对某些情况或者客体产生恐惧,而这些事物对我们的祖先产生过威胁,或者对我们作为生物体的生存性产生了威胁。我们可以很快地对暴风雨、蛇、蜘蛛和悬崖峭壁产生恐惧感,但本能却使得我们并没有对现代的危险比如电力和全球变暖做出任何的准备,尽管现在后者是更大的威胁。

△ 松鼠是怎样回忆起它们储存坚果的地点的?

经典条件反射

尽管联结式学习这一理论一直以来都不是什么新鲜事,但俄国生理学家伊凡·巴甫洛夫在 20 世纪初的经典研究证明,将两种刺激联系起来并由此而产生的反射式反应是可以学习的。这一现象发展成了**经典条件反射**(classical conditioning)。巴甫洛夫注意到狗一看到食物就会垂涎三尺,甚至是厨房里一只狗碗撞击地面发出的声音都会使狗流口水。于是巴甫洛夫研究他每一次准备给狗喂食的时候,狗

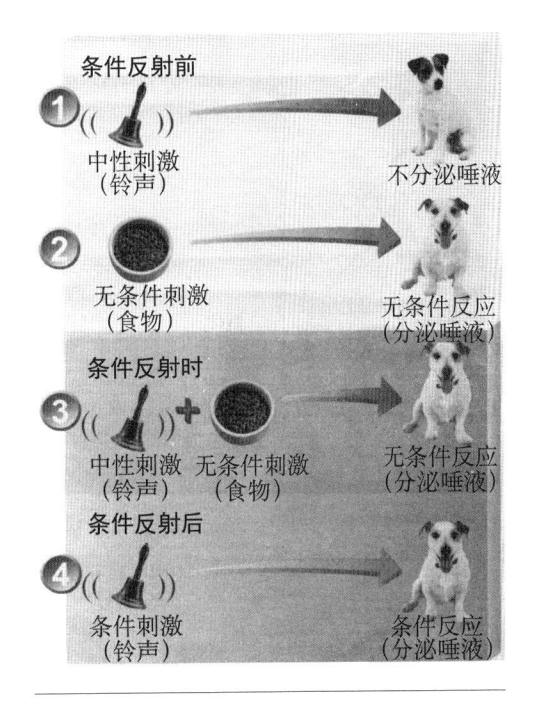

条件反射前
① 中性刺激(铃声) → 不分泌唾液
② 无条件刺激(食物) → 无条件反应(分泌唾液)

条件反射时
③ 中性刺激(铃声)+ 无条件刺激(食物) → 无条件反应(分泌唾液)

条件反射后
④ 条件刺激(铃声) → 条件反应(分泌唾液)

△ 1. 中性刺激不会引发分泌唾液的反应。
2. 一个无条件刺激引发无条件反应。
3. 中性刺激呈现后,无条件刺激便反复呈现,这会继续产生无条件反应。
4. 在无条件刺激消失的情况下,中性刺激产生了条件反应。中性刺激就转变成了条件反应。

听到铃声的反应。在听到铃声并且迅速得到食物的这种联系进行多次之后，狗学会了将这两种情况联系在一起。一听到铃声，它们便开始分泌唾液，甚至在食物缺乏的时候也会这样。这表明，狗已经知晓铃声和食物出现之间的关系。

无条件刺激（unconditioned stimulus，US）是诱发一种特定反应的原始的、不学而知的刺激，这种反应叫作**无条件反应**（unconditioned response，UR）。在上述实验中，无条件刺激是狗想要吃的食物，而分泌唾液则是无条件反应。若将**条件刺激**（conditioned stimulus，CS）与无条件刺激反复匹配引入之后，即使是没有无条件刺激，也会触发一个习得性的反应，这就是**条件反应**（conditioned response，CR）。经过一段时间的训练，巴甫洛夫教会狗将铃声与对事物的期待联系到了一起，导致狗无论何时听到铃声，都会分泌唾液。

经典条件反射的类型

巴甫洛夫通过实验研究了几种不同类型的条件反射。在**延迟条件反射**（delayed conditioning）中，在无条件刺激之前呈现条件刺激，条件刺激的终止延迟到无条件刺激有效的时候。例如，巴甫洛夫会一直摇铃，直到狗看到了摆在它面前的食物。

在**痕迹条件反射**（trace conditioning）中，在无条件刺激呈现之前，条件刺激不会持续。比如说，巴甫洛夫摇铃一次，然后在没有刺激的情况下，经过一段时间把食物拿出来。他发现，条件刺激和无条件刺激在几秒钟之内可以同时发生，这样就会使其更加有效。

在**同时条件反射**（simultaneous conditioning）中，条件刺激和无条件刺激会同时呈现。巴甫洛夫发现以下的方法是无效的：当铃声响起同时食物呈现的时候，狗不会对这一条件作用做出反应。（要指明的是，狗也许早已经学会了这种联结，但却没有做出反应，这种学习是不能评估的，这一点很重要。）

在**后向条件反射**（backward conditioning）这一个过程中，条件刺激呈现在无条件刺激之后，这是进食结束的信号。但这样很难引发反应，证明了经典条件反射具有生物上的适应性，这帮助有机体应对各种事件。如果我们早已被袭击者（引发战斗反应行为的无条件刺激）弹了脑门，那么在一个黑暗的胡同

（发布危险信号的条件刺激）里听到脚步声是没有效果的。

当条件刺激与中性刺激匹配的时候，**二层条件反射**（second-order conditioning）就会发生。即使中性刺激从未与无条件刺激相联系，它也可能转变成第二个条件刺激。比如在后来的实验中，巴甫洛夫将已习得的铃声与黑色方块相匹配。最后，狗在仅仅看到方块的时候也会分泌唾液，尽管方块从未与食物相联系。

恐惧条件作用

恐惧是生物体有用的情感，它警告着我们危险的存在，但也同样可以使人虚弱（想象一下对于树林和细菌的不合理的恐惧）。心理学家约翰·华生和罗莎莉·雷纳运用巴甫洛夫的研究方法证明，使人们产生诸如恐惧这样的情感是可能的。他们找来了一个叫阿尔伯特（Albert）的 11 个月的婴儿，他像大部分婴儿一样，害怕喧闹的噪声，却不害怕小白鼠。在一项破坏了现代伦理学原则的实验中，华生和雷纳给阿尔伯特呈现了一只小白鼠，就在他要伸手触摸的时候，实验者直接在阿尔伯特的头后面用锤子敲击一个铁板。在这一过程重复多次之后，阿尔伯特只要看到小白鼠就会哭闹。（Watson & Rayner，1920）根据泛化原则，阿尔伯特对任何有毛的东西都产生了不健康的恐惧：兔子、棉绒甚

经典条件反射：是将两种刺激相联系，由此引发反射反应的一种现象。

无条件刺激：是诱发一种特定反应的原始的、不学而知的刺激。

无条件反应：是通过无条件刺激引发的反射行为。

条件刺激：是与无条件刺激反复匹配的刺激。

条件反应：是通过一个条件刺激引发的习得性反应，即使是没有无条件刺激，也会触发。

延迟条件反射：是经典条件反射的一种，即在无条件刺激之前呈现条件性刺激，条件性刺激的终止延迟到无条件刺激有效的时候。

痕迹条件反射：是经典条件反射的一种，即在无条件刺激呈现之前，条件性刺激不会持续。

同时条件反射：是经典条件反射的一种，即条件刺激和无条件刺激会同时呈现。

后向条件反射：是经典条件反射的一种，即条件性刺激呈现在无条件刺激之后。

二层条件反射：是经典条件反射的一种，即条件刺激与中性刺激匹配。

至是圣诞老人的胡须都会引发他哭泣。

恐惧条件作用对于种族灭绝是具有抵抗作用的。在严重的案例中，仅仅将中性刺激和无条件刺激匹配一次就会产生严重的恐惧。在"9·11"袭击过后，纽约城成千上万的儿童经历过噩梦，并且对公共场所产生恐惧。

经典条件反射和生理反应

到目前为止，对于刺激，经典条件反射至少有两个方面的生物学反应：饥饿和性唤起。也许我们不会像巴甫洛夫那些贪婪的狗一样流口水，但饥饿是一个能够产生很多生物学作用的经典条件刺激。我们的胃里分泌消化液，产生更多的唾液，同时身体所释放的激素会刺激我们的胃口。

> 也许我们不会像巴甫洛夫那些贪婪的狗一样流口水，但饥饿是一个能够产生很多生物学作用的经典条件刺激。我们的胃里分泌消化液，产生更多的唾液，同时身体所释放的激素会刺激我们的胃口。

也许你有一个浪漫的伴侣，她有着特殊的视觉、味觉或者声音。这种联结并非不寻常，事实上这是条件作用的另一个例子。心理学家迈克尔·多姆扬（Michael Domjan，1992）认为，将一位日本女大学生与红灯匹配几次之后，当男性仅仅看到红灯时，就会唤起与看到女大学生同样的感觉。同样地，人类会将景色、特定的对象和气味与性愉悦感相联系。

对于摄取那些危险物质，我们是否准备就绪？谢帕德·西格尔（Shepard Siegel）和他同事的研究表明，对于一些特定的药物，有机体会产生一种补偿反应（Siegel，et at.，1982）。西格尔每隔两天给一组老鼠注射海洛因，然后在另外的那些天给予糖溶液。一旦这些老鼠适应了这种一成不变的生活，他便对这些动物使用双倍海洛因剂量。他发现，那些注射糖溶液而死亡的老鼠的数目是那些注射海洛因而死亡数目的两倍。

对药物的重复使用会产生**耐药性**（drug tolerance），这能够舒缓各种物质的生理和行为影响。服药者需要服用越来越大剂量的药物，才能体验到药物的效果。

心理神经免疫学

心理神经免疫学（psychoneuroimmunology）是一种关于心理学如何与神经系统和免疫系统相联系的研究。你有没有在听到有人谈论头虱时，立刻就会感觉到浑身发痒？

经典条件反射不仅影响生物体生理上的反应，而且影响其免疫系统。心理学家罗伯特·阿德尔和尼古拉斯·科恩（Robert Ader & Nicholas Cohen，1985）做了这样的研究：他们将大鼠进行配对并让它们饮用糖精水，同时注射一种能够抑制其免疫功能的药物。在重复配对之后，糖精水单独引发了免疫抑制，就像药物作用不存在一样。

操作性条件反射

经典条件反射伴随着那些一触即发的、非自愿的行为而出现，但**操作性条件反射**（operant conditioning）是这样的一种学习：有机体将它们的行为与后果联系起来。这种条件反射是积极的，意味着直接从有机体本身获取行为。在经典条件反射下，有机体仅仅是被动地、简单地学会将结果和刺激联系起来，它不需要用任何特殊的方式做出反应。因此有机体更可能去重复那些奖赏性的行

耐药性：是通过对药物的反复使用，对于药物产生的敏感性下降的现象。
心理神经免疫学：是一种关于心理学如何与神经系统和免疫系统相联系的研究。
操作性条件反射：是有机体将它们的行为与后果联系起来的一种学习。
操作性行为：是由有机体可以产生的一种对环境的反应组成的行为。
强化：描述了一种引发反应并很有可能再现的行为。
效果律：一种规律，它认为如果一种反应能够引起满意的结果，它就更可能重复。
三项相倚：是一个三部分的过程，在这个过程中，生物学习到对于存在的特定刺激，它们的行为很可能对环境产生一个特定的影响。包括相区别的刺激、操作性反应和强化物或者惩罚物。
操作性反应：是对环境产生一个特定影响的行为。
强化物或者惩罚物：是由操作性反应引起的积极或者消极的结果。

为，而更少地去做那些会引起惩罚的行为。

操作性行为

操作性条件反射涉及**操作性行为**（operant behavior），即有机体可以产生一种对环境的反应。根据斯金纳的研究，我们大部分的行为是**强化**（reinforcement）的结果，而强化可以引发某种反应，这种反应很有可能再现。

例如爱德华·桑代克（Edward Thorndike）的"迷笼箱"，他将一只饿猫放在了一个木头笼子里，只需一个简单的动作（比如推一下杠杆）就可以打开。为提高猫的挫折感，并进一步激发其尝试离开迷笼，桑代克将一碗食物放在笼子门外，使猫可以看见它。为了能够得到食物，猫必须找出按压杠杆和打开笼门的方法，这是桑代克安排好的一个过程。经过对迷笼几次推拉和翻越的尝试之后，猫很偶然地站在杠杆上打开了笼门。猫没有立刻习得杠杆和使自己自由间的联系，然而经过无数次的尝试之后，猫能够很快地打开笼门，这表明它已经习得了杠杆、食物以及自由这三者之间的联系。

基于这个研究，桑代克提出了**效果律**（law of effect）：如果一种反应能够引起满意的结果，它就更有可能被重复。

强化的原理

斯金纳以桑代克的效果律为基础，提出了行为控制的几个原理。他发明了一个自己版本的迷笼箱，即"斯金纳箱"或称"操作条件作用室"。通过按压室内的杠杆，老鼠可以获得食物丸或者水，同时这个装置记录动物的反应。

斯金纳认为，要想分析人和动物的行为，每一个动作要分成三个部分，即**三项相倚**（three-term contingency），包括相区别的刺激（需要推的杠杆）、**操作性反应**（operant response）（推杠杆的动作）和**强化物或者惩罚物**（reinforcer/punisher）（得到食物或者水）。通过这一过程，生物学习到对于存在的特定刺激，它们的行为很可能对环境产生一个特定的影响。

如果你一周花好几个小时在健身房锻炼，是什么驱使着你去那里？使自己的健康水平提高？得到别人关于你优美身形的称赞？有许多关于健康的原因使你跳上了跑步机，但也有一些附加的福利，如花点时间与你的健身伙伴在一块儿或避免不愉快的家庭苦差事。对于我们所重复的那些行为动作，强化物也是分不同种类的。

强化物的种类

积极强化物（positive reinforcer）通过呈现令人愉快的结果来加强反应。当工作表现出色的时候，我们会收获赞美。当我们将回收物品带到当地的回收中心，或去血库献血的时候，会感觉良好。

相反，**消极强化物**（negative reinforcer）通过移除不愉快的结果来加强反应。我们捂住耳朵以挡住刺耳的火警声。我们摇晃一个婴儿是为了使他不再哭泣。

初级强化物（primary reinforcer）满足基本的生物需求，如饥渴。通过经验，**次级强化物**（secondary reinforcer）会使人满足或者令人愉快。给一个孩子100美元，她也许不会有太大的反应。但一旦她知晓100美元可以买多少玩具，她会立刻将金钱视为强烈的刺激因素。

与其他动物不同，人类拥有对**延迟强化**（delayed reinforcement）进行反应的能力，或者说奖励物不会立刻出现在某一动作行为之后。收到工资之前，我

> 给一个孩子100美元，她也许不会有太大的反应。但一旦她知晓100美元可以买多少玩具，她会立刻将金钱视为强烈的刺激因素。

们可以等一周或者一个月，同样我们也不会在考试结束时立刻要求知晓成绩。

积极强化物：通过呈现令人愉快的结果来加强反应的刺激物。
消极强化物：通过移除不愉快的结果来加强反应的刺激物。
初级强化物：满足基本的生物需求的刺激物。
次级强化物：通过经验使人满足或者令人愉快的刺激物。
延迟强化：是指奖励物不会出现在某一动作行为之后的强化方法。
连续性强化：是一种强化方法，它确保的是，每次当期待的反应出现时，就会强化一次。
部分/间歇强化：是一种强化方法，即反应有时得到强化而有时不会。

尽管我们能够对延迟强化做出回应，然而我们依然排斥长期的、延迟的结果，希望得到短期的、即时的愉悦感。为了降低碳的排放量而大幅地改变我们的生活方式，若这一决定使得我们几年内都没有感觉到环境的改观，那么说服自己（去改变生活方式）是很困难的。

强化计划

连续性强化（continuous reinforcement）确保的是，每次当期待的反应出现时，就会强化一次。这一安排导致快速学习。但是如果强化停止，消退也会很快发生。若老鼠按压杠杆时，突然不给予食物丸，它很快就会停止按压的动作。

日常生活中，我们并不经常经历连续性强化。如果一个电子销售员发了一百封电子邮件能够换来一张订单，那他就是幸运的，尽管他发出的大部分邮件都被当作垃圾邮件扔掉了。然而，如果他们没有得到一点回应的话，他们的公司就会倒闭。

若反应有时得到强化而有时不会，那么**部分 / 间歇强化**（partial/intermittent reinforcement）就会发生。这可以产生较慢的初始学习，但是这种学习对于消退来讲有很强的抵抗性。当我们取得罕见但却令人满意的结果时，似乎我们会更具有持久性。关于部分强化，有以下几个种类。

固定比例计划。在做出一系列的反应之后，行为会得到强化。比如说，在当地的咖啡馆每买十杯拿铁（咖啡），你就会免费得到一杯。固定比例会带来高速率的反应，同时在强化后仅有短暂的停顿。

变比例计划。在多样化的、不可预知的许多反应之后，行为得到强化。在老虎机旁的赌徒也许投进去一千枚硬币却一无所获，也许投进去一枚 1/4 美元硬币而赢得成千上万美元。变比例计划有着高反应速率，并且产生不易区分的行为。

固定间隔计划。在一个固定的时间段后，第一次做出的某种行为会得到强化。如果我们知道晚餐就要准备完毕，我们就会更多地去检查炉灶。在带着期待得到收获的时间段里会产生快速的反应，而在那之后则减慢反应。

变间隔计划。在变化的时间段之后，行为得到强化。我们也许会在不同的时间间隔里执着地查看电子邮箱，期待着得到新信息或者是回报。一般来讲，这会产生缓慢且稳定的行为反应。

偶然强化

若行为很偶然地与一个意外结果相联系，那它会不会得到强化？你有可能通过评价自己的衣柜来回答这个问题。如果你有一件"幸运衫"，当你穿着它的时候，你喜欢的球队曾经拿到了冠军，那你就经历了偶然强化。

斯金纳用鸽子论证了类似"迷信"的行为。他将饥饿的鸟分笼饲养，在每个笼内安装食物漏斗，在随机的时间间隔内将谷物放入食物漏斗中。这些鸽子重复着一切在谷物放入笼子之前所做的事情：从这边跳到另一边，转身，头不断地摇摆着。尽管在鸽子的动作和得到食物之间并没有什么实际的联系（正如你是否穿那件幸运衫与球队赢或输没有什么关系那般），它们还是会继续做出相同的行为。

一般而言，训练孩子时使用强化比使用惩罚更加有效

强化（积极）	惩罚（消极）
增加重要的或被期望的事情	避免不愉快的事情
增加不愉快的事情（额外的杂事）	移除重要的或者被期望的事情（例如游戏时间）

吸引性奖励和奖励期待

一些理论家争论刺激—反应关系是简单化的学习过程，他们认为在关于奖励的期待方面，还包含着认知的成分。比如说，当一只老鼠知道当它走完迷宫时，它会得到比平常更多的食物奖励，这会不会促使它跑得更快？报酬的吸引力引发的突然转变称作**奖励对比效应**（reward contrast effect）。（Crespi，1942，1944）当一个强刺激物转变为弱刺激物时，反应速率会降低，从而产生消极对比效应。相反，如果一个奖赏很有诱惑力，反应速率就会增加，产生积极对比效应。诸如康复中心和精神病院等研究机构使用**代币制**（token economies）来利用这一理论。比如对于打扮和服药这些被期望的行为会用象征性的报酬加以奖励，像是更多的空余时间或者额外的饭后甜点。

诱人的奖励会成为良好的激励因素。**普雷马克原理**（Premark principle）表明，可以用喜欢的活动强化不喜欢的任务。比如，为了完成那份悬在你头上好几个星期的文件，你可以把让自己看场电影作为奖励。

惩罚与塑造

大部分人也许记得我们在自己的房间里"面壁思过"的情况。强化增加行为出现的次数，**惩罚**则减少之。如果一个高中学生翘课，他或她将接受周末留校这种形式的惩罚。鉴于我们大部分人不想在阳光明媚的周六早晨安安静静地坐在教室里，我们会通过到教室上课来应对这种惩罚所带来的威胁。

逐渐教会一个举止不雅的儿童学会餐桌礼仪是可能的吗？**塑造**行为的过程是使用强化物来指导有机体的动作转向被期望的行为。这就要用到**逐次逼近法**（successive approximations），即对整体所期待的动作逐渐靠近的行为。比如说第一天，你在允许儿童看电视之前鼓励他仅仅在桌子旁边坐一段时间；第二天可以把时间延长，逐渐过渡到更加复杂的行为，比如要求他拿着纸巾，或者满嘴食物时不能讲话。

塑造复杂行为的一种方法叫作**链锁法**（chaining），在这一过程中，一个系列里的最后一步最先得到强化，它将成为先前反应的条件强化物。比如说，你可能会将一只老鼠放在笼子顶部的平台上，在那里它可以吃到食物；然后你可以将老鼠放在低一点的平台上，这样它可以沿着梯子爬到顶部平台上吃到食物。这些步骤可以进行扩展，从而形成一个复杂的事件链锁。斯金纳训练一只老鼠在用后腿坐起来之前，要等待着听到《星条旗永不落》(*Star-spangled*

奖励对比效应：是指报酬的吸引力发生突然的转变的一种现象。
代币制：是操作性条件反射步骤中的一个术语。当个体表现出令人期待的行为时，就会挣得代币，那些获得代币的个体可以用代币换取特权或者治疗。
普雷马克原理：指可以用喜欢的活动强化不喜欢的任务的一种方法。
惩罚：是一种试图降低某种特定行为发生频率的处罚。

Banner），然后拉动绳子升起美国国旗，最后用啮齿类动物那种值得注意却非典型的方式对旗帜敬礼，以表现它的爱国主义。

> 斯金纳所坚持的"外部影响塑造行为，反对思维和感觉"的理论是非常有争议的。批评他的人争论说，斯金纳忽视人的个体自由，这使得人们失去了人的本性。

操作性条件反射的应用

斯金纳所坚持的"外部影响塑造行为，反对思维和感觉"的理论是非常有争议的。批评他的人争论说，斯金纳忽视人的个体自由，这使得人们失去了人的本性。不管对斯金纳的理论有什么样的反对意见，他的操作性条件反射在学校、家庭和商贸中应用广泛。

斯金纳认为，达到理想化的教育是可能的。他指出："良好的教学需要两个方面：无论学生做得对或错，他们都应该立即得到反馈。如果他们做的是正确的，则需要指导他们进入下一个环节。"他的观点在一定程度上，应用在使用网上教学和学生互动软件的现代课堂上。

强化原则已经被证实可提高运动能力。托马斯·西迈克和理查德·奥布莱恩（Thomas Simek & Richard O'Brien，1981，1988）运用这些方法提高了学生打高尔夫和棒球的成绩。例如，学生刚开始打高尔夫的时候，距离入洞点非常近，然后逐渐增加他们到发球台的距离。比起传统方法的教学效果，使用行为训练方法的学生的技巧提高要快很多。

在某种行为表现之后立刻使用强化和惩罚都是有效的。无论何时发现一个值得称赞的成绩，IBM 的重要人物托马斯·华生（Thomas Watson）都会给雇员写一张支票。（Peters & Waterman，1982）拥有一个慷慨的老板真是太棒了，而一个简单的"谢谢"对于出色完成工作同样是有效的。

如果在合租当中，突然让你单独去负担所有的电费，你是否会更加谨慎地

塑造：是使用强化物来指导有机体的动作转向期望的行为的过程。
逐次逼近法：是对整体所期待的动作逐渐靠近的行为方法。
链锁法：是指一种方法，一个系列里的最后一步最先得到强化，它将成为先前反应的条件强化物。

关好所有的电灯？你也很有可能痛苦地发现室友还有多少盏灯依然亮着。经济学家和心理学家认为，人们的消费行为是受这一行为的后果所控制的。阿尔·戈尔（Al Gore，1992）指出，当政府决定为一样商品收税的时候，人们几乎不用那种商品（因为他们不愿意缴纳税款）；当政府要为某样商品进行补贴的时候，就会造成大量的使用（因为人们希望用相对便宜的价格将其买进）。他还建议说，对燃烧石化燃料增加税收是一个好的政策，因为这样会鼓励人们更少使用油气。最近关于石油价格的猛涨以及后来声势浩大的抗议活动说明，美国人为他们所喜爱的公路花费的钱是有限度的。

> 如果我们不愿意通过减少对石化燃料的使用换取良好的环境，政府应不应该在加油站增加税收？环境学者认为这些政策有助于促进可持续的生活。

观察学习

我们不像孩童那样直接经历所学到的许多行为，而是通过观察而习得。来看一下密歇根少年阿德里安·科尔（Adrian Cole）的事情。2005年他4岁的时候，驾驶他母亲的车去当地的音像店，于半夜被警方拘留。当警察问他是如何学会开车的，他回答说他只是看了他妈妈是怎样做的。**观察学习**（observational learning）是指我们观察并模仿别人的行为，这在我们全部的学习过程中扮演着重要的角色。

观察学习的成分

刺激增强（stimulus enhancement）是指对别人表现出兴趣的场所或客体产生注意的一种倾向性。如果我们看到朋友或者兄弟姐妹在演奏一种乐器，学习演奏同样的乐器将会变得更加令人期待。驱使我们去接受我们过去所得到的奖赏叫作**目标增强**（goal enhancement）。我们会更加积极地去做之前引发奖赏的行为。如果之前的那些钢琴课以看电影结束，或者我们看到兄弟姐妹在接受某种训练之后能够正确地背诵音阶，那么让人厌烦的钢琴课也许会变得更加具有吸引力。

通过观察进行学习，有机体必须有能力去重现之前所观察到的行为，这一概念被称为**建立榜样**（modeling）。一个蹒跚学步的小孩能够模仿他的兄弟姐妹喝一杯水，但是更加复杂的动作，比如表演背部侧翻或者背诵贝多芬的《命运》，仅仅通过观察一般来讲是不可能学会的。

我们之前讨论过的潜伏学习，是观察学习的另一种形式。观察者没有立刻展示出的学习成果可以依然添加到他或她的知识库中。观察学习帮助我们理解被父母通过辱骂进行管理的孩子长大后是如何具有攻击性的。（Stith，et al.，2000）这些孩子在某个时候也许不会表现出攻击性，但是他们已经通过观察而习得了攻击行为。

班杜拉的实验

当孩子们看到成年人做出攻击性的行为时，他们会作何反应？心理学家阿尔伯特·班杜拉（Albert Bandura）做了一个著名的实验尝试回答这个问题。（Bandura，et al.，1961）研究者使用一组学前儿童，每次邀请其中的一个坐在房间里，并且完成一些图画作业。在教会孩子如何用马铃薯印刷品设计图片之后，这个实验者走向了对面的房间，开始和一个福娃以及一个约1.5米高的充气娃娃玩耍。然后，实验者开始用那些极易模仿的行为——比如把娃娃放在一边，一边说着攻击性的语言一边拍打着娃娃的鼻子，对其做出攻击性的动作。

在儿童看到这些攻击性的爆发行为后，实验者把他带到另一个充满玩具的房间。在中断之前，她允许孩子玩几分钟，并解释道这些特别的玩具是为其他孩子准备的。然后她带着这个情绪沮丧的孩子到了另一个有几个玩具的房间，包括那个充

观察学习：是指我们观察并模仿别人而进行学习的过程。
刺激增强：是指人们对别人表现出兴趣的场所或客体产生注意的一种倾向性。
目标增强：是驱使我们去接受我们过去所得到的奖赏的驱动力。
建立榜样：是指有机体去重现之前所观察到的行为的能力。
亲社会：指一种符合社会价值目标、行为规范的倾向。

气娃娃。在使自己尽量不惹人关注的情况下，实验者观察孩子会对那个娃娃做出怎样的行为。

那些已经接触过暴力行为的孩子更可能去用力击打充气娃娃。实验者注意到，孩子们准确模仿了他们已经目睹的那些相同的行为，并且使用了相同的攻击性语言。班杜拉得出这样的结论，即儿童模仿了他们所看到的成人的暴力行为。他开始研究儿童在电视上接触的暴力与他们对待别人所表现出的攻击行为之间的联系。

观察学习的应用

基于班杜拉的研究，我们也许很容易得出"观察学习并不是好事情"这样的结论。消极的榜样会产生反社会效应，鼓励犯罪和黑帮暴力。一些研究也表明，电视电影上的暴力会对儿童的行为产生消极的冲击。（Comstock & Lindsey，1975；Eron，1987）

然而，观察学习并非都是不好的。**亲社会**（prosocial）榜样是积极且有帮助的，能够对人们的行为产生有利的影响。诸如马丁·路德·金和"圣雄"甘地这样的人道主义者，通过非暴力运动指引着人们的行为。父母和教师同样可以成为有力的角色榜样，鼓励儿童通过自身的行为友善且有益地对待别人，并且对世界产生积极的影响。

基于学习的行为

在大自然中，动物和人都是积极主动的学习者，通过观察或者仅仅通过处理日常事务来学习新行为。动物和人都是通过玩耍和探索来学习的。

玩耍

驳斥"玩耍是一种娱乐形式，对真正的目标没有作用"是很容易的。你有没有曾经看到过一只小猫扭动着臀部，并且扑向一条绳子或者狗的行为？这一行为能帮助小猫学会捕食。动物的嬉闹发挥着行为训练的作用，这样使得行为者在危急的场合小心谨慎。同样的，两个孩子通过角色扮演与娃娃玩耍也是在学习重要的行为课程，这样能够提高他们的社会发展度。

孩子们在玩耍的时候可以学习到什么技能？

探索

如果你把一只老鼠放在它不熟悉的笼子里然后观察它的行为，你会看到它急匆匆地走来走去，好像是在探索它的新环境。一般来讲，比起玩耍，探索环境更能引发有机体的好奇心。

一旦你发现老鼠已经对周围产生了适应，就会发现它会**巡逻**（patrolling），即它会定期用后腿站立扫视周围，以确保周围没有什么改变。

大脑中的学习

早期学习

当我们学习的时候，我们的大脑经历了怎样的过程？心理学家卡尔·拉什利（Karl Lashley，1950）从另一个角度走近这一问题，并且试图去发现是什么阻止我们学习。通过搜索大脑中储存记忆的那一部分，他训练一组老鼠走迷宫，

巡逻：指定期扫视环境，以确保周围没有什么改变。
总体活动原理：是一种理论，表明学习的下降程度与组织损毁的程度成正比，这与大脑的哪一部分受损没什么关系。
长时程增强：是指通过神经递质在相同突触的重复传递，使神经联系得到加强的过程。
长时程抑制：在长时间的模式刺激后，长时间的神经元活动依赖性降低。

在重新测试它们对于迷宫的记忆之前切掉一部分大脑皮层。从这个研究中，拉什利提出了**总体活动原理**（mass action principle），这一原理表明，学习能力的下降程度与组织损毁的程度成正比，而与大脑的哪一部分损坏没什么关系：损坏得越多，老鼠走迷宫的能力就越低。他同样指出，工作任务越复杂，病变就会越具有破坏性。

艾里克·坎德尔和詹姆斯·施瓦茨（Eric Kandel & James Schwartz，1982）的研究证明，有机体若拥有仅仅几千个神经元细胞所组成的一个简单神经系统，就能够展现出基本的学习能力。我们可以稍微想一想加利福尼亚海滩的海蜗牛，当被一滴水碰到时，它就防御性地收缩它的鳃。如果一直这样（比如在波涛汹涌的地方），它的收缩性反应就会减少，因为它习惯了这些。如果在被水淋过之后，海蜗牛反复地受到延伸到尾部的电击，它的收缩反应将会增强。这种致敏作用与在一特定突触上神经递质 5-羟色胺的释放有关系。这些突触在传递信号的过程中非常有效率。如果电击重复持续了很长的时间，海蜗牛的收缩反射会在几个星期内增强，并且能够有效地在长时记忆中显现出来。

长时程增强

我们越多使用身上的肌肉，它们就会变得越强壮。我们大脑中的联结是不是也如此呢？心理学家康纳德·赫布（1949）认为，如果突触前膜和突触后膜在同一时间活跃，那么它们之间的联系就会加强。这种加强使得突触后膜对弱刺激可以产生反应，即**长时程增强**（long-term potentiation，LTP）过程。赫布提出，记忆储存在神经元网络中称作细胞组装（cell assemblies）。

研究表明，药物会阻碍 LTP 过程并干扰学习。（Lynch & Staubli，1991）

> 我们越多使用身上的肌肉，它们就会变得越强壮。我们大脑中的联结是不是也如此呢？心理学家康纳德·赫布（1949）认为，如果突触前膜和突触后膜在同一时间活跃，那么它们之间的联系就会加强。

同样的，老鼠可以通过基因工程获得更强的学习能力。通过往受精的老鼠胚胎中注入一种额外的基因，研究者增加了能够有效引发 LTP 效应的突触后膜的神经元种类。这样诞生的老鼠杜基［是以电视剧《天才小医生》（*Doogie Howser*）

中聪明的主人公命名的］，能够记住隐藏的水下平台的位置，而且还能够识别一场即将到来的冲击的线索信号。（Tsien，2000）

与长时程增强相反的是**长时程抑制**（long-term depression），即神经元突触的减弱。长时间低频率的刺激降低了神经元的敏感性。长时程抑制对于活跃的突触是具有特定效果的，并且还有证据表明它能够增强邻近突触的长时程增强。

什么因素增强或减弱长时程增强？

更高的刺激水平会提高我们的记忆吗？研究表明，居住在丰富环境中的老鼠显示出了突触后膜加强的潜能——一种当把啮齿类动物放入缺少刺激且贫瘠的笼子里时，突触后膜增强消失的现象。（Rosenzweig, et al., 1972）正如在这一章开始我们所提到的镜像阅读文章时的大脑一样，老鼠的大脑也随着经验而改变。

因为一点额外的睡眠而错过了早上的讲座实际上能够提高你完成学业的概率。长时程增强很难引发长时间的失眠。（Vyazovskiy, et al., 2008）失眠似乎与突触增强有关联，然而睡眠可能会造成总体的突触抑制，维持突触增强的总体平衡。

学习的巩固

我们如何保持我们所学到的东西？睡眠在长时记忆的稳定性方面扮演着很重要的角色，学习过后，我们需要通过睡眠来巩固新信息。剥夺睡眠会导致一种帮助神经元生长和生存的蛋白质耗竭（Sei, et al., 2000），也会阻碍海马体中细胞的创建（Guzman-Marin, et al., 2003）。睡眠剥夺同样会损害后来的学习。（Yoo, et al., 2007）如果你想在脑海中保留着周五演讲的所有信息，那么把周四晚上的聚会提到相对早一些的时间段，会是一个很好的主意。

突触巩固 vs. 系统巩固

神经生物学家确认了关于记忆巩固的两种方式。第一种叫**突触巩固**（synaptic consolidation），在学习后几个小时就可以发生。它涉及记忆初始巩固中必要的形态学变化，包括蛋白质的合成。

第二种记忆巩固的方式发生在系统水平。**系统巩固**（system consolidation）是个渐进的过程（需要几个星期或几个月），涉及支持记忆的脑区重组过程。根据**里波特法则**（Ribot's law），大脑损毁之后所造成的记忆丢失，比起遥远的记忆，在很大程度上更能影响近期的记忆。把你的大脑比作计算机存储文件，如果系统死机，除去那些新的但没有自动保存的数据，在那个文件中已经储存的数据仍将得到保存。同样的，如果在你的大脑有机会妥善地重组这些信息之前，巩固过程中断了，那么这些新建立的记忆内容就会丢失。

认知地图

从关于松鼠的研究中，我们得知海马体和空间方位有着联系。心理学家约翰·奥基弗和林恩·纳达尔（John O'Keefe & Lynn Nadel，1978）提出了**认知地图理论**（cognitive map theory），扩大了这一认识，即海马体提供了一个空间框架，使得我们对周围的环境产生一个心智地图。奥基弗和纳达尔发现，只有当有机体在它的自然环境中的一个特定位置时，海马体中的**方位细胞**（place cell）才会兴奋。

与此相反，**关联记忆理论**（relational memory theory）的支持者认为，海马体通过将它们联结成关系框架而加工这一事件。（Cohen & Eichenbaum，1993）例如，当你听到你儿时最喜欢的儿童节目主题歌时，会突然想到一大批关联人物和事件：电视剧的主人公，当时在吃什么，儿时经常看这节目的朋友以及他

突触巩固：是指在学习后几个小时就可以发生的记忆巩固。

系统巩固：是个渐进的过程（需要几个星期或几个月），涉及支持记忆的脑区重组过程。

里波特法则：一种规律，表明大脑损毁之后所造成的记忆丢失，比起遥远的记忆，在很大程度上更能影响近期的记忆。

认知地图理论：一种理论，认为海马体提供了一个空间框架，使得我们对周围的环境产生一个心智地图。

方位细胞：位于海马体中，只有当有机体在它的自然环境中的一个特定位置时，它才会兴奋的细胞。

关联记忆理论：一种理论，表明海马体通过将它们联结成关系框架而加工这一事件。

与你第二天在学校时的情景。这个理论是通过证据支持的，它表明，方位细胞并不代表整体的拓扑环境，而是在个体彼此的环境中相互联系的客体。

技能学习和基底神经节

很多研究已表明，大脑皮层在技能学习期间发生重组。神经生物学家格雷格·雷坎祖尼（Gregg Recanzone）和他的同事训练成年的枭猴学习辨别一根手指上两个刺激频率的不同。（Recanzone, et al., 1992）他们发现在训练的作用下，躯体感觉皮层专门负责那根手指的那部分区域显著增加。

那么是大脑的哪一部分引发了皮层的重组？基底神经节经常与强化学习过程或操作性条件反射相联系。是否还记得，当母亲看到照片上她的小婴儿的笑脸时，她的脑部奖赏区域是如何将她的快乐显现在她的脑扫描图像上的？导致奖赏的行为会引发多巴胺神经元成群地放电。相反，如果没有得到期待中的奖赏，多巴胺细胞就会集体停止放电。一般认为，多巴胺爆发和平静时，基底神经节对突触连接力量的控制会强化那些会得到奖赏的行为，阻碍那些不会引发奖赏的行为。

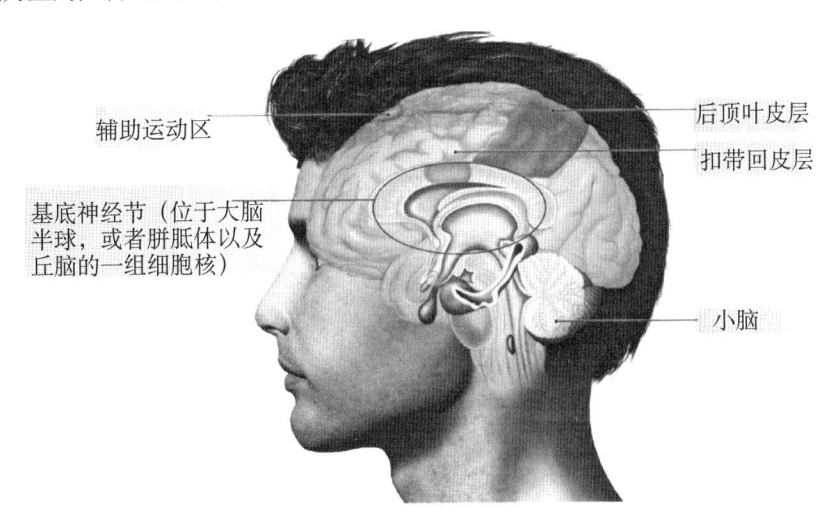

我们对运动技能的学习很大程度上依赖基底神经节（连同后顶叶皮层、辅助运动区、扣带回皮层和小脑一起起作用）。基底神经节在运动控制中的一个基本角色是通过对丘脑兴奋或者抑制的对抗，从而对反应进行选择。

同样有证据表明，大脑能够增强它的感知能力。一些研究显示，梭回状面

> 那么是大脑的哪一部分引发了皮层的重组？基底神经节经常与强化学习过程或操作性条件反射相联系。是否还记得，当母亲看到照片上她的小婴儿的笑脸时，她的脑部奖赏区域是如何将她的快乐显现在她的脑扫描图像上的？

孔区并非一个空间特定模块，它与综合视觉专长同样有着联系。比如说，在汽车修理工看来，梭回状面孔区会引发对汽车图像的反应，而在鸟类观察者看来则是不同的鸟的图像。

条件反射

像小阿尔伯特那样，被实施了条件刺激导致害怕白色老鼠的蹒跚学步的婴儿，会发展一种对有毛物体的不健康的恐惧，因为他会把那些有毛的东西与强烈的噪声联系起来。但是大脑的哪一部分会使得这样的条件反射发生呢？这是由杏仁核——位于颞叶深处的一个小的、杏仁形的结构——所造成的。研究发现，杏仁核的中央细胞核对于情绪化条件反射，尤其是恐惧反射的形成有着重要的作用。

> 杏仁核对于情绪化条件反射很重要，破坏这一区域可能会引起恐惧缺失。倘若你变得什么都不怕了，你可能会遇到怎样的不利情况呢？

设想一只老鼠感觉害怕时的情景：它进入到一个蹲伏的位置，坐着一动不动，这种防卫性的反应叫作**冻结**（freezing）。心理反应同样会发生，比如心率加快和血压升高。如果对老鼠施加条件作用使其对某一特殊的刺激产生恐惧，那么行为反应和心理反应都会发生。然而，一旦从杏仁核到中脑的某些联结被阻断，这些反应将不再发生。（Kim，et al.，1993）

许多形式的条件反射也依赖于海马体、小脑和基底神经节。根据情况要求的不同，大脑的不同部位应用于不同的程度。

冻结：是有机体保持静止不动的一种防卫性反应。
镜像神经元：是指当有机体执行某项任务时，以及有机体观察另一有机体执行相同任务时，都会产生反应的神经元。

其他神经机制

当我们通过观察进行学习的时候，我们大脑中所经历的过程是否与我们独立完成工作任务时所发生的过程相似？神经科学家已经在猕猴身体中发现了**镜像神经元**（mirror neurons），它对猴子执行某项任务以及猴子观察另一只猴子执行相同任务时都会产生反应。人类同样有这些神经元，并且它们在我们身体中所起的作用与其在猕猴身体中的作用无异。（Fabbri-Destro & Rizzolatti，2008）一些科学家认为，这些发现于靠近运动皮层的额叶区的镜像神经元，对行为模仿以及语言获得十分重要。（Ramachandran，2000）

回　顾

学习的本质是什么？

- 学习是基于经验而导致行为发生相对一致的变化过程。
- 行为主义者 B.F. 斯金纳和约翰·B. 华生认为许多行为可以被解释为简单形式的学习的产物。
- 对于学习某些种类的联结，比如威胁生存的自然威胁，有机体有着自然禀赋。

反射如何使得我们对刺激做出反应？

- 我们很自然地对某些刺激做出某些反应。通过教我们对先前的中性刺激反射性地做出反应，经典条件反射利用了这些反射性的反应。

联结如何塑造我们的行为？

- 当我们将积极的或者消极的结果与我们的行为联系起来时，我们就经历了操作性条件反射。我们很可能去重复那些导致积极结果的行为，舍弃那些导致消极结果的行为。

观察别的事物时，我们能够学习到什么？

- 通过观察别人完成某些动作和自己模仿他们的行为，我们学习去完成某些动作。这种方法就是观察学习。
- 通过观察学习，我们可以习得攻击性行为或者亲社会行为。

学习时，我们的大脑经历了怎样的过程？

- 当我们学习时，神经元会放电，突触间彼此的联结会增强。这个过程就是长时程增强。
- 记忆巩固有两种方式：突触巩固在学习后几个小时就可以发生作用，系统巩固在学习的几个星期或几个月后发生作用。睡眠能够帮助我们保持新的信息。

第7章 记忆

- 记忆是怎样组织的?
- 感觉记忆、工作记忆和长时记忆各有什么特点?
- 记忆是如何编码、存储和提取的?
- 记忆的缺点和局限性有哪些?

吉尔·普莱斯（Jill Price）确实记得猫王去世的那天自己正在做什么，还记得1984年10月2日那天她吃的什么晚餐，她甚至可以告诉你1991年播出的那部深受欢迎的电视剧最后一集的每个细节。你问她14岁之后日常生活中的任何一个细节，她都能够毫不犹豫地告诉你答案。普莱斯——一个来自加利福尼亚州的寡妇，有着一个罕见的神经系统：与其他人日益衰退的记忆力不同，普莱斯拥有着非凡的记忆力——她几乎不会忘记任何事情。

对一些人来说，这听起来倒像是一种天赋。谁不想记得把车钥匙放在哪里？谁不想记住过去每一个精彩的细节？但是试想一下，我们要记住所有事情，就不得不一次又一次地重温每一次争吵、每一次痛苦的抛弃以及每一个令人尴尬的瞬间。虽然在聚会时记不起熟人的名字会令我们感到很灰心，但是遗忘也是心理健康不可或缺的一部分。普莱斯的任何伤口都没有被时间治愈，她形容自己的生活是一个分屏的电视机，一边播放她现在的活动，一边播放过去的记忆。给定普莱斯一个日期，她能在脑海中重放出那一天，就像她自己在观看一段正在拍摄的录像。

2000年，普莱斯接触了加利福尼亚大学欧文分校（the University of California, Irvine）的神经科学家詹姆斯·麦高（James McGaugh）教授。经过五年的心理学、神经学和生物学测验，詹姆斯采用了一个新的术语来描述普莱斯的状况：超常记忆综合征，意思是"过度发展的记忆"。在普莱斯这一案例中，过度发展的是她自己的具体经历——在背数字和诗书方面她没有这样的特殊能力，记忆那些与日常生活不直接相关的事情也与常人没有差别。

麦高发现在同龄人中，普莱斯大脑中的某些部位比其他人要大三倍，这些扩大的部位也是与强迫症（具有收集和囤积信息的特征）联系的区域。难道普莱斯能像囤积豆宝宝和其他纪念品一样囤积记忆吗？医生希望普莱斯能够通过回答认知心理学中的一些常见问题（如记忆是怎样被提取的？怎样使记忆持久？我们如何感知什么时候遗忘和忘记了什么内容？）来帮助阿尔茨海默氏症病人和其他人。

记忆的功能

像吉尔·普莱斯那样对那些我们应该记住或遗忘的事情都记得太过于清楚,对我们的生活有很大影响。**记忆**是我们大脑中存储和提取信息的系统,无论记住了还是没记住,对我们来说都是重要的。创造和存取记忆的能力是进化的一个优点;事实上,它通常也是生存所必需的(想象一下你在一个忘记自己的名字、自己的家人,或者不知道你的杂物放在哪里的情况下生存)。记忆是人类的一种本能,但它也是有缺陷的。就准确性而言,记忆不是一段录像,它并不总是清晰、准确地给我们呈现事实。就如同一个录像,尽管记忆能够被编辑,但同样也会被篡改,甚至会消失。

记忆是怎样组织的?

记忆类型

记忆并不是以相同的方式产生的,这里把记忆分为三种类型:**感觉记忆**、**工作记忆**和**长时记忆**。感觉记忆只会维持不足几秒钟,工作记忆或曰短时记忆中的信息能保存一段时间,而长时记忆可以维持终生。这三种记忆类型又可以进一步分成子类型。

大脑能在记忆中存储许多不同类型的信息(你会记得你住在哪儿、你朋友的电话号码、滑旱冰所需要的肌肉活动,以及要决定的几种可能性),一些记忆很快就会被遗忘,然而另一些却保持得更加长久。有一些记忆的形成和存储是需要意识参与的,而另一些却不需要。在日常生活中,无论是引人注目的还是寻常的经历都有可能作为记忆在人脑中保存下来,因此,当你发现自己记住了消防员处理爆炸时的场景,或者是记住了舞蹈表演时的感受,那么请停下来去赞美一下你那能够运行种种记忆信息的大脑的显著能力吧!

🧠 信息处理：人类记忆工作的核心

我们怎样把观察过、经历过的事情存储到记忆中呢？又怎样提取出来呢？把你的记忆想象成私人管理助手：正如一个助手要管理上百个文件，他会将它们分配到不同的档案阁中，需要时，就将它们找出来、搜索出来；同样的道理，记忆编码了信息，然后将它们存储下来，又在需要的时候提取出来，这个**编码**、**存储**和**提取**的过程就是我们所说的记忆的信息加工模型。

尽管记忆信息加工模型包括三个基本步骤，但是记忆的运作过程并不像一二三那么简单。有时记忆遵循一个基本的三级加工模型（由阿特金森和希福林首先提出）：

（1）当经历一件事情时，你的感官会收集这次事件的信息并且将那些细节存储在感觉记忆里。

（2）一部分收集到的感觉信息被编码和存储到了工作记忆中。

（3）如果你需要将这些信息记住几秒或几分钟时间，则可以经过一个二次编码过程，将信息存储到长时记忆中去（以后你也可以提取那些存储在

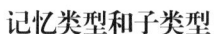

△ 记忆的编码、存储和提取过程就如同一个文件处理系统，那么每一个"抽屉"里都存储着哪种记忆呢？

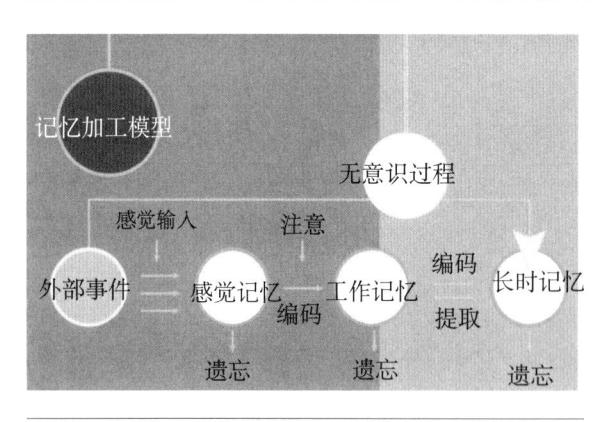

△ 该图在阿特金森和希福林1968年提出的模型基础上，修正了记忆的三个阶段，阐明了外部事件转化成长时记忆的过程。

长时记忆中的信息，并将它们重新放到工作记忆里）。

但是，阿特金森-希福林模型（Atkinson-Shiffrin model）不是很完整，例如：你很可能记不起以前存储的信息，把这种现象称作**遗忘**可能更好些。另外，最近的研究已经表明，并不是所有的记忆在变成长时记忆时都要经过工作记忆。有时候不需要意识的参与，大脑可以跳过模型的前两阶段而直接将信息存储到长时记忆中去，尽管三级加工模型只是一个基本构架，但是它能帮助我们理解这三种记忆的功能和它们之间的联系。

感觉记忆

感觉登记

无论记忆有多么详尽的内容，它都是由感觉经验（像一系列图像、声音、味道、气味和感觉等）产生的。我们经常用这五种感官去收集周围世界的信息，这些信息是未加工的原料，而记忆就是由这些原料形成的。信息从感官传

记忆：是大脑处理新信息、搜索以前学习过的信息的系统。
感觉记忆：是一种持续时间不足几秒钟且只存储感觉刺激痕迹的记忆类型。
工作记忆：是一种存储短时间使用的信息的记忆类型。
长时记忆：是一种可将信息存储终生的记忆类型。
编码：是指将感觉到的信息转换成可以被存储的形式的过程。
存储：是指将已经编码的信息存放在记忆中的过程。
提取：是指将已经存储的信息从长时记忆转移到工作记忆中的过程。
遗忘：是指无法将以前存储的信息提取出来的现象。
感觉储存器：是大脑中形成感觉记忆的部分。
视觉皮层：是指大脑中能够通过编码感觉信息来调节人类视觉的部分。
听觉皮层：是指大脑中能够通过编码听觉信息来调节人类听觉的部分。
触觉皮层：是指大脑中能够通过编码触觉信息来调节人类触觉的部分。
额叶：是指大脑中参与工作记忆和长时记忆的编码和存储，并在较小程度上参与感觉记忆加工的部分。

送至大脑的**感觉存储器**，然后一起形成感觉记忆。每种感官都有它自己存储信息的存储器，这些存储器各自存储大量的数据，但是如果不对其中的信息加以注意，它们就会立即消失。

感觉记忆和脑

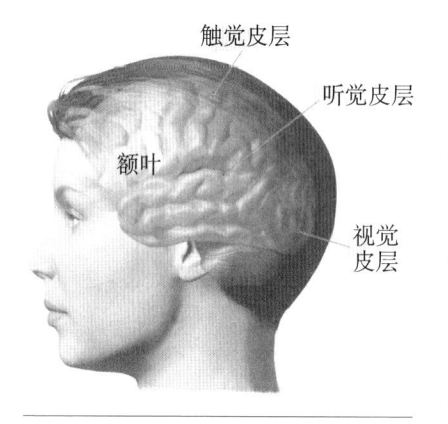

我们可以通过观看人类的大脑这种具体的方法来了解感觉记忆。感觉记忆的发生伴随着大脑的特定区域的兴奋，这些区域——**视觉皮层**、**听觉皮层**和**触觉皮层**——负责接收从感官输入的信息。听收音机时，听觉皮层会兴奋，以将听到的音乐进行编码；看一幅图画时，视觉皮层就会为处理图像而努力工作。简而言之，就是当你的感官受到一个刺激，大脑中相应的感觉区域就会去处理这个刺激。**额叶**不仅在编码、存储工作记忆和长时记忆时起到显著的作用，而且在某种程度上也参与了感觉记忆的加工。

△ 视觉皮层、听觉皮层、触觉皮层、额叶都参与了感觉记忆的加工。

图像记忆和听觉记忆

你也许听说过"过目不忘"，即刚看完一幅图片就能准确地记住每一个细节的能力。尽管研究者认为真正的"过目不忘"其实根本不存在（吉尔·普莱斯也不是），但大多数人都有在极短的时间内（零点几秒）记忆精确的图像的能力。这种能力由一种叫作**图像记忆**的感觉记忆方式所形成。乔治·斯柏林（George Sperling，1960）的研究表明，我们的视觉存储器能够将图像准确地存储起来。但是，几乎同时这些图像被新的图像所替代，因此，我们的"过目不忘"就被图像的存储时间严重地限制住了。

如果"过目不忘"是一个神话，那么什么是**遗觉记忆**？被叫作"图像重见者"的那种人能够在极短的时间内（一些实验中给定的是30秒）将图像的细节生动地回忆出来。在描述刚看过的图像时，他们的眼睛是转动的，就像在看那幅图像本身一样，这表明他们正在"看"他们的记忆，然而根据心理学家艾伦·赛勒曼（Alan Searleman）的观点，遗觉记忆并不是过目不忘。图像重见者并不像拍摄一样，他们有时会犯错，生动的记忆只会持续极短的时间。

科学家们了解较多的还有听觉储存器。我们简明而准确地记住声音的能力就叫作**听觉记忆**。就像图像记忆一样，听觉记忆来去得非常快，如果没有对声音加以注意，我们就只能在三四秒内从听觉记忆中回忆出来。

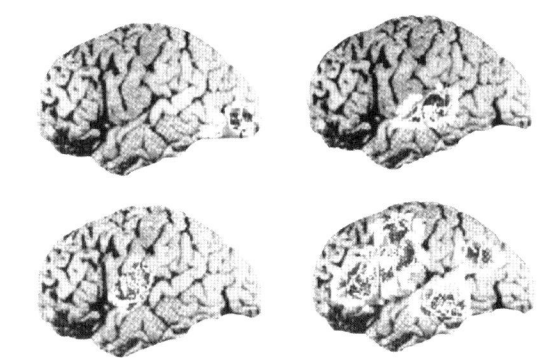

△ 不同的感觉刺激激活大脑中不同的区域。

工作记忆

工作记忆的编码

注意

感觉储存器中的大部分记忆信息一闪而过，有些信息则被保留、编码并储

图像记忆：是一种涉及视觉刺激的感觉记忆。
遗觉记忆：是用很短的时间观看详细的图像并能生动地回忆出它们的记忆类型。
听觉记忆：是一种与听觉刺激有关的感觉记忆类型。
注意：是指运用大脑进行感觉和思考的活动。
有意识编码：是指对要记住的信息进行具体的注意的编码过程。
无意识编码：是不涉及任何有意识思考或行为的编码过程。
视觉编码：是指编码图像的过程。
听觉编码：是指编码声音的过程。
语义编码：是指编码意义的过程。

存到了工作记忆中，但是我们怎样决定哪些记忆被存储，哪些记忆被删除呢？

答案就是**注意**。我们每时每刻都在处理着诸多来自周围环境的图像、声音及其他感觉信息，但是我们并没有注意所有的感觉信息。若一个感觉引起了我们的关注，我们很有可能去注意它并且将它转移到工作记忆中去，这在我们特别感兴趣和不寻常的事件上尤其准确。例如，你被要求想象一幅亮晶晶的粉红色的小鸟的图画，这个奇异的图像就很有可能引起你的注意。在第 4 章中提到的鸡尾酒会效应中，注意也起到了重要作用。当你走进一个充满谈笑声的房间时，你能从聊天的背景中抽离出来而只注意那个和你说话的人；你也许也会注意到进来的人是否叫了你的名字——它吸引到了你的注意。注意能使我们从一个感觉"噪声"的背景中提取出有意义的信息。

额叶

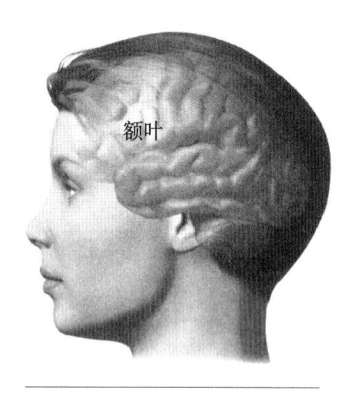

△ 大脑的额叶在工作记忆的编码和存储中尤为重要。

有意识和无意识的编码

信息被编码存储到工作记忆中时，可能是有意识的，也可能是无意识的，**有意识编码**也叫作付出努力的加工。它需要对要记住的信息进行清楚的注意，这种策略在记忆新奇的信息时特别管用。例如：见到一个新人，为了记住她的名字是"Lara"而不是"Laura"，你必须对此加以注意（可能默默地重复一两次）。

无意识编码也叫作自动加工。我们通常会注意到某一事物，但却没有明显意识到。

比如有人问你，下午六点时你在哪。你可能会说"我在吃晚饭"。很明显你不大可能在六点的时候花费几秒钟的时间去记一下你所在的地点。甚至在你阅读这段话的时候也在使用自动加工，即使没有刻意地去记忆，也能把读过的最后几个单词保存在工作记忆中。

工作记忆和额叶

大脑的一部分区域有助于工作记忆的编码和存储，额叶主导了这一过程。研究已发现额叶在加工工作记忆任务时会兴奋。另外，额叶受伤的病人很难执行各种记忆任务。这些发现都突出表明了额叶和工作记忆过程的联系。不仅额叶对工作记忆非常重要，大脑的其他区域也起了很大作用，这取决于被加工信息的类型。

成像试验研究表明，通常一种类型的信息要经过大脑中不同的部分才能被存储，没有哪个单独区域能负责整个工作记忆的保持。

我们编码什么？图像、声音、意义

大脑编码信息的方式取决于被加工信息的类型，**视觉编码**是对图像的编码，**听觉编码**是对声音的编码，**语义编码**是对意义的编码。有些信息可以用不同的方式编码，如：你在看一个饼图，图中显示出一项关于政治民意的调查结果，大脑编码的时候就同时用到视觉编码（记忆它的样子）和语义编码（想象一下这个民意调查的结果对候选人的意义）。

尽管我们能够编码图像、声音和意义，但并不是所有的编码类型的加工都是同等的。一般来讲，我们会发现那些对我们有意义的信息比较容易记住。例如，记忆练习册中一个由 20 个单词组成的句子要比记忆一连串随机的无意义的 20 个字母容易得多。对这三种类型的编码实验调查表明，语义编码的信息要比视觉和听觉编码的信息保持更长的时间。

工作记忆的存储

存储在工作记忆中的信息要比在感觉记忆里的信息保持更长久的时间，但工作记忆并没有特别大的存储空间。研究已经发现，人们能够在任何时间把九种不同的信息储存在工作记忆中。如果有人给你一个很长的数字串，即使很难记，你也很可能会在很短的时间内记住它们。对于一长串数字，也许你会需要一个策略才能将它们储存在工作记忆中。

组织及排练

如果在工作记忆中一次只能储存七个组块的信息，那么我们怎么能记住十个数字的电话号码呢？为什么记 617-555-8342 要比 6175558342 容易呢？我们把它叫作**组块**。通过把小的组块组织成大的组块，我们就能在工作记忆中储存更多的信息。上面的电话号码包括十个数字，但是这些数字被分成了三个组块，这样工作记忆就只需要储存三个组块的信息而不是十个。但是，这种策略并不完全有效，组块越大，工作记忆所能储存的组块数就越少。

除了数字，我们还可以使用组织策略来记忆事情。例如那些被组织成范畴的单词比随机排列的单词更容易记忆。（Brower，et al.，1969）

再者，工作记忆中储存的信息只能保持几秒钟的时间，但是通过**机械复述**，我们能够延长信息在工作记忆中储存的时间。机械复述也可以称为保持性复述，是重复信息的过程，无论是大声朗读还是默读，目的都是要记住那些信息。例如，为一场考试而补习的时候，也许会用机械复述的方法去记忆一大串数字、时间和历史数据。在这里，学习的目的起了很大的作用。如果只是一遍又一遍地重复信息，但却没有把注意集中在所重复的信息上，这些信息是不会在工作记忆中储存下来的。（Nickerson & Adams，1979）仅靠机械复述不能使记忆保持数年的时间，考试结束之后你很可能记不起已经补习过的那些材料。即使如此，要让工作记忆中的信息保持更长时间，机械复述也还是一个有效的策略。

🧠 工作记忆的提取

在工作记忆中储存信息非常容易，可是怎样从中提取信息呢？一般来讲，储存在工作记忆中的信息是相当容易提取的。这可以通过**近因效应**来说明：当给你一系列项目去记忆时，你会毫不费力地就记住最后几个项目。因为这些项

组块：是指将较大的信息组织成较小单位的信息的过程。

机械复述：是指以学习信息为目的出声或者不出声重复信息的过程。

目最近被多次呈现，所以它们储存在工作记忆中。由于**首因效应**，我们也不用费力就能记住前几个项目：因为我们有很长的时间去复述前面的内容，可能是多次机械复述的结果，它们被存储到长时记忆中。处在列表中间的项目很难回忆，因为它们已经不存在于工作记忆中了，也没有机会被复述或被转移到长时记忆中。中间的项目难回忆也可能是由于缺乏注意：我们正忙于复述前面的项目，没有花费太多精力去注意后面的项目。我们回忆（不回忆）项目的能力取决于项目在列表中的位置，这就是**系列位置效应**。

有时长时记忆看起来根本不可能被提取出来，但对工作记忆来说，提取并不是问题。其他类型的记忆短时间内可以先暂时存储在工作记忆中，处于准备状态：我们不必为了提取它们而绞尽脑汁。

遗忘

虽然信息很容易进入到工作记忆中，但同时也极易丢失。工作记忆既受储存空间的限制也受持续时间的限制：没有复述，信息只能在工作记忆中储存15～20秒，短暂的时间过后，工作记忆中的信息就会慢慢流失直到全部遗忘。

编码中的干扰

如果编码过程进行得非常顺利，感觉储存器中的信息就被储存在工作记忆中。但是当编码过程受到干扰时会发生什么呢？信息的编码无效或者被中断是导致遗忘的原因之一。（Brown & Craik，2000）例如，你正试着要读一篇小说，这时你的朋友在说他的周末计划。用心理学术语来说，你朋友的故事干扰了你对小说的注意，你很可能会发现很难记住刚读过的内容。假设要设法去编码书中的任何信息，你可能用的是视觉或者听觉编码而不是语义编码——你在加工单词本身而不是它们的意义。因为这些编码类型不如语义编码加工得那么

近因效应：是指当给定一系列材料去记忆时，最先回忆最近储存的信息。
首因效应：是指当给定一系列材料去记忆时，最先回忆最初给出的信息。
系列位置效应：是指是否回忆起某个信息取决于信息在列表中的位置。

深刻，所以你更可能会遗忘这些编码的信息。

也有可能你正在对一些试图去阅读的信息进行编码，却被打断了注意，实际上在工作记忆中也没有储存下任何东西。当你去提取记忆中的信息却发现它们已经消失时，也许是因为它们根本没有被编码到工作记忆中。从学术上讲，这并不是信息遗忘的例子——你不可能忘记你从不知道的信息，而这种编码信息的类型就是**伪遗忘**。

但是如果集中精力读书，你很可能会记住所读的内容——还记得哪种色彩鲜艳的动物被描述了好几页吗？

暗示性遗忘

有几种遗忘是故意的，不想记住信息，将它们从工作记忆中移除是没有任何问题的。**暗示性遗忘**就证明了这个过程。参与暗示性遗忘研究的人被给定一些信息去学习，并且他们被告知要记住某些信息，忘记剩下的那些。一般来说，这种指导遗忘的方法是非常有效的：参与者没有记住那些被告知要遗忘的信息。但是，与成人相比，孩子更难忘记那些"暗示性遗忘"的信息，这表明，随着年龄的增长，我们更能够控制我们的编码过程。（Cruz，et al.，2003）

识记一个电话号码的经历就是这种现象的一个真实例子。一旦号码拨通了并且已听到电话铃声，你也许就会暗示自己忘记刚才拨打的号码。

尽管许多记忆信息在它们刚形成后几秒钟就被遗忘了，但并不是所有的记忆都会落到被遗忘的地步。一些信息在工作记忆中储存得如此有效，以至于被转移到更安全的地方——长时记忆。

伪遗忘：是一种编码干扰，在干扰中信息由于某种注意干扰而实际上从来未被储存。

暗示性遗忘：是指被专门告知去遗忘某一特定的信息而造成的一种遗忘。

显性记忆：是指通过有意识的加工而获得的记忆。

隐性记忆：是指没有通过有意识的加工而获得的记忆。

语义性：包括那些与生活事件没有直接联系的事实和概念性的信息。

系列记忆：是指对事件的整个序列的记忆。

长时记忆

长时记忆的组织

记忆与我们如影随形,它通过两种形式表现出来:显性记忆和隐性记忆。对高中毕业当天的显性记忆你肯定记忆犹新,但隐性记忆(例如外祖母使用的食用香料的味道会让你舒适这种感觉)同样重要。

显性记忆是指经过有意识加工而获得的记忆。我们记得某些事件或者经历,并且能够知道记得这些事情。相反,如果没有进行有意识的加工,则形成的是**隐性记忆**。当我们隐性地记忆信息时,那些信息被保持在头脑中,可我们却没有意识到已经记住了。

显性记忆

有些显性记忆是**语义性**的——也就是说,它们包含了与生活事件没有直接关系的事实的和概念性的信息。如果你为一个宴会买一打比萨,你会买多少呢?当你回答"12"时,你运用了一个语义记忆:单词"一打"的意思就是"12",这个信息就是储存在你长时记忆中的大量语义性事件中的一个。

骑自行车所需要的技能和动作在我们的头脑中以程序的方式被储存起来。

但我们通常不只要记忆简单的事实,还要记忆事件或集合的整个序列,也叫作**系列记忆**。思考一个长除法问题的解决过程时,就是在进行系列记忆或者事件的特异序列记忆。许多系列记忆是自传式的——例如,你和朋友在去拿比萨的路上迷路了,等到达宴会时已经太迟,宴会已经结束,而你们不得不吃掉大部分比萨——你很可能会有一个生动的记忆而不是不带任何特别情感的系列或序列记忆(在本章后面我们会谈论情感和记忆的联系)。

隐性记忆

隐性记忆存在与否至今仍存在争议，毕竟我们对事实或事件的记忆都是有意识的。可如果隐性记忆是无意识的，那么我们又是怎样知道隐性记忆存在的呢？一些证明隐性记忆存在的证据来自**首因**现象。在心理学研究中，研究者通过与刺激同时呈现来使被试做好准备（刺激通常都是在要求被试完成一项任务之前非常快速地呈现，并且刺激在被试的头脑中能激活某些无意识加工）。在格拉芙和沙克特（Graf & Schacts，1985）的首因和隐性记忆研究中，他们先给被试呈现了一列单词，最后又给被试呈现一些不完整的单词并要求被试完成它们。研究结果表明，那些在列表中看到单词"tree"的人们在完成单词"tre__"时更可能填成"trees"，即使他们不记得在列表中看过。换句话说，首因效应能形成隐性记忆。

有种隐性记忆叫**程序记忆**，它包括习惯和技能的形成。骑自行车和弹奏乐器都属于程序记忆。这些技能都需要花费时间去练习，但一旦学会，就会储存在长时记忆中，我们就不必再进行有意识的提取。另外，在这种情况下，行为的外在表现就是记忆的证据。

其他的隐性记忆都是通过**条件作用**形成的。例如你害怕小丑——恐怖电影中用红色的鼻子和软鞋来装扮的可怕的超级恶棍（这并不是说孩童时期去看马戏是个令人心痛的经历）。看完几场这样的恐怖电影后，你就会开始联想小丑的大小并感到害怕；下次见到一个真的小丑时就会害怕，尽管你可能意识不到害怕的源头。也许你对小丑并没有固有的恐惧感，可隐性记忆通知你，小丑过来的时候，恐惧状态也将尾随而至。

怎样才能克服对小丑的恐惧呢？一种方法就是在一个小车里长时间地与几个脸上有喷绘的朋友待在一起，这听起来很荒谬，这个过程被称为**满灌疗法**。当个体被长时间暴露于一个刺激下（例如一个小丑）时，他对刺激的反应最终会减弱。如果和小丑待在一起不会令你感到恐惧，即你对小丑的出现已经习惯了，那么你的隐性记忆会使你见到小丑时感觉镇静而不是恐惧。这是**消退**的结果。当完全习惯一个刺激时，我们对它原有的条件反应就减弱了。

把信息编码到长时记忆中

正如信息可以有意识或无意识地编码到工作记忆中,在长时记忆的编码中也有意识加工和无意识加工。并不是所有的信息在被储存到长时记忆前都要经过工作记忆。例如,特殊的感情事件能像**闪光灯记忆**一样立刻被储存到长时记忆中。闪光灯记忆既可以是大多数人共有的经历,也可以是自己特有的经历。许多人指出 2001 年的"9·11"恐怖袭击事件是一个有力的情感事件,许多美国人记忆犹新。许多人对自己像第一次接吻这样唯一的、与个人相关的事件记忆犹新,其他(不怎么浪漫的)事件或技能也会被无意识地储存到长时记忆中去。

如果我们能无意识地把所有需要记住的信息都储存到长时记忆中,那生活将非常简单。但是一些记忆需要意识的帮助才能被储存。要把工作记忆中的信息转移到长时记忆中,机械复述很有用,但**精细复述**是更有效的策略。加工信息时我们会给想记住的信息赋予意义(即使信息本身极无意义)。我们也会给新信息和已记住的信息建立联系。这种语义编码的形式对长时记忆中获得的信息特别有用。如果你想记住圆周率的前几位数字,而不是用机械复述的方法不断地重复 3.141 592 65,你可以用精细复述的方式给数字编写意义(你的地址代码是 314,1592 年是克里斯托弗·哥伦布发现美洲 100 周年,你最喜爱的姨妈 65 岁)。

如果你受过教育的母亲曾给了你九个比萨饼,你也许对**记忆法**很熟悉,记

首因:是指在刚开始某一任务之前对记忆内容进行联想的过程。
程序记忆:是隐性记忆的一类,包括习惯和技能的形成。
条件作用:是指由于重复暴露在某种刺激下,使个体产生反应从而形成隐性记忆的过程。
满灌疗法:是指重复暴露在某一刺激下从而减少对该刺激的反应的过程。
消退:是指减少某些条件反应,通常是通过去除与之相关的反应来实现。
闪光灯记忆:是指由情感事件引起并被立即储存在长时记忆中的记忆方法。
精细复述:是指个人为了把信息储存到长时记忆中而给信息赋予意义的过程。
记忆法:是指通过给信息加上韵律或者原因来记住信息的排序或者组成部分的一种辅助记忆的方法。

忆法是指通过给信息列表或组块，以押韵或赋予理由的形式帮助记忆。例如，在冥王星失去它的行星地位之前，学生通过这句话"受过教育的母亲刚刚给我们吃了九个比萨饼"（My Very Educated Mother Just Served Us Nine Pizzas）来记住太阳系所有行星的顺序。这句话每个单词的第一个字母和每个行星名字的首字母是一样的（如 Mercury、Venus、Earth 等）。这类方法还包括短小的押韵诗或句子。把信息排列成有意义的顺序或者放进一个好记的语境里，能帮助我们长久而非短暂地记住信息。

长时记忆的存储

加工水平

确切地说多久才叫"长时"呢？或者说，长时记忆能储存多久呢？幸运的话，一些长时记忆中的信息可以保持终生。长时记忆空间大，能储存大量信息，但是个人记忆能否持续终生取决于信息编码的方式。克雷尔（Crail）和托尔文（Tulving）在 1975 年的研究中得出了这一结论。在研究中他们快速呈现单词并让被试回想单词的外形（视觉编码）、发音（听觉编码）或者意义（语义编码）。研究者发现后来许多被试记不起视觉编码的单词。大多数人记住了听觉编码的单词，而几乎 90% 的人记住了语义编码的单词。

克雷尔和托尔文由此提出：存在不同水平的加工，**深加工**（编码单词的意义）比**浅加工**（编码单词的发音和外形）更能有效地储存信息。

长时记忆的储存和大脑

如果你想顺着大脑各部分去寻找长时记忆加工和存储的中心，肯定会花费很长时间。大脑中没有哪一个单独的区域能够负责加工和储存长时记忆。但是有几个区域已经被认为是对记忆形成起至关重要的结构。

显性记忆和隐性记忆不仅看起来不同，而且实际上在大脑中加工的区域也是不同的。**海马体**在加工显性记忆时有极其重要的作用，在记忆形成过程中也有其他区域（如额叶）来辅助它。语义系列和自传的记忆在海马体中形成之后，就会被发送到大脑的某区域储存。海马体在长时记忆的再认和回忆中的作用也是举足轻重的：海马体受损的人和动物很难记住显性的东西。（Sherry & Vaccarino，1989；Schacter，1996）

如果想要增加大脑的记忆存储量，睡觉也许会是明智之举。最近的几项研究已经表明，在睡眠和记忆之间有一种激动人心的——并且有争议的——联系。例如麻省理工学院的研究揭示出老鼠在睡眠时大脑中的海马体是兴奋的。老鼠海马体的兴奋与啮齿动物做梦时不同，而与清醒时走迷宫时的兴奋是相同的。这些结果表明老鼠（和人类）在睡眠时回放日常事件，总能够加强事件在记忆中的存储。

在一个支持这些发现的研究中，哈佛大学的研究者发现，那些背完复活节彩蛋位置后睡觉的人，比一直清醒的人更容易记住彩蛋的位置。尽管我们不知道睡眠和记忆的联系，但看起来就像是即使在熟睡时，我们的大脑也一直集中在加工和存储记忆的任务上。

深加工：是指用语义形式编码词语的加工水平。
浅加工：是指用视觉或听觉形式编码词语的加工水平。
海马体：是大脑的一部分，它参与显性记忆的加工、长时记忆的识别和回忆以及条件作用。
小脑：是大脑的一部分，它参与程序记忆以及与运动有关的习惯的保持和形成。
基底神经节：是大脑的几个互联结构，它参与形成程序记忆和与运动有关的习惯的形成。
突触：是指一个神经元与另一个神经元相接触的部位。
长时程增强作用：是指通过同种神经元之间神经递质的反复传递，神经连接被加强的过程。
再认：是给已储存的记忆匹配一个外部刺激的过程。
回忆：是指在缺乏外部刺激下提取已储存信息的过程。
语境效应：是指若一个人在检索信息时的语境和第一次编码时一样，会更容易检索的能力。
检索线索：是帮助个人从记忆中提取信息的刺激。
情境关联记忆：是指在与第一次编码时相同的情境下，已储存的记忆会更容易检索的记忆方法。

基底神经节（位于大脑半球、胼胝体和丘脑两侧的中心）

额叶

小脑

海马体

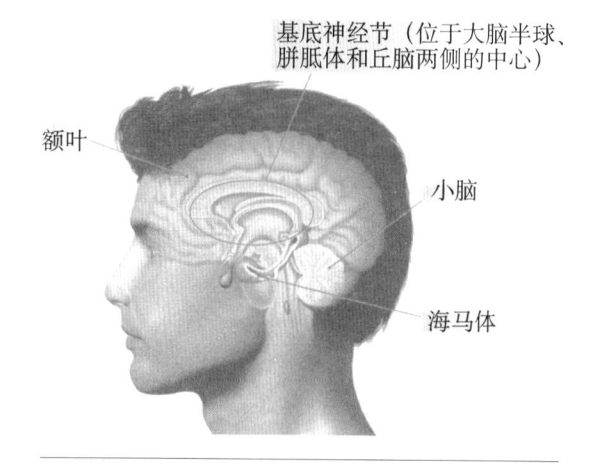

△ 海马体和额叶主管显性记忆，小脑和基底神经节主管隐性记忆。

隐性记忆在哪儿加工和储存呢？大脑的三个区域——海马体、**小脑**和**基底神经节**——在隐性的长时记忆的形成和存储中起了关键作用。海马体和小脑对成功的条件反射（隐性记忆形成要经历的过程）是至关重要的。因为小脑和基底神经节都与运动技能的发展有关，它们在程序记忆和与运动相关的习惯的形成过程中都是必不可少的。基底神经节和小脑也许和不同类型的运动技能相关，但是对其中任意一处有损伤的病人来说，很难建立新的程序记忆。（Gabrietli，1998）

大脑的许多部位都参与了长时记忆的存储，最近的大量研究都集中在**突触**（一个神经元与另一个神经元相接触的部位，在第3章有所描述）上。学习时，神经递质通过突触与要学习的信息建立联系，每次回顾信息时，那个专门的神经联系就会被加强。神经递质通过那些特定突触进行传导便容易起来。1949年，心理学家唐纳德·赫布推测，这些强烈的神经联系与记忆的产生和保持之间存在一定关系。赫布的理论在20世纪70年代被证实，科学家称这种神经联系的加强叫**长时程增强作用**（LTP）。正如赫布所说，LTP是记忆的生物学基础：当记忆形成了强烈的神经联系，我们会更容易记住。

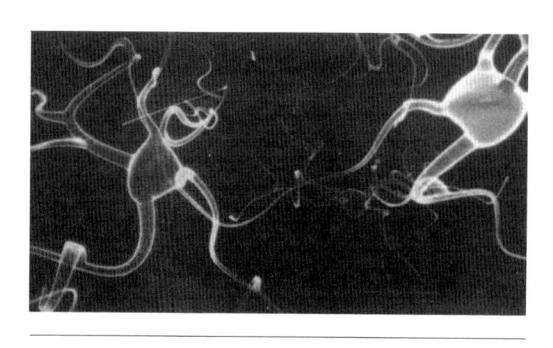

△ 神经元之间的联系可作为记忆的生物学基础。

长时记忆的检索

再认还是回忆？

要从记忆中检索信息，不是回忆就是再认，那**再认**和**回忆**有何不同呢？如果给你一张早餐列表，并要求你圈出某天早上你吃的食物，这个练习就属于再认：你正在为一个已储存的记忆（你早餐的内容）匹配一个外部刺激（列表中的单词）。但是如果给你一张白纸让你写下早餐吃的什么，这就是在回忆——在检索早餐记忆时没有任何外部线索和可依靠的刺激。

检索线索

重新安排班级座位是好是坏？事实证明，在原来的座位上考试也许会让你感觉单调，可是当你期末考试得到杰出成绩的时候，单调就不复存在了。在一个特殊的语境下编码信息，你会发现，在相同语境下检索那条信息更容易一些。因此，如果你每堂课都坐在一个座位上，并在那个座位上考试，当要回忆那些课堂上学过的信息时，你就会有优势。这个**语境效应**就是一种**检索线索**，即一个帮助我们从记忆中检索信息的刺激。就像储存记忆的"文件夹"上的标签，与记忆相联系的信息的碎片能帮助你记起那条信息，这种现象叫**情境关联记忆**。例如：在某种情境下（陷入热恋、害怕死亡或只是在品味简单的幸福）学习的东西，在相同的情况下可能更容易被回忆起来。

> 在某种情境下（陷入热恋、害怕死亡或只是在品味简单的幸福）学习的东西，在相同的情境下可能更容易被回忆起来。

检索失败：遗忘

即使尽最大的努力，也不是所有储存在长时记忆中的信息都能被提取出来，那么我们遗忘的那些记忆从大脑中全部消失了吗？还是我们不知道怎样找

> **前摄干扰**：是指以前学过的信息对回忆新信息产生干扰的现象。
> **倒摄干扰**：是指新学信息对回忆以前学过的信息产生干扰的现象。
> **遗忘曲线**：是指用图形表示个体遗忘信息速率的曲线。

到已经隐藏的记忆？在许多情况下，长时记忆的提取失败或者遗忘并不是因为无法访问到它们。

干扰

大多数人已经忘记了一大堆邮件密码、电脑登录密码和生活中的琐事。也许你刚换了邮件密码，虽然记不住新密码，却能毫不费力地记得旧密码。这种现象就叫作**前摄干扰**，即以前学过的信息干扰了对新知识的回忆。相反，如果你更换密码一段时间了，现在已经习惯了这个密码，就不会再记得原来的密码了。这就是**倒摄干扰**，它发生在新信息导致旧信息遗忘的时候。

存储衰退

干扰并不是导致我们遗忘已学事物的唯一原因：1885年，德国心理学家赫尔曼·艾宾浩斯（Hermann Ebbinghaus）记忆了一系列无意义音节并测量了30天后他能回忆起列表中的多少个音节。他用图形描述了**遗忘曲线**，表明我们会很快忘记学过的大部分东西。但是遗忘率表明，3或4天后我们并不会忘记一些东西，而在30天后也很可能记住它，艾宾浩斯的发现对于被叫作**存储衰退**的关于遗忘的理论做出了贡献。

简单地讲，我们的许多记忆就像油画和照片一样，会随着时间流逝而褪色。

记忆问题

当记忆能很好地工作时，它是一个无价的资源，而出错时，记忆会从让人烦恼（忘记手机放在哪儿）发展到让人崩溃（像吉尔·普莱斯一样，被反复的记忆所萦绕）。这些记忆问题是怎样发生的呢？

情感、压力和记忆

正如闪光灯记忆现象说明的那样，我们通常很容易记住情感和压力事件。

高度的情感和压力的激发会便于信息在长时记忆中的储存，而微弱的情感则导致微弱的记忆。但是压力并不总是有利于记忆：如果太情感化或者压力过大，回忆信息的能力实际上是降低的。例如，一个创伤事件令你很痛苦，你也许会进入一个"**过度警觉**"的状态，在这种状态下你"斗争或逃跑"的反应都被快速驳回。而警惕的状态实际上便于记忆的存储和恢复。"过度警觉"趋于损害记忆。这种关系就是"**耶克斯-多德森定律**"（Yerkes-Dodson law）的一个前身，这个定律陈述了在一般情况下，中度水平的激励使业绩达到最高峰。

健忘症

神经心理学家萨利·巴克森戴尔（Sallie Baxendale）写道："根据霍利伍德（Holywood）的观点，健忘症在某种程度上是专业刺客的职业病。"他举出《谍影重重》（*The Bourne Identity*）和其他流行电影为例，认为尽管它们都表演了多种在记忆遗失中挣扎的实例，但从未呈现出一个精确的健忘症情景。在大银幕之外，有两种截然不同的健忘症：逆行健忘症和顺行健忘症。逆行健忘症是指对过去记忆的遗忘（通常是事故发生之前形成的记忆）。相反，顺行健忘症则影响了未来，尽管患有顺行性健忘症的病人记得过去的事情，可他们很难建立新的长时记忆［巴克森戴尔指出 2000 年的电影《纪念品》（*Memento*）就是一部相当准确地描述顺行健忘症的电影］。

> 在适度的压力情境下，比在完全放松或极度强烈的压力情境下更容易记住东西。

这两种健忘症都与大脑损伤有关，通常是由事故手术或疾病引起的。病人患有哪种健忘症取决于大脑损伤的区域：一个病人患有痴呆，这会影响到整个大脑（特别是海马体），于是该病人通常会表现出逆行健忘症的特征；而一个在车祸后

存储衰退：是指个体的许多记忆随时间慢慢消逝的现象。
过度警觉：是指一个人的斗争或逃跑反应被全部触发的状态。
耶克斯-多德森定律：一种规律，陈述了一般情况下，适度的动机可以使行为变得更好。
逆行健忘症：表现为无法记忆过去的经验的情况。
顺行健忘症：表现为无法形成新的长时记忆的情况。

额叶皮层一直受损的病人会出现记忆编码困难,并很可能表现出顺行健忘症。

记忆的七宗罪

1999年,心理学家和记忆专家丹尼尔·沙克特(Daniel Schacter)提出了对记忆弱点的描述。他把它称作"记忆的七宗罪"。沙克特解释道:其中的三种是"疏忽罪",它使我们遗忘信息;剩下的四种罪行是"委任罪",它使我们提取出的记忆不准确或不真实。

三种遗忘罪行

1. 健忘 从罪行角度看,把太阳镜放错地方不是很严重,但是这是由健忘引起的。不集中注意做事时就会发生这样的事,这种注意缺失就导致工作记忆信息编码的失败。(沙克特在描述健忘时列举了一个令人印象深刻的实例:一个音乐家把一个价值连城的斯特拉迪瓦里斯牌小提琴落在车顶上,并把车开走了。教授也由这个过失而闻名。)

2. 短暂 我们的大多数记忆都不是持久的,它们随时间消逝。沙克特讲的第二个罪行,就涉及储存消失的概念。

3. 阻断 提取失败阻止我们加工已储存的信息。有时你会感觉那个问题的答案就在嘴边,可就是想不起它,这就是阻断。

三种遗忘罪行:
健忘、短暂、阻断
三种失真罪行:
错误归因、暗示性、偏见
一种干扰罪行:
固执

三种失真罪行

4. 错误归因 一个记忆被错误归因时,我们可能可以准确记得事件的一部分,但却记不清情境了。记忆出现归因失误,这种现象我们通常叫作来源遗忘症——我们记得那些信息却忘了或记不清它的出处了。

5. 暗示性 大脑没有过滤就确定哪些记忆是真实的自传，哪些不是；另外，它可能极易导致暗示。伊丽莎白·洛夫特斯在研究错误记忆时做了一个实验：在研究中给患者呈现一场交通事故，然后她会问一些被试当两辆车相互碰撞时他们开得有多快，而问剩下的被试当两辆车互相撞碎的时候他们开得有多快。听到"撞碎"的被试回答的速度要比听到"碰撞"的高一些。（Loftus & Pallmer，1974）通过简单的转换问题的措辞，洛夫特斯认为，对被试来说，无论车祸发生在高时速（撞碎）下还是低时速（碰撞）下，事实上信息都不是精确的。我们的记忆可能被捏造，并且只需一些简单的词汇和一点建议，错误记忆就可能被植入。

6. 偏见 例如，你是一个直言不讳的环境保护论倡导者。尽管只是最近才意识到环保的重要性，可你深信要做力所能及的事来保护环境。你记得自己坚持回收利用已经五年了，而事实上，你只是一年前才开始，因为信念粉饰了你的记忆。

> 记忆反应和支持我们自身的偏见，有时还牺牲了精确性。

🧠 一种干扰罪行

7. 固执 不管是真实的还是错误的记忆都会犯下固执的错误。通常，这些记忆是痛苦的、感性的或者令人烦扰的。一个从伊拉克作战回来的军人，或者是患有创伤后应激障碍的阿富汗人，也许会对他或她的战争经验有生动的回忆。这些经历不可能被置于一边，并且它们会干扰日常活动。患有创伤后应激障碍的人会时常要面对自己一点都不愿记起的生动而且痛苦的记忆。

> 众所周知，记忆对我们的生活是极其重要的，但是记忆的许多优点被记忆并不总是可靠这一缺点给抵消了。记忆的七宗罪举例说明了它的怪癖、缺点和陷阱，它提醒我们"意识到的"世界和"真实的"世界并不是同一个。

回 顾

记忆是怎样组织的？

- 记忆有三种类型：感觉记忆、工作记忆和长时记忆。
- 根据信息加工模型，大脑将信息编码并将其储存到记忆中，最后当需要的时候再提取出来。

感觉记忆、工作记忆和长时记忆各有什么特点？

- 感觉记忆包括由感官传递到大脑中相应感觉储存器的图像、声音、味道和其他信息。
- 工作记忆是我们能够立即加工的记忆。图像、声音和意义都能被编码到工作记忆中。
- 长时记忆包括隐性记忆和显性记忆。有意义的或者情感性事件通常被编码到长时记忆中。长时记忆可以持续终生但却难以提取。

记忆是如何编码、存储和提取的？

- 注意使我们有意识或者无意识地编码信息。
- 我们用复述、记忆法和其他组织策略存储信息。
- 额叶、海马体、基底神经节和小脑在记忆的形成和存储中起了重要作用。
- 像语境效应那样的提取线索，帮助我们将信息从长时记忆转换到工作记忆中。

记忆的缺点和局限性有哪些？

- 压力能抑制记忆存储和回忆。
- 大脑损伤能导致顺行健忘症和逆行健忘症。
- 记忆很容易遗忘和消退，但有时即使想要忘记却也忘不掉。

第 8 章

认知与智力

- 什么是认知心理学？
- 什么是智力？如何测量它？
- 我们如何进行推理、问题解决和决策？
- 注意如何帮助我们加工信息？
- 语言认知和视觉认知之间有什么联系？

对巴勒斯坦奥利沃失聪学校的学生的研究发现，通过视觉语言和书面语言（或者口语）获取信息的失聪儿童，获得和使用语言的能力超过仅用其中一种方式获得信息的同龄人。听力正常的儿童对双语教学的反应与失聪儿童相同，所以，科学家认为增加语言的使用范围可以增加负责语言的各个脑中枢之间的联系。这好比学习一种新的语言可以提高与世界交流的能力，因为会比只懂得一种语言有更多的途径。

"**语言通**"这个单词听起来好像一种奇怪的模型或者动物，但如果你自己就是一个语言通，你就会明白一个词语的意思并且能够很轻易地将它翻译成多种语言。

那么，什么是语言通呢？

语言通是指能够熟练地掌握四种以上语言或方言的人。在现在社会中有很多这样的人，他们一般从事国际化的工作，依靠手机和互联网联系。然而，随着世界越来越一体化，掌握四种语言可能很快就不够用了。有没有一种方法可以使人类学习大概 20、40 甚至 100 种语言来赶上世界融合的速度？

超级语言通是指能够熟练掌握多种语言或者方言的人，这样的人很少见，但为研究大脑的语言获得能力提供了有趣的素材。

埃米尔·克里布斯（Emil Krebs，1867—1930）是一个德国的翻译家，他懂得将近 100 种语言。克里布斯去世后，他的大脑被保存了下来。2003 年德国神经学家对它进行了检查。研究者发现他的大脑中控制语言的布洛卡区结构与其他 11 个只会一种语言的被试的大脑相应区域之间存在差异。

尽管这种差异还无法说明克里布斯杰出的语言能力是与生俱来的，还是后天语言学习造就的，但是像扎埃德·法扎赫（Ziad Fazah）这样的超级语言通，可以帮助认知心理学家研究人们是如何学习那么多语言的。法扎赫像其他人一样会在与当地人交谈之前简单地回顾一下最近没说的语言。另外，他学习语言有特殊的方法，比如每天至少听或学习一个半小时、背诵 15 分钟。

根据这些信息，一些研究者得出结论，语言通已经发现了一种学习语言的基本方法，因此，他们可以从内到外学习语言。这些研究者认为，运用正确的方法，任何人都能熟练掌握四种以上的语言。其他的研究者认为良好的环境因素也是必需的。人们两岁之前对语言学习比较敏感，随着年龄的增长，学习新语言的困难也在增加。法扎赫从小生活在阿拉伯人、法国人和英国人混杂的环境中，18岁之前就已经学会了51种语言。

不管怎样，语言是交流的关键，是人与人交往的基本工具。研究这些人罕见的语言能力可能也会使我们明白如何与人打交道。

认知心理学

科学家对大脑工作机制的研究已经不是什么新鲜的事情了。从20世纪五六十年代开始，对认知的研究就变得很受欢迎。**认知**是由与思维、理解、记忆和语言相联系的心理活动组成的。（Miller，2003）然而，在这之前，很多心理学家都是行为主义者，他们倾向于忽视对认知的研究，而研究能够观察到的心理过程。

与行为主义者观点相对，认知心理学家比如诺姆·乔姆斯基（Noam Chomsky）、让·皮亚杰表明，我们必须通过了解认知来了解行为。

心理过程

让我们想象一下教室里我们周围所有的刺激：房间的面积、熟悉的面孔、教授的问题、教室的气味、外面传进来的声音。如果你要同时对所有刺激给予同样的注意，那会怎样？你可能根本就不能够集中注意。幸运的是，我们的大脑运用多种多样的方法来接收和使用大量的刺激。认知学家将这些方法分为两大类：（1）它们需要多少注意；（2）它们是按顺序完成的还是同时完成的。

心理过程与看似简单的任务之间的联系是相当错综复杂的。例如，需要多任务处理的工作，像餐厅的服务工作，平均要用六种不同形式的心理过程。

尽管通过这一点，我们可以说我们的心理过程在日常生活中不能得到太多的发展,但不论是学习、创造、问题解决、推理、决策还是交流,我们都要依靠认知来维持日常生活、上学、工作和认识世界。

智力理论

人们处理信息的方式有多种。有些人能够很熟练地解决复杂的数学问题,而有些人能够记住令人难以置信的大量信息。哪种技能更好地反映了智力技能?一个世纪以来,心理学家提出了各种各样的关于**智力**是指推理、问题解决和获取新知识的能力的理论。但是智力真的那么容易定义吗?我们如何对掌握不同知识的人进行智力水平测定?智力是遗传的,还是环境在我们的组织、理解和交流信息的能力上也起了一定的作用?

认知心理学的主要贡献者

乔姆斯基:他提出了语言心理学。他对失聪儿童的研究发现他们能够创造自己的语法规则和语言系统。

冯·诺依曼(John von Neumann):他将大脑工作机制的知识运用到研究计算机存储系统中去。

让·皮亚杰:皮亚杰认为儿童的思维发展经历了四个阶段。

西蒙(Herbert Simon)和纽厄尔(Allen Newell):他们将问题解决的知识用于编写电脑程序,来模仿人类思维。

唐德斯(F.C.Donders):他以测量反应时间为工具来确定心理过程的复杂性。

△ 这些贡献如何帮助我们认识人类的行为和认知?

智力测试

1904 年，法国科学家阿尔弗雷德·比奈（Alfred Binet）按照老师的要求制订一个量表，用于发现有特殊需求的学生。比奈通过建立量表，定义了儿童的**智龄**（mental age），它是指儿童实际年龄所具有的智力能力。这个量表是一个巨大的成功，在整个欧洲和美国都得到了肯定。1916 年，刘易斯·推孟（Lewis Terman）出版了比奈量表的修改版，用测试得分和儿童年龄的数学公式来决定智商（IQ）得分：

$$智商 = \frac{智龄}{实际年龄} \times 100$$

根据这个量表，如果一个儿童的智龄和实际年龄一样，智商为 100 分。这个公式在比较不同年龄儿童之间的智力差异方面相当有帮助。

对应斯坦福-比奈智力量表，大卫·韦斯勒（David Weschler）根据他对纽约贝尔维尤医院成人研究得到的理论，建立了衍生量表。他在 1939 年第一次出版了韦斯勒成人智力量表。与斯坦福-比奈量表相比，这个量表包含了较少的语言条目，它使用**正态分布**而不是智龄。正态分布形态呈钟形，两头低，中间高，大部分数据集中在中间。

当今的智力测验常常被认为是智商测验，因为它们大部分用智商分数来衡量智力水平。测验是标准化的，平均数为 100，标准差为 15，这使得来自不同智商测验的得分可以直接进行比较。因此，如果一个人在智力测验中得了 100 分，就可以认为这个人属于平均智商；如果一个人得了 125 分，那这个人的智商高于平均数。分数比较与年龄无关。

像这样的智力测验被用来测量**能力倾向**（aptitude）。能力倾向是指一个人潜在的能力而不是**成就**（achievement，即一个人拥有的知识和技能）。然而，

认知：是由与感觉、知觉、思维、理解、记忆和语言相联系的心理活动组成的心理过程。

智力：是指推理、问题解决和获取新知识的能力。

智龄：指儿童实际年龄的典型代表能力。

正态分布：是连续变量分布的特例，呈钟形曲线，大部分数据集中在中间。

餐厅服务员的日常心理过程

心理过程	例子
注意力：将资源放在最需要和最重要的事情上。	向新客人问好是一个服务员的重要工作。
序列：必须连续完成的思想和行动。	服务员在上菜之前必须先拿到客人的菜单。
并行：能够同时做的事情。	服务员可以边走路边拿饮料。
控制：需要注意力。	回答客人的问题需要注意力。
自动化：一般不需要注意力。	拿客人的菜单不需要注意力。
瓶颈：发生在两个工作不能同时做而必须按顺序做时。	当为一个大型派对提供服务时，一个服务员可能需要给一个桌子上两种不同的食物。

△ 其他的工作需要什么样的多任务心理过程呢？

问题的关键是能力倾向是否真的能够测量。尽管主要测试的是基本知识，但测验的问题与应用的学科知识之间仍存在固定的联系。（Ackerman & Beier，2005；Cinaciolo & Sternberg，2004）如果被试与测验编制者拥有同样的知识，那么很明显他会获得很好的成绩。尽管存在争议，但心理学家仍然意识到智商结果总是可信的。研究表明，智商测验分数分别与学习和工作表现有一定相关。然而，这种相关直接与工作类型相联系。

一般智力

如果你从电视上看过《百战天龙》（*MacGyver*）中主角马盖先（MacGyver）的表演，你会目睹他惊人的随机应变和解决问题的能力。在给定的情境中，他可以创造性地用胶带和野草来修复坠落的直升机。很显然，马盖先表现出了高超的理论和实践能力。这意味着他在 SAT 的数学部分也能取得好成绩吗？

心理学家查尔斯·斯皮尔曼（Charles Spearman）会说是的。他认为**一般智力**（general intelligence，或 g）是指表示特定心理能力的普通因素。斯皮尔曼可能会认为马盖先的科学能力倾向形成了一个整体的技能组合，即 **g 因素**（g factor）。它围绕着一系列的其他能力，潜在地延伸到数学和逻辑中去。

相比较而言，心理学家雷蒙德·卡特尔（Raymond Cattell）认为智力不是一个单一的个体，不同的智力类型之间是相区分的。他把**流体智力**（fluid intelligence）定义为处理信息并采取相应行动的能力，把**晶体智力**（crystallized intelligence）定义为从先前的经验中得到的心智能力。卡特尔的研究发现，随着人们年龄的增长，他们的晶体智力水平会提高，但是他们的流体智力水平会下降。（Cattell，1963；Horn，1982）

在对一般智力进行定义的尝试中，心理学家们发现快速处理信息会得到高的智商分数。（Deary，2001）强大的工作记忆能力被认为是一般智力的重要因素。（Kyllonen& Chrital，1990）除了这些因素，心理自我监控同样起到了重要的作用。研究发现，强大的**中枢执行功能**（central executive functioning，是指管理目标、策略和协调心理活动的一系列心理过程）与高智力有一定的关系。（Duncan，2000）研究者通过检查大脑活动来支持他们的观点。在繁重的任务下，前额叶皮层区活动增加。另外，与大脑中其他区域相比，前额叶皮层的大小与智商之间关系更密切。（Reiss，et al.，1996）

先天或后天？

父母可能会通过给孩子们读书或买像《小小莫扎特》(*Baby Mozart*)和《小小爱因斯坦》(*Baby Einstein*)这样的影像资料来试图提高孩子们的智力水平。但是儿童的智力在多大程度上是由基因决定的？在对双生子、亲兄妹和在同一

能力倾向：是指一个人潜在的能力。

成就：是指一个人现有的知识和技能。

一般智力：是指表示特定心理能力的一个普通因素。

g 因素：是指构成一般智力的一系列能力的集合。

流体智力：是指处理信息并采取相应行动的能力。

晶体智力：是指从先前经验中获得的心智能力。

中枢执行功能：是指管理目标、策略和协调心理活动的一系列心理过程。

个家庭中成长的没有血缘关系的兄妹的研究中,研究结果显示,遗传的影响比环境的影响大。(McGue,et al.,1993)将同卵双生子分别寄养在不同的家庭中,研究者发现他们的智商有一定的差别,这表明环境也起到了一定的作用。然而将无血缘关系的兄妹寄养在同一个家庭中,在儿童时期他们的智力之间有一定的相关,但是除此之外,他们的智力之间是不存在相关的。

文化和社会经济地位会影响智商分数吗？一些研究表明它们确实有一定的影响,很重要的一点是,智商测验是受文化偏见限制的。与智商测验编制者有着不同的文化背景和社会地位的人们,在这个智商测验中的分数会比较低,这说明分数的组间差异不能反映智力的组间差异。很多测验的编制者认为编制一个完全没有文化偏见的测验是不可能的。(Carpenter,et al.,1990)因此,编制者们的目标是编制文化公平的问卷。例如,尽可能地减少或不使用语言,弱化不同文化间价值观和技能的差异,如关于速度。

为什么现在的智商水平都在提高？因为环境起到了关键性的作用。每30年,智力测试分数就会增加9到15分。流体智力提高很多,而反映学校学习水平的智力并没有很大的变化。当今世界,我们有更多的交流和旅游的机会,丰富的学习环境提高了我们的智力。

不同智力类型

如果你让职业自行车手兰斯·阿姆斯特朗(Lance Armstrong)估算一下美国国家航空航天局(NASA)对航天飞机的投入,或者让他与一个著名的莎士比亚学者讨论一下《哈姆雷特》(*Hamlet*),他可能回答不好,毕竟,他的智力能力优先表现在自己的专业上,他骑自行车的能力是不可否认的。从1999到2005年,他获得了环法自行车赛七连冠,并在2009年复出后又一次完成了激烈的2 000米比赛。

> 很重要的一点是,智商测验是受文化偏见限制的。与智商测验编制者有着不同的文化背景和社会地位的人们,在这个智商测验中的分数会比较低,这说明分数的组间差异不能反映智力的组间差异。

认知心理学家称阿姆斯特朗为**天才**(prodigy),即一个拥有非凡能力的智力正常的人。没有人会称阿姆斯特朗为下一个爱因斯坦,他的天赋是在运动方面而不是数学方面。但是一些学者认为运动天赋也是众多智力类型中的一种。

天才是稀少的，但是其他类型的人也具有卓越的技能。还记得《雨人》（*Rain Man*）中达斯汀·霍夫曼（Dustin Hoffman）扮演的角色吗？尽管他正饱

> 每30年，智力测试分数就会增加9到15分。流体智力提高很多，而反映学校学习水平的智力并没有很大的变化。当今世界，我们有更多的交流和旅游的机会，丰富的学习环境提高了我们的智力。

受发展性失常孤独症的痛苦，但是他扮演的角色仍然具有难以置信的感染力，这就是**学者症候群**（savant syndrome）的特征。学者症候群是一种罕见的失调现象，间或伴有孤独症。与天才不同的是，学者症候群患者的智力低于正常水平，常伴有发展性失常疾病，比如孤独症，或身体缺陷，比如失明。然而，这些问题并不阻碍这些人拥有卓越的能力，如在拉斯维加斯玩牌或记忆电话号码簿。同天才一样，我们并没有把这些学者的天赋归于"智力"这一类。

加德纳的多元智力理论

霍华德·加德纳（Howard Gardner）与哈佛大学的同事们提出了著名的多元智力理论（1983，2004）。这个理论将智力划分为八种类型。

这八种类型彼此是有区别的，我们可能在某几个方面非常具有天赋，而在其他的方面完全不具有天赋。

一个出色的舞蹈家可能具有肌肉运动智力、音乐智力和空间智力，但是她可能不善于交朋友或与人打交道，这意味着人际交往智力可能不是她的强项。教育家们对加德纳的理论很感兴趣，尤其是在按照学生们的优缺点制订教案的时候。例如，如果学习音乐的人在记忆事情时，老师鼓励他用包含信息的歌曲或旋律来帮助记忆，那么他将更容易记住。

天才：是指拥有非凡能力的智力正常的人。

学者症候群：是一种罕见的失调现象，有时会伴随孤独症。患者拥有非凡能力但是智力低于平均水平。

斯腾伯格的智力三元理论

现在有多少种不同的智力类型呢？在这个问题上，心理学家和其他方面的专家有不同的观点。心理学家罗伯特·斯腾伯格（Robert Sternberg）将成功智力划分为三个方面（1985）。当人们谈论到智力这个词的时候，首先会想到的方面是**分析性智力**（analytic intelligence），或者叫作学术性解决问题的能力。这种智力类型是通过智力测验来确定的，即只用一种正确方法解决已知的问题。第二个方面叫作**创造性智力**（creative intelligence），它并不是只在艺术创作中用到的一种能力。如果你是一个具有创造性思维的人，能适应新的情境，想出独特的观点并用新颖的方式解决问题，那么你就具有创造性智力。

> **分析性智力**：是通过给出定义明确的问题的唯一正确答案的智力测验得到的一种智力类型。
> **创造性智力**：是指适应新环境的能力，拥有独特的观点，用新颖的方式解决问题。
> **情境性智力**：是指寻找多种方法解决复杂或定义不明确问题的一种能力，并应用到日常的情境中。

斯腾伯格理论中的第三个方面是**情境性智力**（practical intelligence），它是指应用多种方法解决复杂或定义不清楚的问题，并将这些方法应用到日常的情境中。例如，你发现你为好朋友举办的生日派对与你哥哥的大学毕业典礼在同一天，你可能会运用情境性智力想出一个办法来解决时间冲突。

社会性智力

你是晚会中的灵魂人物吗？你能够轻易融入任何一个社会群体中吗？大多数人不能，但是我们都知道有一部分人是具有这种能力的。这种适应新社会环境的能力叫作**社会性智力**（social intelligence）。（Cantor & Kihlstrom，1987）如果你具有社会性智力，那么你能够很轻易地了解社会环境以及你在其中的作用，这使你成功地成为这个群体中的一员。

社会性智力一个重要的方面是**情绪智力**（emotional intelligence），它是指一个人意识、理解、控制和管理情绪的能力。一个具有高情绪智力的人一般都具有很好的自我意识。有趣的是，研究发现大脑损伤使得情绪智力受到损害的人们，他们的认知智力并未受到损害。（Bar-On, et al., 2003）这个发现为各个智力类型之间相互独立的观点提供了生物学支持。

智力的神经机制

肌肉块越大往往表明这个人越强壮，那么你可能会认为大脑越大表示智力越高。事实上，一些研究表明大脑的尺寸与智力之间存在微弱的关系。然而，像教育和环境刺激这样的不可控因素不仅能够提高平均智力水平，而且能够使大脑变大。所以大脑的尺寸与智力之间到底有怎样的联系尚不清楚。

智力的神经组成可能与大脑的**可塑性**——大脑发展和变化的灵活性——有更近的关系。神经科学家菲利普·肖（Philip Shaw）和他的同事（2006）对此进行了研究，他们通过智力测验选择了一群高智力儿童，研究发现大脑皮层变厚和变薄的速度与智力有一定的联系。高智力儿童在童年期，大脑皮层比同龄人要薄，但是在青少年期，大脑皮层变厚的速度要更快。这个结果表明，至少在儿童时期，大脑的成熟速度与智商有一定的联系。

前额叶皮层
额叶

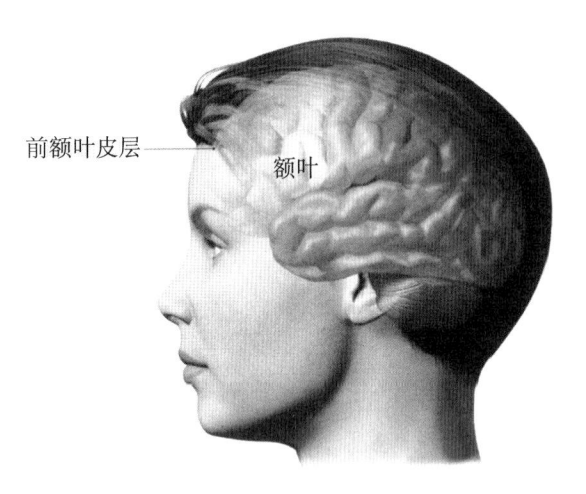

一些研究者认为前额叶皮层是智力在大脑中的关键性区域。

智力属于大脑的某一个特定部分吗？一些研究者认为在大脑额叶上有一个"组织和协调信息的整体工作空间"（Duncan, 2000），但这个观点只是智力研究者之间激烈讨论的一个话题。然而，一些相关问题能帮助我们确定智力和大脑之间的关系。首先，人们的智力测验分数与他的**知觉速度**（perceptual speed）——一个人用在知觉和处理刺激上的时间——之间存在相关。高智力的人获取知觉信息的速度要更快。高智力分数与大脑活动速度和复杂度有一定的关系。高智力的人对单一刺激的反应表现更复杂，脑电波活动更快。这个发现很有趣，但它的重要性尚未确定，因为我们还不知道为什么对简单工作的快速反应是智力的一个很好预测。

问题解决和推理

概念

让我们来想一下迄今为止我们从生活中学到的所有的事情和收集到的所

社会性智力：是指适应新社会环境的能力。
情绪智力：是指一个人意识、理解、控制和管理情绪的能力。
可塑性：是指成长和变化的灵活性。
知觉速度：是指人在知觉和处理刺激时所用的时间。
概念：是人脑对事物、事件和人的本质属性的认识。
层次结构：是指一种根据特定特征对概念集的等级组织形式。

有的信息：乡镇回收中心的位置、八岁时记住的一首诗词、在你脑中想好的描述你家猫的博客、一篇新闻报道，等等。我们如何使所有的事情都保存在大脑中？

首先，我们用到了**概念**。概念是人脑对事物、事件和人的本质属性的认识。我们运用概念，对相关的事物、事件或其他刺激的共有特征进行分类，建立一个心理陈述。通过这种方法，我们能够理解大量的信息。例如，汽车这个概念包含了从崭新的宝马到掉漆的老爷车再到 2008 蝙蝠车的所有信息。一旦我们建立了一个概念集，就能够将概念放到分类**层次结构**（hierarchies）中。汽车的分类中可能就包含了节能车、小轿车和跑车这些层次。

有时候我们用下定义的方法建立概念。我们可能将运动员定义为擅长一种或多种运动的人。然而，我们总是通过建立心理图画，或能够展示某种分类所有特征的典型例子来建立概念，这叫作**原型**（prototype）。如果一件事情很接近原型，我们就更容易将它看作概念的例子。（Rosch，1987）

概念和分类的理论

我们运用分类来组织我们周围的世界，但是这个认知过程是如何工作的呢？维特根斯坦（Wittgenstein）的**家庭相似性理论**（family resemblance theory，1953）认为，我们倾向于把具有相同特征的事物归到一类，尽管这一类中不是每一个成员都具有相同特征。以运动为例，乒乓球、扑克和跳房子并不相同，但是它们被同一根线——家庭相似——连接起来，这使它们归为一类。

原型：是指一种心理图画或能够展示某种分类所有特征的典型例子。
家庭相似性理论：一种理论，认为人们倾向于把具有相同特征的事物归到一类，尽管这一类中不是每一个成员都具有相同特征。
模板说：一种理论，认为我们将遇到的新事物与该分类中其他已知的例子进行比较，来分类判断。
问题解决：是指将现有信息与头脑中储存的信息结合起来解决问题的行为。
初始状态：是指一个人拥有不完整或令其不满意的信息的问题解决状态。
目标状态：是指一个人拥有所有需要的信息的问题解决状态。
问题处理：指面对问题时，包括从初始状态到目标状态所要采取的所有步骤。

模板说（exemplar theory）认为我们通过将遇到的新事物与该分类中其他已知的例子进行比较，来分类判断。（Ashby，1992）例如，你对狗的定义不是来自一个原型，而是来自你见过的其他狗的样子。

问题解决

让我们想一下：上一次迷路是什么时候？你是怎样找到出路的？你可能查阅地图，也可能反复尝试不同的路，还可能询问别人。不论你采取哪种方法，都是问题解决使你最终到达目的地。**问题解决**是指将现有信息与头脑中储存的信息结合起来解决问题的行为。

纽厄尔和西蒙将问题分为**初始状态**（initial state）、**目标状态**（goal state）和**问题处理**（set of operations）（1972）。在初始状态中，你拥有不完整的信息。（你在去姨妈家吃感恩节晚餐的路上迷路了，你对这个镇的路一点都不熟悉。）你试图到达目标状态，即你拥有所有需要的信息的状态。（你知道了从你现在的位置到姨妈家的一些清晰的方向。）问题处理包括你从初始状态到目标状态所要采取的步骤。（你拿出手机，给姨妈打电话，问她方向，然后记下她的回答。）

问题解决策略

分析问题——分析出初始状态和目标状态——是很重要的，但是，最终你需要想出解决办法。我们用多种多样的方法来解决一系列不同的问题。

运算法则（algorithms）是指我们为获得问题解决的办法而一步一步执行的程序。为了做复杂的除法或破译加密信息，你可能会按照运算法则的步骤来做。只要你按照正确的程序，你肯定能得到正确的解决办法。

运算法则：是指我们为获得问题解决办法而一步一步执行的程序。
心理定势：是指我们用来解决问题的准备状态，因为它过去帮我们解决过相似的问题。
功能固着：是指限制你用非传统的方式思考问题的思维倾向。

我们都用**心理定势**（mental set，是指我们用来解决问题的准备状态）来解决问题，因为它过去帮我们解决过相似的问题。心理定势常用于每天的日常任务中。然而，有时候我们的心理定势会妨碍问题的解决。试着解决下图中的问题。

你怎么做？如果你不能找到解决问题的方法，你可能是**功能固着**（functional fixedness，即限制你用非传统的方式思考问题）的受害者。你可能从没有想过钳子有其他用处，但这可能正是解决问题的关键。将钳子系在一根绳子的末端，你可以像钟摆一样摆动它到达另一个绳子，然后打个结。（Maier，1931）

正如"两根绳子"问题所展示的，当你试图解决某个困难问题时，它能帮助人们察觉新异刺激或注意那些不平常的、看起来不重要的成分，而且它不会破坏你的好心情。情绪会影响你解决问题的过程。（Fredrickson，2000）当你情绪不好时，你的知觉和思维受到限制，你会发现去想其他的事情很难。

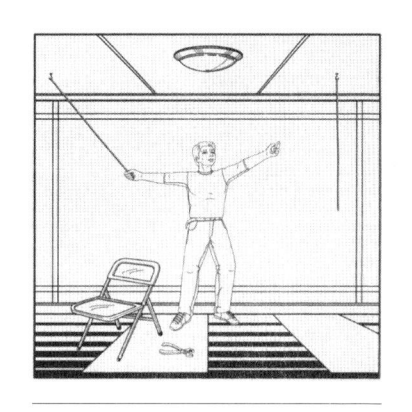

△ 你能想办法将两根绳子系在一起吗？你可以用房间里的任何东西。

当然，有时候，我们不需要用运算法则或复杂的方法解决问题。在一些顺利的情境中，我们会用到**顿悟**（insight），即在没有预兆的情况下，问题的

顿悟：是指突然意识到解决问题的方法的心理过程。
推理：是将信息或观点分解成一系列的步骤并得出结论的心理过程。
实践推理：是指人们考虑做什么、怎么做时用到的一种推理类型。
理论推理：是指直接得到一个观点或结论而不是一个实际的决定的推理类型。
逻辑推理：参见理论推理。
三段论推理：是指我们根据两个假定正确的假设来决定一个结论在逻辑上是否符合时，用到的一种推理类型。
三段论：是指根据两个或更多的前提得出结论的一种逻辑演绎模式。
演绎推理：是一种组织严密的方法，基于大前提可以得到准确的结论。
归纳推理：是指根据特定的例子得到一般的结论的逻辑。

解决办法突然出现在头脑中。如果你在做测验或解决复杂问题时曾经灵光一现,那么你可能很熟悉顿悟所带来的快乐。研究表明,科学家能够在大脑中发现顿悟。最近,心理学家用功能性磁共振成像和脑电波仪影像技术描绘出被试在解决单词问题时的大脑活动。研究者发现,当被试用顿悟帮助他们解决问题时,右侧颞叶上的活动增强。(Jung-Beeman, et al., 2004)顿悟也与扣带、侧面(lateral)、前额叶和后组织皮层上的活动增强存在联系。

推理

推理(reasoning)是将信息或观点分解成一系列的步骤并得出结论的心理过程。当进行推理时,你需要考虑已知的事情,用它们得到新的假设。推理有不同的特点。当我们考虑做什么、怎么做时,会用到**实践推理**(practical reasoning)。**理论推理**(theoretical reasoning)或**逻辑推理**(discursive reasoning)是指直接得到一个观点或结论,而不是一个实际的决定的推理类型。你的宗教信仰可能是由理论推理形成的。当我们根据两个假定正确的假设来决定一个结论逻辑上是否符合时,我们用到**三段论推理**(syllogistic reasoning)。例如,假定所有的职业棒球运动员都具有出色的手眼协调能力。詹姆斯(James)是一个职业棒球运动员。从逻辑上,你可以得出詹姆斯具有出色的手眼协调能力的结论。这种逻辑模式叫作**三段论**(Syllogism)。

> 推理(reasoning)是将信息或观点分解成一系列的步骤并得出结论的心理过程。当进行推理时,你需要考虑已知的事情,用它们得到新的假设。

三段论是**演绎推理**(deductive reasoning)的一种,它是组织严密的方法,基于大前提可以得到准确的结论。在上例中,你可以用两条一般的信息(棒球运

自负:是指人们倾向于高估自己的知识和能力的思维习惯。

后视偏差:是指人们倾向于高估自己在先前情境中获得的知识的一种错误信念。

信念偏见:是指我们的信念歪曲了逻辑思维的结果的错误信念。

信念固着:是指当证据与信念相反时,我们很难摆脱信念的影响的思维习惯。

启发法:是一种非正式的规则,它使解决问题的过程快速又简单。

可用性启发法:是一种思维方法,如果我们对一件事更容易举出例子,那这件事肯定更常见。

动员具有手眼协调能力和詹姆斯是棒球运动员）得到一个准确的结论（詹姆斯具有手眼协调能力）。运用演绎推理解决问题有点像解决数学题。当你遵从特定的规则、运用正确的步骤，你就可以得到正确的符合逻辑的结论。

与演绎推理从一般到特殊的推理相反，**归纳推理**（inductive reasoning）是指根据特定例子得到一般结论。例如，你可能注意到你所见过的冰都是凉的。我们用归纳推理可以得出所有的冰都是凉的这个结论。然而，归纳推理存在错误的可能，如果你只观察了女曲棍球选手，就可能归纳出所有的曲棍球选手都是女的。但是世界上有很多男曲棍球选手等着你去发现。当我们用运算法则解决未知情境问题时，将它们与我们经历过的情境相比较，用的就是归纳推理。

推理中的错误

你是否曾经对一件事情百分之百肯定，却发现你完全错了？这种事情经常发生，有时，不管我们多努力，我们的推理都会出现错误。

自负

推理中常见的错误之一是**自负**（overconfidence），即我们倾向于高估自己。2008年次贷危机刚开始时，贷方和买房人都过于自信，他们错误地认为他们能够及时付清贷款或从卖房中获取大量的钱。当然，很多没有赶上房地产崩盘的人相信，他们从来不会卷入如此危险的情境中，但是这种反应就是自负的例子。我们管它叫**后视偏差**，即我们倾向于高估自己在先前情境中获得的知识（详见第2章）。

> 你是否曾经对一件事情百分之百肯定，却发现你完全错了？这种事情经常发生，有时，不管我们多努力，我们的推理都会出现错误。

信念偏见

有时候逻辑与推理不同。想一下下面的情况：

- 前提1：女人都喜欢看浪漫喜剧。
- 前提2：男人跟女人不同。

- 结论：男人不喜欢看浪漫喜剧。

这个结论听起来符合逻辑吗？如果你认为符合逻辑，那你受到了**信念偏见**（belief bias）的影响，即我们的信念歪曲了逻辑思维的结果。这两个前提允许一些男人喜欢浪漫喜剧，但是你对男人喜欢观看电影的观念会使你得出相反的结论。我们的观点对判断和推理有难以想象的影响力。即使证据与信念相反，我们也很难摆脱信念的影响。这种倾向叫作**信念固着**（belief perseverance）。

启发法

飞机失事与车祸哪一个更容易导致死亡？如果你能够快速回答上面的问题，那么你可能没有仔细思考它。当你需要像这样快速做决定时，你总是用直觉来代替深入的逻辑分析。为了找到快速的解决办法，我们用心理捷径，这叫作**启发法**（heuristics）。像伸拇指搭便车一样，启发法是一种非正式的规则，它使解决问题的过程快速又简单。我们处处都用得到它。心理学家丹尼尔·卡尼曼（Daniel Kahneman）和阿莫斯·特沃斯基（Amos Tversky）认为人们的判断更多的是依赖启发法而不是纯粹的逻辑分析过程（不确定状况下的判断，1980）。然而，启发法很容易将我们带入歧途。车祸比飞机失事更常见，但是飞机失事在报纸和六点钟新闻上报道得更多，所以当我们听到的时候更容易记住它。如果你认为死于飞机事故的人比死于车祸的人多，你就可能受到可用性启发的误导。**可用性启发法**（availability heuristic）是指如果我们对一件事更容易举出例子，那么我们认为这件事肯定更常见。伸拇指搭便车的规则在大部分情况下是可行的，但不一定总是行得通。

认知偏见

如果你是政局中的一员，当你听到媒体是没有偏见的这一观点时，你会感到很好笑。你很清楚，如果你是自由主义者，新闻就会倾向于保守派。相反，

证实倾向：是一种思维方式，人们倾向于寻找能支持自己观点的证据而忽视那些不支持的证据。

合取谬误：是一种错误信念，人们相信信息的增加会提高观点的正确性，但实际上这种正确性是降低的。

如果你是保守派，整个国家的新闻会有明确的自由偏见。

当我们已经认定一件事情是正确的，那么我们会倾向于寻找支持这件事情的证据。我们不会注意到不支持它的事情。这种现象叫作**证实倾向**（confirmation bias），即尽管我们可能认为自己是中立的，但是实际上我们在试图证实自己先前的观点。如果你已经认为媒体对某个政治信仰是有偏见的，那你更容易注意到那些对你的信仰有偏见的新闻，而不会注意到那些没有偏见或偏向你的观点的新闻。

> 如果你想证明媒体存在偏见，你会寻找什么样的信息？什么样的证据是你在不经意间忽略的？

合取谬误

加布（Gabe）是心理学专业的学生。他最近很喜欢看纪录片《难以忽视的真相》（*An Inconvenient Truth*），影片是关于全球变暖的危险的。加布去超市购物改用布袋而不是塑料袋。

下面的观点哪个更可能？

- 加布是一个记者。
- 加布是环境版的记者。

从我们对加布的了解，我们很清楚地知道他关心环境，所以你可能认为第二个观点比第一个观点更有可能。然而，他是一个记者的可能性比他同时是一个环境学家的可能性要大。第一个观点包含在第二个观点中，第二个观点比第一个观点包含了更多的信息，所以第一个观点更可能。如果你不是这么想的，那你可能存在**合取谬误**（conjunction fallacy），即人们相信信息的增加会提高观点正确的可能性，但实际上这种可能性是降低的。

决策、判断和执行控制

你有没有试一下本章开头提到的语言学习方法或对此产生怀疑？你可能用

你的判断对这些方法形成了一种观点。**判断**是让我们公正地形成观点，得出结论，并找出解决办法的一种技能。

决策

判断构成了我们的**决策**，即选择和放弃可能选项的过程。一个观点的陈述或**框架**（framing）对我们的决策有很大的影响。例如，人们更愿意买 75% 瘦的牛肉而不是 25% 肥的牛肉。（Levin & Gaeth，1988；Sanford，et al.，2002）

有时如果我们要面对的问题需要多种自相矛盾的框架，或有很多的选择时，我们会产生**决策厌恶**（decision aversion），即试图避免做决定的状态。

决策理论

一旦我们做决定，我们如何得到结论？**理性选择理论**（rational choice theory）认为，我们通过比较每个结果之间的相似情况以及利弊来进行决策。如果让你决定是否买蜡烛，你会怎么做？根据理性选择理论，我们会考虑买或不买的利弊以及这些利弊的可能性结果。然后，如果买蜡烛比不买蜡烛更有利，我们会上网买一个。

卡尼曼和特沃斯基提出了一个决策理论，叫作**前景理论**（prospect theory），即描述人们在危险情境中是如何进行决策的。一般来说，面对危险情境时我们会避开它，但是当面对困难时我们的行为会更冒险。试想一下，你是一个游戏的竞争者，举办方给了你 1 000 美金。你可以留下它，也可以用这些现金从主办方那里换取装有支票的信封。有 50% 的可能，信封里装着 2 500 美金，另外 50% 的可能是里面什么都没有。在这种情况下，大多数人会选择避免风险而拿着 1 000 美金来保证获得胜利。然而，游戏更刺激一点，主办方说如果我们什么都没拿到，将交给主办方 1 000 美金。但他会给你另一个信封。有 50% 的可能，里面有一个卡片，上面写着你会拥有所有的钱。另外 50% 的可能是，里面的卡片上写着你将给主办方 2 500 美金。你会拿信封吗？对于这个问题，大多数人会选择冒着失去 2 500 美元的风险来得到所有的钱。前景理论认为面对不同的危险情境，人们会有不同的态度。

决策的神经机制

当你的朋友做了你并不认同的决定，你会好奇当她做决定时脑袋里到底装着什么。那么她脑袋里到底装着什么呢？一种回答是神经递质**多巴胺**。研究者发现大脑中多巴胺的含量能够帮助我们做正确的决定而避免错误的决定。（St.Onge & Floresco，2008）多巴胺存在于基底神经节上，基底神经节是大脑进行决策的关键部分。当我们进行决策时，基底神经节活动增强，大量的多巴胺帮助我们选择最有利或者说最有帮助的结果。

> 一般来说，面对危险情境时我们会避开它，但是当面对困难时我们的行为会更冒险。

尽管一个选择让我们感觉很好，但对我们来说不是最好的选择，会怎么样呢？例如，如果你想吃得健康，那你可能不想吃好吃的纸杯蛋糕，但是你脑中的多巴胺会让你觉得纸杯蛋糕很好吃。幸运的是，执行控制系统（executive control system）会抑制对纸杯蛋糕的兴奋反应，所以你可以按照原定计划吃沙拉。这些系统位于大脑额叶区中部，接收来自丘脑的重要信息的输入。特别

判断：是让我们公正地形成观点，得出结论，并找出解决办法的一种技能。

决策：是指选择和放弃可能选项的过程。

框架：是指人们在做决定时对信息进行分析的一种看法。

决策厌恶：是指试图避免做决定的状态。

理性选择理论：一种理论，认为我们通过比较每个结果之间的相似情况以及利弊来进行决策。

前景理论：一种理论，描述了人们在危险情境中是如何进行决策的。

多巴胺：是一种神经递质，在做决策时，它将人们带入好的结果，避免坏的结果。

大脑正中前额叶皮层：大脑的一部分，帮助我们遵循社会和行为规则，在我们的行为与其潜在结果联系起来中起到重要作用。它服务于执行控制系统。

背外侧前额叶皮层：大脑的一部分，产生行为，但是也能根据决策改变或抑制它，服务于执行控制系统。

前扣带皮层：大脑的一部分，参与控制行为。

顶叶皮层：大脑的一部分，其主要作用是在我们进行决策时控制注意。它服务于执行控制系统。

是，**大脑正中前额叶皮层**（ventromedial prefrontal cortex）帮助我们遵循社会和行为规则，在我们的行为与其潜在结果联系起来中起到重要作用。**背外侧前额叶皮层**（dorsolateral prefrontal cortex）产生行为，但是也能根据决策改变或抑制它。**前扣带皮层**（anterior cingulate cortex）也参与控制行为，**顶叶皮层**（parietal cortex）的主要作用是在我们进行决策时控制注意。

注意

有意注意是有选择性的，它是指尽管我们意识到其他的知觉，但是，我们一次只能体验一种知觉。

当期末考试开始时，我们如何维持注意？可能你会喝咖啡或像红牛这样的能量饮料来使你保持警觉。可能你会听古典音乐使你集中注意。不论你选择什么方法，注意都起到了重要的作用。**注意**是指大脑有选择地加工信息的过程。

> **注意**：是指大脑有选择地加工信息的过程。
> **目的指向选择**：是指我们做出明确的选择来注意一些事情的一种注意类型。
> **内部注意**：参见目的指向选择。
> **刺激驱动捕获**：是指当我们注意外部刺激时的一种注意类型。
> **外部注意**：参见刺激驱动捕获。
> **知觉负载**：是指加工任务的困难和复杂水平。
> **过滤器理论**：一种理论，认为我们选择刺激是在知觉过程的初级阶段，在高级的意义分析之前。
> **感觉缓冲器**：是知觉体系的一部分，是两种信息同时传入一个能短暂保持信息的部分，然后信息被接收或被过滤器拒绝。
> **有意识盲视**：描述了在一组词进行快速呈现时，我们无法记住第二个词的一种处理失败的类型。
> **心理不应期**：是指你的大脑忙于处理第一个刺激而不能理解第二个刺激时的时间间隔。
> **特征整合理论**：一种理论，认为我们基于对刺激的特征如何结合的知识来组织它们。

注意的集中

有意注意是有选择性的,它是指尽管我们意识到其他的知觉,但是,我们一次只能体验一种知觉(见第 4 章)。根据有关研究,我们只能有意识地注意每秒接收到的 1 100 万比特信息中的 40 比特信息。(Wilson,2002)

认知心理学家科尔贝塔(Corbetta)和舒尔曼(Schulman)认为有两种注意类型,每一种都有单独的加工系统(2002)。在**目的指向选择**(goal-directed selection)或**内部注意**(endogenous attention)中,我们做出明确的选择来注意一些事情,例如,我们在人群中寻找某个特定的人,或我们试图记住文章中的一节。内部注意运用了背侧大脑神经,即躯体感觉系统中负责从外部向大脑传递感觉信息的部分。

当我们注意外部刺激时,我们把这个现象叫作**刺激驱动捕获**(stimulus-driven capture)或**外部注意**(exogenous attention)。当有新颖的或意料之外的事情发生时,我们的注意会自动被这些事情吸引。例如,一只鹿从客厅的窗前跳过。外部注意运用了腹侧大脑神经,即躯体感觉系统中将输入的信息通过神经冲动传递到肌肉中去的部分。

我们如何确定一次活动中需要多少注意?我们能够一边看一部慢节奏的浪漫电影一边跟朋友打电话聊最新的八卦,但是多重任务并不包括砍树的同时写原子核论文。**知觉负载**(perceptual load)是指加工任务的困难和复杂水平。因为人类大脑具有有限的资源,所以任务的知觉负载总是决定了注意的分派。

无意识刺激

过滤器理论

在一个特定的时间,我们的注意是有限的,只能知觉一些刺激。我们如何选择注意什么?1958 年布罗德本特(Broadbent)的**过滤器理论**(filter theory)提出,我们选择刺激是在知觉过程的初级阶段,在高级的意义分析之前。被试在双耳分听任务中使用耳机听取两种刺激信息,每个耳朵分别听取一种。他们

> *如果每一个繁重工作的知觉负载都是相同的,那么我们就能够进行多任务工作。*

都被告知，只注意其中一只耳朵中听到的信息。然后，他们能够重复这只耳朵听到的信息。而另一个耳朵听到的信息只有一小部分能够被报告。布罗德本特认为，两种信息同时传入一个能短暂保持信息的**感觉缓冲器**（sensory buffer），然后被过滤器接收或者拒绝。基于信息的物理特征，其中一种种信息被允许通过过滤器。例如，如果让被试听一个男性的声音，而另外的声音是一个女性的声音，他们就会非常容易过滤掉女性的声音。如果两个信息音调相同，只有一些细微差别，那么区分它们便困难得多。（Cherry，1953）

非注意盲视

由于各种原因，对于某些特定刺激我们无法知觉，这就是非注意盲视的概念（见第4章）。一种类型的处理失败叫**有意识盲视**（attentional blink）。想象一下，给你展示一系列单词，并要求你记住所有用于描写树的单词。非常容易，对吧？但是，如果在一个很短的时段内给你展示"高"和"绿叶"两个词，你将不能回忆看到的第二个词。这是由于**心理不应期**（psychological refractory period）——你的大脑忙于处理第一个单词而不能理解第二个单词的时间间隔。

> 想象一下，给你展示一系列单词，并要求你记住所有用于描写树的单词。非常容易，对吧？但是，如果在一个很短的时段内给你展示"高"和"绿叶"两个词，你将不能回忆看到的第二个词。

特征整合

自从布罗德本特提出过滤器理论之后，很多其他的注意模式也相继被提出。心理学家安妮·特瑞斯曼提出了有影响力的**特征整合理论**。该理论认为，我们基于对刺激的特征如何结合的知识来组织它们（Treisman，1987）。特瑞斯曼指出，绝大多数刺激即使相似，也是相当不同的，所以我们会用有限的感觉方式去整合它们（见第4章）。例如，你可能没见过爱尔兰猎狼犬，但你知道这种动物的特殊物理特征是像狗。以前的知觉经验能让你将这种动物归类，并且能将之与其他带尾巴的四条腿动物进行区分。

布罗德本特的过滤器理论

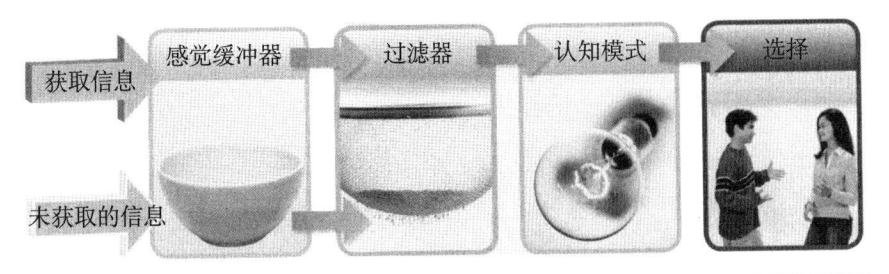

两种信息同时到达一个感觉缓冲器并短暂储存,像一个在混合碗里的成分。根据它们的物理特征,信息被过滤,就像它们被筛子筛过一样,需要的物理特征被认知。注意被集中于一个单一的信息,集中在一个谈话上。

语言和言语认知

语言是我们传递观点、思想和感觉的符号系统,它在思维中扮演了重要的角色。这是否意味着我们所使用的语言体现了我们对别人的态度?说不同语言的人是否也用不同的方式认识世界?当我们用语言时会发生什么过程?人们如何理解更多的语言?

受众设计:一种理论,认为我们说的所有的事情都指向一个特定的听众。
方式转换:一种理论,指我们将我们说话的方式与我们说话的对象保持一致,要么表现很亲密,要么保持距离。
合作原则:是一种原则,指说话者的说法方式应该是真实的、相关的、有益的和清晰的。
首音误置:是一种常见的在一个短语中,人交换两个词或更多词的首字母的错误。
机会主义:是口语快速产生所必需的。
词汇歧义:是指单词或短语有很多的意思。
结构歧义:是指根据语法,一个句子有很多意思。

多语言

像扎埃德·法扎赫这样的语言通，都是在青少年时期学习了第二语言。儿童在 7 岁之前学习新的语言可以讲得非常流利，并且你会发现它很难与母语区分开来。对美国的亚洲移民进行的语法测试发现，幼年时期移民到美国的儿童对美式英语语法的熟悉程度跟本地人一样。（Johnson & Newport，1991）然而，流利性随着年龄的增长而降低，即使是学习手语也是这样。为什么呢？研究者认为在基于语言的任务中，儿童大脑的一些区域比成人的活跃。这解释了儿童与成人语言能力的不同。

> 儿童在 7 岁之前学习新的语言可以讲得非常流利，并且你会发现它很难与母语区分开来。

成人可以在这个关键期过了之后学习第二语言。他们运用跟幼儿和儿童不同的认知策略。的确，在成人期和婴儿期学习第二语言的人的大脑不同。（Marian, et al.，2007）早期学习双语的人不影响正常认知的发展。事实上，早期学习第二语言可以增加左下顶叶的灰质比重。大脑的这个部分与语言流利相联系。

语言产生

你可能听过"在你说话之前，先动动脑子"这句话，意思是想清楚再说话。但是在我们说话之前，我们脑子里实际上在想什么？社会语言学家艾伦·贝尔（Allan Bell，1984）认为我们说的所有的事情都指向一个特定的听众，这就是被我们大家所熟知的**受众设计**（audience design）。贝尔认为我们将说话的方式与要与之说话的对象保持一致，要么表现很亲密，要么保持距离。他把这种方式叫作**方式转换**（style-shifting）。你可能注意到父母为了更好地跟孩子交流而使用现代俚语这种笨拙的方式。

认知心理学家 H.P. 格赖斯（H. P. Grice，1975）描述了**合作原则**（cooperative principle），即说话者的说法方式应该是真实的、相关的、有益的和清晰的。

说话者和接受者为了有效交流，都必须服从特定的语义和语法规则。另一个关键的考虑是说话者是不是懂得听者的知识范围，使他们找到共同的区域。（Clark & Marshall，1981）例如，在与没听过棒球的人谈话时，用棒球做的所有比喻都是没有意义的。

口误是在语言产生中存在多层次语言处理的证据。**首音误置**（spoonerism）是一种常见的错误，即在一个短语中，交换两个词或更多词的首字母，例如"fast car"错念成"cast far"。又如单词互换，这在两个习语中单词有着相同意思时更容易产生。例如，混淆"meet your maker"和"kick the bucket"会导致令人迷惑不解的"kick your maker"。**机会主义**（opportunism）是口语快速产生所必需的，也是许多执行错误产生的原因。我们很少有人能及时想出一个完美的措辞、机智的反驳，一时冲动通常会导致不当的答复。而当我们想起雄辩的应答时，可能已是一天后的事了。

> 我们很少有人能及时想出一个完美的措辞、机智的反驳，一时冲动通常会导致不当的答复。而当我们想起雄辩的应答时，可能已是一天后的事了。

🧠 语言理解

词汇歧义（lexical ambiguity）是指单词或短语有很多的意思（例如joint）。我们区分同音异义词，比如"carrot"和"karat"，都是根据上下文意思和相关的单词用法。**结构歧义**（structural ambiguity）是指根据语法，一个句子有很多意思。当我们解决结构歧义时，我们要区分不同的句法结构产生的不同意思。用"Stolen painting found by tree"举例说明。其意思是"树找到了画"吗？可能不是！大多时候我们用先前的经验来使句子和单词的隐含意思符合逻辑。

🧠 语言和思维

是不是来自不同文化的人对世界的感知不一样？很多研究表明确实是这样的。（Nisbett & Norenzayan，2002；Peng & Nisbett，1999）让一组日本学生和美国学生观看有很多小鱼以及其他水下生物的动画。当要求他们说出看到了什么时，日本学生更多地描述背景和一幕幕之间如何连接，比如石池、水的颜色、鱼游过水草等。相反，美国学生更多地描述屏幕中突出的部分，比如最大的、最快的、最闪亮的鱼。尼斯贝特（Nisbett）和他的同事们发现比起美国学

> 日本人有一句谚语说"出头钉子被敲打"，而美国人主张个人主义和孤独英雄牛仔形象。这如何影响文化理解？

生，日本学生对社会世界更敏感，他们能够更快地发现环境压力如何影响人们的行为。结果表明，东方人和西方人感知世界的方式不同。

语言会影响我们的思维方式吗？语言学家爱德华·萨丕尔（Edward Sapir）和本杰明·沃夫（Benjamin Whorf）认为语言影响我们对现实的构想。他们的观点被认为是**语言相对论**（linguistic relativity hypothesis）。（Whorf，1956）例如，英语和其他欧洲语言的参考框架是以自我为中心。换句话说，英语等语言是以说话者为中心来展开空间描述的。你可能描述一个本地的杂货店离你家两米远，而其他人以绝对的距离为参考，会给出这间店的精确坐标。同样的，日本人有很多的词是描述个人感情的，比如同情；而英语包含了很多自我聚焦的感情，比如愤怒。（Markus & Kitayama，1991）可能这影响了文化中的不同？很多双语者表示他们用不同的语言感受到不同的自己。（Matsumoto，1994）

想一下这个难题：一个著名的外科医生坐在他儿子开的车上。儿子说："我到了医院放你下来。"爸爸说："好的，儿子。"这是他说的最后一句话。一辆宽敞篷车歪歪斜斜地穿过中心地带然后一头撞到他们的车上。父亲在去急救室的路上被宣布死亡，儿子被送到急救室做手术。外科医生拿着手术刀停住了，说："我不能做手术，这是我的儿子。"这可能吗？

你想明白了吗？如果你用很长的时间才想明白这个外科医生是他的妈妈，那么一些心理学家会认为通用的"他"或"男人"会影响你感知一个确切的职业。对20个被试的研究发现，对通用的"他"的解释不包括女人。（Henley，1989）

语言决定论（linguistic determinism）认为不同的语言表示不同的真实概念。然而，一些研究者不认同这个理论。沃夫发现霍皮印第安人部落没有过去、现在和未来这些词，但他们仍然对连续的时间有感知。这很清楚，语言和思维相互影响的程度很深：我们的认知塑造我们的语言，我们的语言又反过来

语言相对论：一种理论，认为我们说的语言影响我们对现实的构想。

语言决定论：一种理论，认为不同的语言表示不同的真实概念。

双重编码理论：一种理论，认为具体的词主要由视觉和语言同时编码，而抽象的词，比如"选择"，用语言编码，后者包含了更复杂的编码并使它们更难理解。

帮助我们塑造认知。

视觉认知

想一下你住的房子或你最喜欢的一次家庭旅行，你可能只想起了一个完整的画面。视觉表象是帮助我们记住经历的有效方法。现在试着用视觉图像想一下一个过程或概念。这并不容易，对吗？根据佩维奥（Paivio）的**双重编码理论**（dual-coding theory，1986），具体的词主要由视觉和语言同时编码，而抽象的词，比如"选择"，用语言编码，后者包含了更复杂的编码并使它们更难理解。事件相关电位（ERP）是测量脑电活动的仪器。研究表明，人们在加工单词时，容易产生视觉编码的词跟不能产生视觉编码的词具有不同的脑电模式。（Kounios & Holcomb，1994）

> 想一下你住的房子或你最喜欢的一次家庭旅行，你可能只想起了一个完整的画面。视觉表象是帮助我们记住经历的有效方法。

视觉认知的研究发现，当想象一个活动时，大脑活跃的区域与真实执行这个活动时一样。我们睡觉时也想象。当我们学会一些东西之后，比如穿过迷宫，我们的大脑在睡觉时会重新走过这些路。（O'Neill，et al.，2006）这种行为是所谓的学习机能，这为睡午觉提供了一个很好的理由。

回 顾

什么是认知心理学？
- 认知是由与思维、认识、记忆和语言相联系的心理活动组成的。
- 认知心理学家将注意和分工与心理过程联系起来。

什么是智力？如何测量它？
- 智力是推理、问题解决和获取新知识的能力。
- 智力测验测量的是才能而不是成就，比如韦斯勒成人智力量表。
- 遗传因素对智力水平的影响比环境因素大。
- 很多心理学家认为智力有多种类型。

我们如何进行推理、问题解决和决策？
- 我们运用现有的和记忆的信息寻找解决问题的方法。我们可以用特殊的策略（如运算法则）解决问题，偶尔也靠顿悟。
- 推理是将信息或观点分解成一系列的步骤并得出结论的心理过程。
- 决策是指选择和放弃可能选项的过程。理性选择理论和前景理论都对人类决策的各个方面进行了解释。

注意如何帮助我们加工信息？
- 注意是大脑有选择地加工重要信息的过程，这些信息既可以是内部信息（目的指向选择），也可以是外部信息（刺激驱动捕获）。
- 在一定时间内，我们的注意只接收有限刺激。

语言认知和视觉认知之间有什么联系？
- 根据语言相对论得知，我们说话的方式影响了我们感知世界的方式。
- 根据双重编码理论，我们通过建立语言和视觉概念来学习单词，但是我们只把单词翻译成抽象的语言概念。

第 9 章

人的发展（一）：生理、认知和语言的发展

- 生物与环境因素怎样影响人的发展？
- 人生发展的不同阶段遵循着哪些普遍的变化规律？
- 人们在生理发展、认知发展与语言发展过程中的重大事件有哪些？
- 心理学家怎样研究人的发展？目前已经解答了哪些问题？

很多为孩子操劳的父母都抱有一种美好的期待：如果让孩子每天观看视频资料进行学习，那么他或她不久就会在班里名列前茅。在过去的十年里，很多家长将孩子的早期启蒙教育视为其走向成功的铺路石。因此，类似于《小小爱因斯坦》和《聪明宝宝》视频系列的教育产品每年的业务量可以达到20亿美元。但是，视频与DVD影像资料的学习真的能够代替现实中的人际交往吗？研究表明，婴幼儿的语言发展主要得益于面对面的交流与学习。

维果茨基认为儿童是通过社会交往进行学习的。孩子会模仿父母的口吻和行为并加以内化，换言之，学习过程首先在亲子互动中发生，而后才逐渐内化。

虽然我们还不清楚婴幼儿语言获得的具体过程，但维果茨基的理论却得到了华盛顿大学近期研究结果的支持。研究者以9个月大的美国婴儿作为研究对象：第一组婴儿与说纯正普通话的中国人直接接触，进行为时12个语言周期的课程训练；第二组婴儿接触同样的汉语声音与材料，不同的是，只能通过音频或音像制品进行课程训练；控制组的婴儿也进行了12个语言周期的训练，但他们所听到的仅仅是英文材料。结果，那组直接与说话者进行人际互动的婴儿显示出了汉语语音方面的优势，而只进行音频资料播放学习的那组婴儿未发现有此迹象。

为什么人际交往对于语言的获得如此重要呢？华盛顿大学的帕特里夏·库尔（Patricia Kuhl）和她的同事们推测，在第一组婴儿的课程训练中，活生生的人提供了重要的社会线索，这些线索吸引了婴儿的注意，激发了婴儿的学习动机。这些婴儿还能够追随说话者提供的视觉线索。比如，当说话者一边讲一边注视着课本上相应插图的时候，婴儿能够追随说话者的目光，这可以帮助他们识别插图中的物体所对应的词汇并把它们从连续的语音中分离出来。

> 库尔的研究结果确实引发了一些有趣的思考。婴幼儿是怎样获得语言的？为什么我们辨别外语语音的能力在早年就衰退了呢？我们可以学习的语言数量是有限的吗？关于认知与语言发展的内在机制问题，理论家们一直争论不休。

什么是发展心理学？

你可能会在自家的某个角落找到以前的相册、胶片和婴儿书等，这些物品记载着迄今为止你生命的重要瞬间，如第一次蹒跚迈步、第一颗掉落的乳牙、入学第一天的痛苦经历、小学四年级理发时的惋惜之情。就好比父母记录孩子的成长历程一样，**发展心理学家**研究的是人们在生命周期内所经历的生理、认知与社会性的发展变化。回忆一下自身的发展经历，你可能觉得很奇怪，为什么小时候家人会给你穿上傻里傻气的衣服。据此，发展心理学家主要围绕三个要点来阐释与发展相关的一系列问题：

- **稳定性 / 可变性**：你的生活涉及哪些方面？在成长过程中有哪些方面发生了改变？
- **本性 / 教养**：遗传与生活经验如何影响人的发展？
- **连续性 / 阶段性**：人的发展是一个连续渐进的过程还是一系列阶段性的过程？

研究方法

为了回答上述问题，发展心理学家主要采用两种方法来测查人的发展变化：**年龄变化**测查的是个体随年龄增长所发生的改变，而年龄差异考虑的是不同年龄的人何以各不相同。年龄仅是影响发展的一个因素，经验的差异在发展中发挥着更为重要的作用。研究者采用标准化调查法来确定发展过程中的重大事件，即特定年龄或发展阶段所具有的特点。运用常模或标准化的发展模式，研究者对**生理年龄**和**心理年龄**进行了区分，所谓生理年龄是指个体出生后所生存时间的总和，所谓心理年龄是指一个人在发展阶段中所处的特定位置。发展心理学家倾向于采用两种方法来研究发展问题。**横断研究**是指在同一时间内，对不同年龄的个体进行测查，探究其年龄差异。这种方法快速、低耗、简便，但是难以控制各年龄组被试之间的差异。**纵向研究**是指在一段时期内，对同一个或同一群个体进行定期测查，探究其年龄变化。这种方法常常可以提供非常有价值的信息，但需要耗费大量的时间、精力和财力。

生理发展

产前发育

虽然难以启齿，但毋庸置疑，大多数人的发育源自性交。在受孕前的很长一段时间里，未成熟的卵子，又称**卵细胞**，一直在母体中生长发育。仅有1/500的卵子被卵巢释放出来。卵子的大小是精子的 8 500 倍，但是精子在数量

发展心理学家：研究人们一生中所经历的生理、认知和社会性的发展变化的心理学研究者。

年龄变化：随着年龄的增长，个体自身所发生的变化。

生理年龄：是指个体出生后所生存时间的总和。

心理年龄：是指一个人在发展阶段中所处的特定位置，它未必与实际年龄保持一致。

横断研究：一种研究方法，是在同一时间内，收集来自不同年龄阶段的不同个体的相关数据，目的在于测查年龄差异。

纵向研究：一种研究方法，是在某一段时期内，定期收集同一个或同一群个体的相关数据，目的在于测查年龄变化。

卵细胞：是指未成熟的卵子。

致畸物质：是指能够通过胎盘致使胎儿产生出生缺陷的有毒物质。

胎儿酒精综合征：是指由于母亲喝酒而造成孩子的身体畸形和认知异常。

上占有绝对优势。从青春期开始,男性每天 24 小时都在产生精子,一次性交平均可以释放两亿个精子。仅有少数精子可以触到卵子并开始侵蚀卵子外周的保护膜。一旦有一个精子穿透卵子,卵子就会阻止其他精子进入并用指状突起牵引这个幸运儿进入。不到半天的工夫,精子与卵子就结合成单一的受精卵,那就是你。

受精~2周	2周~8周	8周~出生
从受精开始,由精子和卵子结合形成的受精卵就进入了胚种期,两周内受精卵迅速分裂,细胞的结构与功能逐渐分化。10天内受精卵就会附着在母体的子宫壁上形成胎盘,母体通过胎盘给受精卵输送营养。同卵双生的受精卵会在这一时期一分为二。	在这6周的时间里,胚胎的器官开始形成并发挥功能,出现胎心。到第8周结束时,它已经是近寸长的大家伙了。	胎儿期从第8周开始一直到出生。这一时期的胎儿对声音出现反应,能听见母亲的低唤(Ecklund-Flores,1992)并能以踢腿作为应答。6个月的胎儿器官基本发育完全,即便早产也有存活的机会。6个月至出生这段时间,胎儿生长迅速,皮下脂肪积聚。呼吸系统和消化系统日渐成熟,大脑发育逐渐精细化。
胚种期	胚胎期	胚胎期

受精 → 出生

压力及危害

母亲的生活方式在多大程度上影响她还未出世的孩子?母亲身体里正在成长的小生命通常分享着母亲的经历。虽然胎盘会阻止某些有害物质从母体进入胚胎,但是类似于化学药品和病毒这样的一些**致畸物质**可能会渗入子宫,从而引起胎儿的出生缺陷。是时候戒烟了!

吸烟并不是孕期应注意的唯一事项，孕妇喝酒可能会使孩子患上**胎儿酒精综合征**（FAS），严重酗酒者还会造成孩子的身体畸形和认知异常。没人知道孕妇喝多少酒才会使孩子患上胎儿酒精综合征，也没人知道孕妇该喝多少酒才是"适度的"。（Braun，1996；Oikonomidou，et al.，2000）胎儿酒精综合征可能会造成明显的面部怪异，也是导致智力缺陷的重要原因。（Niccols，1994；Streissguth，et al.，1991）

反射活动	婴儿的身体反应
收缩反射/疼痛反射	婴儿缩回肢体以远离疼痛源。
觅食反射	碰触婴儿的脸颊，他就会转头、张嘴、寻找乳头。找到乳头后会出现其他的一些反射行为，如吮吸、吞咽。
巴宾斯基反射	触摸婴儿的脚底，他的大脚趾就会向上翘，其余四个脚趾向下弯曲，且脚趾呈扇形张开。
莫罗反射/惊跳反射	虽然婴儿还没有习得恐惧，但是当突然受到强声刺激或身体突然失去支持的时候，他会双臂伸直、手指张开。
抓握反射	婴儿能紧紧抓住放在他手心里的一根手指或别的东西。
行走反射	托住婴儿的腋下，把他的双脚放在平面上，他就会做出像行走似的迈步动作。
哭闹反射	婴儿通过某种哭声向父母传递"我饿了"的信息。当父母注意到这种饱含不舒服的哭闹声就会给婴儿喂奶。
呼吸限制反射	把一块布盖在婴儿的脸上，他就会左右晃头，也可能会拍打脸上的布以避免呼吸不畅。

△ 婴儿的这些反射行为为什么得到了进化？这些反射活动显示出了怎样的进化优势？

如果出现下列情况，如 9 个月的戒烟、戒酒使你的血压高得离谱、压力大增，那么你可能得重新考虑一下近期是否要孩子，因为母亲的心理状态和压力水平也会影响胎儿的发育。低自尊、悲观、压力大和高焦虑的孕妇更有可能出

现早产，也更有可能生出低体重儿。（Rini,et al., 1999）

婴儿的反射活动

在你适应母体外的世界之前，你已经与外部世界进行着硬性的交互作用。出生后的你开始呼吸空气、调节体温、饿了就哭。上页的表格列出了新生儿表现出来的几种反射活动。医生通常会检查新生儿的这些反射活动，旨在确保其神经系统的功能正常。

婴幼儿期

神经系统的发展

虽然在出生后的几年内，你的头脑中充斥着大量的知识经验，但事实上，在出生时你拥有的脑细胞数量已经基本稳定。母体内的胎儿每分钟大约形成近25万个神经细胞，28周大的胎儿，其大脑皮层神经元的数量达到了顶峰，而新生儿的脑细胞数量接近23亿，较之前有所下降。

虽然新生儿的脑细胞数量已经达到了全容量水平，但神经系统发展还不成熟。随着与外部世界的交流日益增多，人体中负责行走、交谈和记忆的神经网络也呈现出井喷式的增长态势。额叶是与人的高级心理能力（如人格、复杂的决策）紧密联系的大脑皮层区域，它在人的整个生命周期内持续发展，3岁

动作发展：是指完成身体动作的自然能力。
首尾原则：是指按照从上到下的顺序发展动作技能的倾向。
近远原则：是指按照从中心到外周的顺序发展动作技能的倾向。
青少年期：是由儿童逐渐发育成为成人的过渡时期。
青春期：是人体发生巨大变化且开始具备生殖能力的时期。
第一性征：是指人生来就有的、与人类繁衍直接关联的性器官。
第二性征：是指在青春期得以发展的、与人类繁衍无直接关联的生殖器官的性状。
初潮：是指女孩的第一次月经。

到 6 岁期间发展最为迅速。与思维、记忆和语言相联系的大脑皮层的发展是最晚的。

动作发展

随着肌肉与神经系统的发展，儿童身体的协调性越来越好。**动作发展**是指完成身体动作的自然能力，它遵循着特定的发展顺序。大多数婴儿的动作发展顺序是先翻身后会坐，先会爬后会走。这一发展顺序在失明的儿童身上也得到了验证，这表明动作的发展不只是依赖于模仿。

动作技能的发展遵循两大普遍原则。**首尾原则**是指按照从上到下的顺序发展动作技能的倾向。回想一下婴儿的觅食反射，他可以转头、张嘴、寻找乳头；在学会走路之前，婴儿早已能够完成头部的动作技能。**近远原则**是指按照从中心到外周的顺序发展动作技能的倾向。早在身体外周部位的动作技能发展之前，儿童已经具备了身体中心部位的动作技能。你还记得你是怎样学写字吗？刚学写字的儿童通常会握住远离笔尖的一端，这是因为儿童最初是用肩部力量掌控铅笔的。之后写字的掌控力逐渐延伸至肘部，最后才是四指与拇指的协同作用。（Payne & Isaacs，1987）

> 儿童为什么会用整个拳头握笔呢？学写字时，我们的外周动作还需要进一步调整。

虽然动作技能的发展遵循着一定的规律，但是，由于受到遗传与经验的影响，个体动作技能发展的具体时间各不相同。同卵双生子几乎会在同一天学会坐、同一天学会走，这是受到遗传因素的影响。（Wilson，1979）而经验也有可能推迟动作的发展时间：仰着睡的婴儿比趴着睡的婴儿会爬的时间要迟一些，但是，这一睡眠习惯并不影响儿童学会走路的时间。（Davis，et al.，1998；Lipsitt，2003）需要指出的是，在儿童的肌肉和神经系统足够成熟之前，任何经验都无法推动其动作技能的发展。大多数婴儿在 1 岁左右开始学走路，这是因为此时婴儿的小脑已经获得了足够的发展，可以确保身体的协调性。一些家长试图让 6 个月大的孩子学会走路，以赶超其他同龄的孩子，这没有任何好处。

青少年期

青春期

人们在童年期发展完善自身的技能，随后步入**青少年期**。青少年期是由儿童逐渐发育为成人的过渡时期，以**青春期**的开始为标志，而青春期是人生中最为棘手的发展阶段之一。这一阶段的人体发生着巨大的变化，且开始具有生殖能力。这些变化包括身高的激增、体形的改变、**第一性征**（生殖器官和外生殖器）的发展和**第二性征**的出现。第二性征是指与生殖无直接关联的性状，如女性的乳房与臀部变化、男性的胡须与低沉的嗓音，以及两性的阴毛与腋毛等。众所周知，两性步入青春期的标志分别是**初潮**（女孩的第一次月经）和男孩的第一次遗精。

在北美，女孩步入青春期的平均年龄大约是 10 岁，男孩大约是 12 岁。而处于前工业文化中的人们，其青春期的来临要比北美晚 4 年，大概与北美 125 年前的情况相同。还有一个类似的趋势就是女性月经初潮发生的年龄，当前北美女性月经初潮发生的年龄在 12～13 岁，而处于前工业文化中的女性，其月经初潮发生的年龄在 16～17 岁，仅相当于 19 世纪的北美女性。正是食物摄取量的增加与疾病发生率的降低趋势，促使了北美人青春期的提前到来。

大脑发育

如果青春期的棘手性不足以解释青少年的喜怒无常、情绪冲动及各种困扰，那么青少年的大脑发育应该可以为此提供一个新的视角。直至青春期，人的脑细胞还在不断地增加联结，但是，青少年期的大脑发育采取"用进废退"的策略，在增加联结的同时也会选择性地修整神经元并删除无用的联结。（Durston，et al.，2001）青少年面临着这样一个问题：大脑不同部位的发展速度是不一样的。大脑的边缘系统掌控着人的情绪，这一部位比大脑额叶成熟得要更快一些。因此，青少年常常感觉自己已经长大成人，但是他们却缺乏一种深思熟虑的决策能力。（Baird & Fugelsang，2004）有人将青少年期称为"疾风骤雨"期，这一时期激素的激增导致了冲动的冒险行为，青少年恰恰因此而声名狼藉。青少年的莽撞冒失可能

> 青少年的莽撞冒失可能会导致非常严重的后果甚至是违法犯罪。2005 年美国联邦最高法院认识到对青少年的判决缺乏生物学因素的考虑，进而反对青少年死刑的合法性。

会导致非常严重的后果甚至是违法犯罪。2005年美国联邦最高法院认识到对青少年的判决缺乏生物学因素的考虑，进而反对青少年死刑的合法性。到20岁左右，随着大脑额叶的进一步发展，人们的判断力、自制力和规划能力有了显著的提高。（Bennett & Baird，2006）

成年初期

熬过了辛酸的青春期，我们迎来了体能的高峰期——成年初期。青春期的女孩比男孩达到生长高峰的时间要早一些。一般人在20多岁时肌肉结实，反应迅速，很少会注意到身体衰退的早期征兆，如眼角与脖子上的皱纹。

成年中期

步入中年后，人的体力与健康和运动习惯有着更为密切的关联，而与年龄的关系不大。人们不再狂欢到午夜，不再一周吃三次比萨早餐，也不再为了保持体形去跑马拉松。吸烟、酗酒、晒日光浴的人看起来更苍老，而那些尽力避免有损健康的行为、注意营养饮食、经常运动和减压的人则更显年轻。即便如此，我们始终无法对抗生理发展的必然趋势，开始出现听力衰退、视力模糊、代谢变缓、体力下降以及生育能力降低等。

身体变化对心理反应的影响依赖于人们对老龄化的不同看法。西方文化倾向于消极地看待老龄化问题，认为老龄化常会引发典型的中年危机。你曾经见过戴着假发的中年男人开敞篷跑车吗？你如何看待一个大龄妇女有着与其年龄极不相称的完美乳房？他们都在经受着老龄化的威胁。虽然研究表明仅有10%的人报告说遭遇了中年危机（Brim，1999），但是像TLC的《十年青春》（*10 Years Younger*）这样的电视节目明显会使老龄化的困扰逐步蔓延开来。在电视节目中，参与者站在一个透明的箱体里，被放置在公众场所，然后让陌生人来猜测他们的年龄。接下来，由医生、牙医和造型师组成的"华丽阵容"对参与者的外貌进行修饰，让他们看起来年轻十岁，然后重复上述的实验过程。一些人可以欣然接受老龄化，因为他们认定智慧和稳定总是与老龄结伴而行的。在某些西方国家，老龄化带来的是极高的尊重和巨大的权力。

生育能力下降

"嘀嗒……嘀嗒……"尽管女性的地位有所提高,尽管科学技术不断进步,但是中年妇女(甚至更早)依然无法阻挡生物时钟的嘀嗒声,它一直在对女性的生育年限进行着倒计时。对 35～39 岁的女性而言,一次性交怀孕的概率是 19～26 岁女性的一半。(Dunson, et al., 2002)大多数女性五十几岁开始进入**绝经期**,即女性月经周期和生育能力的终止期,同时伴随着雌激素水平的下降,进而引起潮热等不适反应。

一般来说,在老龄化这个问题上,女性的心理反应依赖于对绝经期的看法。一项关于绝经后女性的研究发现,大多数女性声称停经后"只有欣慰",仅有 2% 的女性感到"只有遗憾"。(Goode, 1999)有些绝经的女性失去了温柔,性欲下降,还有一些绝经的女性则庆幸自己从此不用再受女性卫生用品和节育方法的困扰了。

与女性相比,老年男性的性变化是一个缓慢渐进的过程。所谓**男性更年期**包括精子数量的减少、睾丸素水平的降低以及勃起与射精功能障碍等。(Carruthers, 2001)如果睾丸素水平下降得过快,男性就会产生抑郁、易怒、失眠、阳痿、虚弱等,这些症状可以用睾丸素补充疗法进行缓解。男性由于性功能下降所引发的心理反应可以通过长期的细微调整加以改变。

> 研究表明,不爱活动的老年人在接受定期的有氧训练之后,记忆力和判断力得到了明显的改善。(Kramer, et al., 1999)

成年晚期

平均寿命

随着全世界人口平均寿命的延长(从 1950 年的 49 岁到 2004 年的 67 岁)和出生率的下降,老年人在全人口构成中的比例也日益增长。到 2050 年,欧洲 60 岁以上的人口大约占 35%。(Population Division of the Department of

---

绝经期:是指女性月经周期和生育能力的终止期。

男性更年期:在这个时期,随着年龄的增长,男性性机能的逐渐衰退,如精子数量减少、睾丸素水平下降以及勃起与射精功能障碍等。

Economic and Social Affairs of the United Nations Secretariat，2006）千万不要认为老年人将一直与摇椅为伴。不论男性还是女性，其生育能力的下降并不意味着性欲的降低。美国老龄委员会对 60 岁以上的老年人进行了调查，结果发现 39% 的人报告说他们对性生活的次数感到满意，另有 39% 的人报告说他们希望有更多的性生活。（Leary，1998）

影片中经常会描绘这样一幅画面：一群老女人像饿鲨似的包围着养老院中的单身老男人。据统计，65 岁以上的黄金单身汉相当罕见，全世界的女性平均能比男性多活 4 年，而美国、加拿大、澳大利亚的女性能比男性多活 5~6 年。每出生 100 个女孩，就有 105 个男孩降生。但是，在出生的第一年里，男婴的死亡率比女婴要高出 1/4，到 100 岁时，女性人数以五比一的比例远超男性。

很少有人能活到 100 岁，在英国，如果你能有幸活到百岁，就会收到女王发来的贺电。然而，这一荣誉的获得需要付出相当大的代价。视力、肌力、反应时、体力、听力、距离知觉和嗅觉的衰退使老年人每天的生活相当具有挑战性。很多年轻人可以轻易应对的事情，老年人却易深受其害，如热天中暑和走路跌倒等。因为拥有积聚了一生的抗体，老年人很少感染一般的小病，但是，他们对抗其他疾病的能力不强，易患癌症和肺炎等致命疾病。

即使没有这样那样的疾病，即使没有人在 50 岁之前去世，人类的平均寿命也只能达到 85 岁而已。（Barinaga，1991）进化生物学家指出，衰老最终是为了确保人类的生存。人类在年轻的时候生育能够把更好的基因传给后代，然后衰老死亡，不再消耗资源，这是为了让年轻一代更有可能获其所需，进而生育繁衍。

大脑发育

随着年龄的增长，大脑也和身体一样逐渐衰退。老年人在做出反应、解决感知难题和记住他人姓名等方面比年轻人要花费更长的时间。记忆力减退的部分原因在于脑细胞数量的逐渐减少。这种衰减始于成年初期，到 80 岁时脑细胞大约减少 5%。细胞衰退最严重的区域往往发生在大脑额叶，这一部位主要负责记忆存储和其他一些高级的认知功能。女性和经常活动的人衰退得比较慢。有氧运动不仅可以增强肌肉力量、提高骨骼强度、增加活力，而且有助于刺激大脑细胞的发育和神经联结的发展。

认知发展

我们现在已经了解了人体从胚胎到老年的一系列生理变化。但是人类的思维是怎样出现的？人们什么时候开始对早期经历有了记忆？人们怎样学会交流？心理学家所研究的**认知**就是与感知觉、思维、知晓、记忆、交流、问题解决有关的一系列智力活动。

婴幼儿期

感知觉

虽然出生时婴儿的感觉系统已经开始发挥作用，但是其视觉发展还不成熟，因此探究这一方面的认知发展非常具有挑战性。研究者已经开发出了一些技术，如眼动追踪仪、电线奶嘴等，用以考察婴儿的注视能力、吮吸能力和转头能力。结果发现，婴儿喜欢将头转向人声音的方向，他们注视类似人脸的图片比其他图片持续的时间更长（Fantz，1961），他们更喜欢注视 8～12 英寸远的物体，这一距离大概相当于哺乳时母亲和婴儿之间的距离。（Maurer & Maurer，1988）婴儿的感知能力发展迅速；出生后几天的时间，婴儿就已经适应了母亲的气味和声音。把一周大的吃奶婴儿放在两个乳罩衬垫之间，其中一个乳罩衬垫是母亲的，另一个是其他哺乳期妇女的，结果婴儿会将头转向母亲乳罩衬垫的一边。（MacFarlane，1978）与播放陌生女性的声音录音相比，3 周大的婴儿当听到母亲声音的录音时会更用力地吮吸奶嘴。（Mills & Melhuish，1974；Kisilevsky，et al.，2003）

刺激偏好

与视觉一样，婴儿的口语表达能力发展也不成熟，因此，他们无法将自身行为的原因直接告诉研究者。通过相关研究，研究者推断婴儿更喜欢新奇的、可控的刺激。对新奇刺激的偏好与已有的**习惯化**有关，习惯化是指对重复刺激的自然

认知：是指与感觉、知觉、思维、知晓、记忆和交流等有关的智力活动。

	出生~1岁	1~2岁	2~3岁	3~4岁	4~7岁	7~8岁	8~10岁	10~15岁	15岁~成年
长时记忆	人们通常没有3岁以前的记忆。最早出现有意记忆的平均年龄是3岁半(Bauer, 2002)。这一时期婴儿开始组织各种记忆材料。随着大脑皮质的发展成熟，学步的婴儿逐渐出现了自我意识，且长时记忆能力得以发展。			3~4岁儿童的情景记忆只有少数可以保存到成年。	从某一特定的年龄开始，似乎做出了反应。给10岁的儿童呈现他们幼儿园同学的照片——最终儿童只能认出其中的1/5。当儿童看到以前同学的照片时，他们的生理反应（如皮肤出汗）非常明显。(Newcombe, et al.2000)	成年人依然会记得7岁后所记内容的各种细节。但是神经系统却似乎没有对事物进行有意记忆，这些同学在他们上小学后再也没有见过，无论是否进行了有意记忆。			
工作记忆	随着年龄的增长，工作记忆中可以容纳的信息量不断增大，大约到15岁的时候，工作记忆的容量达到成人水平。								
语义记忆	语义记忆是对事实、信念和词义的显性记忆。10~12个月的婴儿开始给物体正确的命名，至此出现了语义记忆的迹象。								
情景记忆	情景记忆是对生活事件的显性记忆。研究指出，儿童进行情景记忆的前提条件是具备将经验转化为语言的编码能力。			3~4岁的儿童对过去经验的问题的回答开始具有可信性。		7岁的儿童在编码回忆方面达到了较高的口语水平。			

△ 记忆是在童年期不断发展变化的一种认知过程。

反应减弱。假设你下班回家发现客厅里有一匹马，你的反应很可能相当激烈！但是如果这匹马已经在你的客厅里待了几周，最终你会逐渐习惯它的存在，当你下班回家的时候反应就不会那么强烈了。如果反复给婴儿呈现熟悉的刺激，那么婴儿注视的时间会越来越短，逐渐不再看它。如果可以选择的话，婴儿注视不熟悉刺激的时间会更长。这种偏好表明婴儿对熟悉刺激已经有了记忆并试图学习新事物。

五六个月大的婴儿对物体进行操纵和探索的方法，主要是抓住物体放到眼前、翻转物体、将物体从一只手换到另一只手上，这种探究倾向似乎与学习愿望有关。探究似乎又是人与生俱来的、不需要后天学习的内在行为，这种行为在任何一种文化中都存在，也会随着对物体熟悉度的增加而逐渐减少。

△ 当场面失控的时候，很多人在生活中会做出这样的表情。

有意思的是，人们似乎生下来就有一种 A 型偏好：婴儿对周围环境中可控的部分表现出特殊的兴趣。一项研究表明，两个月大的婴儿更关注自己可以控制的床铃而非不受自己控制的床铃。（Watson & Ramey，1972）他们也学会了通过拉动系在手腕上的细绳打开录像机，紧接着录像机中就会播放《芝麻街》（Sesame Street）主题曲。当断开婴儿与这些设备之间的连接，使婴儿不能再控制录像机时，他们就出现了愤怒的面部表情。随后的研究表明，如果是四五个月大的婴儿，当他们不能控制录像机或不能控制唱片播放时，也会表现出同样的愤怒和悲痛的面部表情，即便重新获得对录像机的控制力（只不过这种控制是通过实验者对录像机开关的实际操作产生的）也无济于事。（Alessandri，et al.，1990；Lewis，et al.，1990）

皮亚杰的认知发展理论

基于 20 世纪早期的观察资料，皮亚杰认为，儿童并不仅仅是知道得比成人少，除此之外，他们还以不同于成人的方式理解着周围的世界。这一创新性思想指出，不能把儿童的心智看作微型成人的心智，儿童心智的发展是阶段性的，是由探索和了解周围世界的内在动机所驱动的。

皮亚杰的理论阐述了人们调整自身**图式**的两大过程，所谓图式是指用来组织、解释信息的概念或框架结构。**同化**是指人们根据已有图式来解释新经验的过程。在同化作用的影响下，养宠物猫的儿童可能在第一次见到狗的时候把它叫作"猫"，因为猫和狗都有四条腿，而且身上都有毛。但是，如果儿童知道了狗和猫的区别，他就会运用**顺应**的方式调整、更新关于猫的图式，从而将他所学到的关于猫狗差异的新信息纳入已有的图式当中。皮亚杰理论的中心思想是儿童智力的发展源自个体与周围世界的相互作用。这一理念蕴涵着一系列的教育方法，如主张师生互动、强调实践操作、鼓励独立思考（甚至可用于非常年幼的孩子）等。

皮亚杰阐释了从婴儿到成年认知发展的四个阶段。他更强调这四个阶段发展的先后顺序，而不是重要事件发生的具体年龄。请见下页表所做的概括。

对皮亚杰理论的思考

虽然皮亚杰关于儿童与环境相互作用的学习理念已被教育界广泛采纳，但是，相对于皮亚杰所强调的认知发展的阶段性观点，当前很多研究者更倾向于把认知发展看作连续的变化过程。还有一些研究者认为皮亚杰可能低估了儿童的认知能力。皮亚杰认为两岁以内的婴儿不会思考，而研究者却发现婴儿已经具有了某些逻辑性的思维能力：他们对意想不到的场景注视的时间更长，如当汽车穿过立体实物（Baillargeon，1995，1998，2004；Wellman & Gelman，1992）或得出不可能的数字结果（Whnn，1992，2000）的时候。现在，研究者对皮亚杰的理论提出了质疑：儿童是否真的早在进入青少年期之前就为形式运算思维的发展打好了基础？皮亚杰是否低估了社会生活在认知发展中的作用？

维果茨基的社会作用论

苏联心理学家维果茨基是认知发展社会作用论的引领者，他指出，只有在社会发展之后才会产生个体的发展。维果茨基还提出了**最近发展区**的理论，所谓最近发展区是指儿童独立活动所达到的水平与在成人帮助下所达到的水平之间的差距。如果在最近发展区内进行学习，那么儿童与他人的思想交流就会引导其进行批判性思维，并对自己已有的观点进行修正和质疑，最终改进或摒弃

习惯化：是指由于刺激重复发生致使个体对这一刺激的自发反应减弱的现象。
图式：是人们用来组织、解释信息的概念或框架结构。
同化：是指人们根据已有图式解释新经验的过程。
顺应：是指依据新信息调整、更新已有图式的过程。
最近发展区：是指儿童独立活动所达到的水平与在成人帮助下所达到的水平之间的差距。

原有的观点。

皮亚杰倾向于把儿童看作旨在发展逻辑能力的科学家，与皮亚杰的这一观点不同，维果茨基认为儿童更像是学徒，旨在发展一种可以有效融入成人社会的能力。根据维果茨基的理论，儿童应该参与社会的核心文化活动。如果是这样的话，儿童的认知发展就会受到特定文化经验（如家庭、学校和聚会场所等）的影响。当工业化国家的孩子在正规的学校环境中学习数学的时候，非工业化国家的孩子可能在与周围人的互动中学习算数。

皮亚杰认知发展的阶段理论

阶段	认知发展	举例说明
形式运算思维阶段（12岁～成年）	人们开始对抽象概念进行逻辑思考。	青少年可以进行假设性思维——设想各种可能性和不可能性。
具体运算思维阶段（7~12岁）	儿童能够对具体事物进行逻辑思考。	儿童获得了守恒概念。所谓守恒是指无论物体的形式如何改变，其质量、体积和数量等特性依旧保持不变的原理。
前运算思维阶段（2~7岁）	儿童学习使用语言，但还不能理解具体的逻辑运算。	儿童表现出自我中心主义。所谓自我中心主义不是指有意向的自私主义，而是指儿童不能站在他人的角度看问题。随着心理理论（与自己的心理状态比对后，对他人心理状态的认知）的发展，儿童逐渐能够推断他人的情感，逐渐学会了取笑、同情和劝说，逐渐能够依据他人的感知、情绪和愿望解释其行为（2~3岁）。儿童也逐渐懂得了思想是情绪产生的原因，并开始了解自发产生的无意识思想也会引发相应的情绪情感（5~8岁）。
感知运动阶段（出生~2岁）	婴儿主要依靠自身的感觉印象和肌肉动作（如看、听、摸、吮吸、抓握）了解外部世界。	较小的婴儿没有客体永久性的概念。所谓客体永久性是指脱离了对物体的感知仍然相信该物体持续存在的意识。5个月以内的婴儿不能完成简单的客体永久性测验，因为他们难以准确地追踪物体在隐藏过程中的运动轨迹。8个月大的婴儿有了对不在眼前的物体的记忆。

我们可以在实践中领会维果茨基的理论含义，举例来说，我们在生活中可以发现，婴儿能够依据成人的暗示指导自己的行为。6个月大的婴儿可以模仿成人对物体的操作，6～12个月的婴儿可以进行**联合性视觉注意**，也就是说，他们可以注视着成人的眼睛，追随成人的目光，然后把目光投向成人所注视的物体。（Corkum & Moore，1998）这一行为可以使儿童得知成人的兴趣点并有助于推动儿童语言的发展。1岁末的婴儿可以进行社会参照，他们可以以照料者的表情为线索得知哪些东西是有危险的。（Rosen，et al.，1992）

> 青少年的社会意识和道德判断进入了一个新的阶段。他们的行为表现并不是协调一致的，一方面他们开始思考和批判社会，另一方面又对鸡毛蒜皮的小事反应激烈。青少年早期的推理通常以自我为中心。

青少年期

推理

青少年经常被贴上"喜怒无常"和"冲动任性"的标签，这种刻板印象并不是完全没有道理的：很多青少年认为自己已经长大成人，但是，人的大脑额叶要到20岁出头才会发展成熟。随着大脑额叶的发展，人们逐渐学会了**推理**，即按照一系列的步骤组织信息和知识并最终得出结论的过程。青少年的社会意识和道德判断进入了一个新的阶段。他们的行为表现并不是协调一致的，一方面他们开始思考和批判社会，另一方面又对鸡毛蒜皮的小事反应激烈。青少年早期的推理通常以自我为中心。你是否曾经大吼"你根本无法体会我的感受！"，然后冲进屋里，"砰"的一声关上门并把音乐声音调高？如果你有这样的经历，那么你就会明白，青少年经常觉得他们自己的经历是独一无二、惊天动地的。

> "你根本无法体会我的感受！"青少年有着以自我为中心的倾向。

一般来说，大多数青少年都进入了如前所述的形式运算思维阶段。随着抽象逻辑能力的发展，青少年逐渐可以进行假设推理并得出结论，甚至可以指出他人论点中的不足。回想一下，你可还记得那个时刻？就在那时，你突然有了明确的论点并且可以运用推理能力加以证明。在青少年发展自身的世界观与价值观的过程中，父母和其他权威人士对教育内容的过度重复经常是造成青少年逆反的原因。

成年期

记忆

与体力一样，某些学习和记忆能力也在成年初期达到了巅峰。年轻人比老年人的回忆成绩更好（如在一项记忆测验中要求被试记住列表中的单词），但是再认成绩并未显示出优势（如呈现一系列单词，要求被试指出哪些单词是刚才在记忆测验中见过的）。此外，排除咖啡因的影响，记忆当天早些时候的再认效果比晚些时候要好。（Schonfield & Robertson，1966）

此外，当回忆无意义材料（如无意义音节和零散的琐事）时，老年人比年轻人更容易犯错。（Gordon & Clark，1974）虽然有意义材料更容易记住，但是老年人比年轻人要花更长的时间。**前瞻记忆**是指记得要去做某一件特定的事，如记得给某人回电话或者是记得上班要带午餐。若采用时间管理和线索提示的话，前瞻记忆的效果会更好。然而，基于时间和基于事件的前瞻性记忆任务都是非常具有挑战性的。对老年人来说有一个好消息，那就是他们学习和记忆的能力比词语回忆能力衰退得要少一些。

智力

对成年晚期智力的理解一直以来都存在着争议。大卫·韦斯勒因编制智力

联合性视觉注意：是指一组行为，即婴儿可以注视着成人的眼睛，追随成人的目光，然后把目光指向成人所注视的物体。
推理：是指按照一系列的步骤组织信息和知识，最终得出结论的能力。
前瞻记忆：是指对将来某一时刻要做的事的记忆。
一群人：是指生活在同一时期的人群。
语素：是用来指代语言词汇中的物体、事件、观点、特性及其关系的最小的意义单位。
音位：是指能结合成语素的基本的元音和辅音。
音韵学：是指排列音位以形成语素的方法。
形态学：是指排列语素以形成词的方法。

量表而闻名，他认为智力衰退是老龄化的内在表现。他所进行的横断研究比较了不同时期的 70 岁和 30 岁的人，但比较的结果并不能说明生活在同一时期的**一群人**发展的差异。

之后的纵向研究击垮了人们对智力衰退的错误看法，研究结果发现，智力在生命期内并不是持续衰退的，而是相对稳定的，甚至可能在成年晚期有所增长。然而，这些研究也可能犯了错误：有可能留到最后的那些研究被试正是智力衰退最少的。

确切地说，什么是智力？智力一般被认为是经验学习的能力、获取知识的能力和运用资源适应新环境的能力（Sternberg & Kaufman，1998；Wechsler，1975）；但是，智力是一个包罗万象的模糊术语，它可以形容很多不同的特性，这就使得智力的研究困难重重。在这些特性当中，智慧指的是在长期的思索中获得的基本生活知识和技能。

语言发展

因为不会说话，即便是智商 130 的天才，也很有可能会被埋没。通过语言，我们可以用词而非图画进行思考；通过语言，我们可以交流思想和情感；通过语言，我们可以提出问题以促进学习。显而易见，语言是一种必不可少的技能，那么人类的语言能力是如何发展的？

人类语言的普遍成分

尽管世界上有成千上万种不同的语言，但是这些语言却包含着几大共同的特点。

尽管世界上有成千上万种不同的语言，但是这些语言却包含着几大共同的特点。这些共同点可以解释人类语言发展中跨文化的相似性。每种语言都有着相同的结构单元：

语素是用来指代语言词汇中的物体、事件、观点、特性及其关系的最小的意义单位。**音位**是指能结合成语素的基本的元音和辅音。语法是指合理地排列每一个水平上各个单元的方法,它遵循**音韵学**(排列音位以形成语素的方法)、**形态学**(排列语素以形成词的方法)和**句法**(排列单词以形成短语和句子的方法)等规则。

语言发展的过程

咕咕声与咿呀声

人在刚出生时已具备了交流沟通的能力。婴儿用哭表示饥饿,用其他的声音表示不舒服。两个月的婴儿学会发出可爱的咕咕声(反复拉着长腔的元音发音)表达高兴的情绪。6个月的时候,咕咕声发展成了咿呀声(辅音和元音结合的反复发音)。咕咕与咿呀发音有助于发展和锻炼人们说话所必需的肌肉运动。

婴儿早期的发音似乎并不依赖于他所听到的说话声。咿呀声除了有本土发音外,还可能含有外语发音。日本婴儿在12个月前就能区分"ra"音和"la"音,而这两个音在他们的本土语言当中是不存在的。(Werker,1989)8个月大且听力正常的婴儿发出的咿呀声开始模仿他所处环境中的语言发音,10个月发出的咿呀声已经与本土语言中的音节和单词的发音相似。这种变化可能是因为当婴儿模仿成人的语言发出咿呀声的时候,父母就会给予强化。(Skinner,1957)10个月大的聋儿与听力正常的婴儿一样能在同一时间用同样的方式发出咿呀声,当将10个月大的聋儿置于手语环境中时,他们逐渐学会用手发出"咿呀声",即反复做出与咿呀发音相似的手部动作。(Petitto & Marentette,1991)

词汇的发展

对词义的理解总是先于造词的能力。9个月大的婴儿已经能够对常见的词进行反应,当成人说出某个物体的名称时,婴儿可以准确地看向该物体,而且还可以执行简单的指令。(Balaban & Waxman,1997;Benedict,1979)不久之后,10～12个月的婴儿开始说出第一个可识别的单词,单词获得的速度从15～20个月时迅速增长。18个月大的婴儿进入了一个所谓命名骤增的阶段,这期间婴儿每天学会的新名词可以高达45个。不要急于夸赞婴儿词汇数量的获得速度,因为他们还不能完全明白这些

> 10个月大的聋儿与听力正常的婴儿一样能在同一时间用同样的方式发出咿呀声,当将10个月大的聋儿置于手语环境中时,他们逐渐学会用手发出"咿呀声",即反复做出与咿呀发音相似的手部动作。(Petitto & Marentette,1991)

单词的正确用法，所以可能会出现词义泛化或词义窄化的现象。**词义泛化**是指常见名词使用范围的相对扩大，**词义窄化**是指常见名词使用范围的相对缩小。一些研究表明，词义窄化比词义泛化更普遍。（MacWhinney，1998）这些发展倾向与皮亚杰的同化与顺应概念有着怎样的关联？

语法

在说出第一个单词之后的很长一段时间，18～24个月的时候，婴儿开始将实词加以组合。所谓**实词**是指有意义的词，与限定结构的**虚词**相对。婴儿的说话方式大多包含像"猫猫吃"、"狗狗睡"这样的名词与动词组合。在接受正规的学校教育之前，婴儿不知不觉地从所听到的语言中推论相应的语法规则。但是，婴儿可能过分概括了新规则，比如，认为所有单词后面加"s"都会变成复数形式。4岁的孩子已经掌握了有意义交流所必需的语法规则。语法规则在隐性记忆（指难以意识到的记忆，必须通过完成作业、技能、习惯和习得反射获得）中进行编码，而不是在显性记忆（对外部事件的记忆，易从长时记忆进入短时记忆）中编码，人们可以正确运用语法规则却无法言传。

语言获得理论

乔姆斯基的语言获得装置

斯金纳认为儿童通过强化进行语言学习，与此相反，语言学家乔姆斯基认为儿童生来就具有一种**语言获得装置**（LAD），这一装置为普遍的语法规则提供了内在的基础。乔姆斯基在其著作《句法结构》（*Syntactic Structures*）中强

句法：是指排列单词以形成短语和句子的方法。
词义泛化：是指常见名词使用范围的相对扩大的情况。
词义窄化：是指常见名词使用范围的相对缩小的情况。
实词：是有意义的词。
虚词：是指没有文字意义但有语法意义的词。
语言获得装置：是指为儿童的普遍语法规则提供内在基础的理论机制。
语言获得支持系统：是指婴儿出生的社会环境。

调了句子的层次结构，他认为在句子产生之前，头脑中必有关于句子的意义表征，然后通过语法规则将意义表征转化为句子的表层结构。（Chomsky，1957）

关键期

人类只有在小时候就不断地使用自己的感觉器官，日后感官才能够正常地发挥作用。与此相同，语言的获得也存在一个关键期——高效的语言习得发生在青春期之前。（Lenneberg，1967）因此，如果在关键期丧失了语言学习的机会，那么儿童在日后的语言学习中会面临着巨大的困难，而且不能充分掌握语法的规则。有一项著名的个案研究是关于吉妮（Genie）的。吉妮是一个受到严重虐待的无人照管的 13 岁少女，于 1970 年在加利福尼亚洛杉矶的家中被解救出来。（Curtiss，et al.，1974）刚被解救出来的吉妮说不了几个单词，但是她在短期内迅速掌握了大量的词汇。即便如此，她却怎么也无法理解语法规则，不能产生通顺的语句。心理学者经常用吉妮的案例来证明关键期的存在，但是，批评者们却认为可能是吉妮所遭受的严重创伤影响了她的语言学习。

在关键期内学习母语有助于第二语言的习得。早年学习第二语言的效果更好，10～11 岁之后学习第二语言的人说话总会带着乡音，而且不能像早期学习者那样充分、容易地获得语法规则。

社会环境

心理学家一致认为，先天机制不能完全说明语言的习得。正常的语言发展需要有**语言获得支持系统**（LASS），即婴儿出生的社会环境。为了帮助儿童学习语言，成人经常将说话的语气转为儿向语或"妈妈语"，它以夸张、高亢的语调为特点，可能还包含着情感的表达，这种语气旨在吸引婴儿的注意、保持其兴趣、提供支持或给予警告。尽管各种语言存在着巨大的差别，而且成人与孩子进行语言互动的程度各不相同，但是，全世界儿童的语言习得速度是基本相同的。

回顾

生物与环境因素怎样影响人的发展？
- 怀孕期间，致畸物质能够通过胎盘对胚胎或胎儿产生无法弥补的伤害。
- 正是由于食物摄取量的增加与疾病发生率的降低，促使了工业化国家人们青春期的提前到来。

人生发展的不同阶段遵循着哪些普遍的变化规律？
- 新生儿表现出来的反射活动包括觅食反射、吮吸反射、吞咽反射、抓握反射、行走反射等。
- 动作技能按照从上到下、从近到远的顺序发展。
- 青春期时，身体的变化表现为第一性征的发展与第二性征的出现。
- 随着年龄的增长，脑细胞逐渐减少，最终导致了记忆力的下降。

人们在生理发展、认知发展与语言发展过程中的重大事件有哪些？
- 生理发展的重大事件包括胚种期、胚胎期、胎儿期、新生儿的反射活动、动作发展、青春期、女性绝经期与男性更年期、老年人的机能衰退等。
- 皮亚杰的理论指出，儿童运用同化和顺应来调整信息图式。维果茨基认为儿童的认知发展受到文化经验的影响。
- 语言发展的重大事件包括咕咕与咿呀发音、词汇的产生、语言规则的习得。

心理学家怎样研究人的发展？目前已经解答了哪些问题？
- 发展心理学家主要围绕三个要点来研究个体的生理、认知与社会性发展：稳定性/可变性、本性/教养、连续性/阶段性。
- 研究者采用横断与纵向的方法进行发展性研究。
- 研究者运用标准化调查法对生理年龄与心理年龄进行了区分。

第10章

人的发展（二）：社会性的发展

- 我们是怎样建立依恋关系的？
- 同辈在社会发展中扮演着怎样的角色？
- 我们的道德是怎样发展的？

米根·梅尔是一个比较羞涩的 13 岁女孩。她来自美国的密苏里州,并且有着抑郁症病史。由于自认为自尊水平较低,她把注意力转向了有利于彼此交流的社交网站 MySpace 以及具有安慰性质的网络友谊世界网站。当她偶然与一个名叫乔希·埃文斯的 16 岁男孩成为网友时,她的运气似乎有了好转。两人开始用邮件交往,渐渐地他们每个月的联系变得越发频繁。米根·梅尔期待着每天都能够与乔希在网上聊天,而且她的自尊水平也开始有了提高。

他们的关系一直这样顺利地进展着,直到 2006 年的 10 月,米根·梅尔收到了乔希发来的一条奇怪的信息:"我不知道是否要与你继续做朋友,因为我听说你对你朋友的态度并不好。"面对这条信息,米根感到既困惑又沮丧,她努力地想要弄明白他到底说的是什么意思。但是当一连串令人伤心的信息和邮件不断地发过来的时候,她的心都要碎了。她收到的最后一条信息是这样的:"这个世界如果没有你会变得更美好。"米根一时难以接受这突如其来的抛弃,于是就在自己卧室里上吊自尽了。可惜的是,再过几周就是这位性格内向的女孩的 14 岁生日了。

对她的父母来说还有更糟糕的:在米根死后的第 6 周,他们发现乔希并不是一个 16 岁的男孩!其实这个网上的男孩是其邻居家的女孩假冒的。就是这个邻居家女孩的妈妈,萝莉·德鲁,建立了一个 MySpace 的虚构界面,因此她可以监控到米根与她女儿的聊天记录。在她 49 岁之后,德鲁终因第三起计算机诈骗而获罪。

米根从没有见过乔希,甚至也没有跟他通过电话聊过天,但是她所能感受到的这种与网友之间的情感联结却如此强烈,以至于她宁愿放弃自己的生命也不愿去面对网友的抛弃。社交网站是一种新的形成依恋的方法,这在正当敏感期的青少年当中尤其流行。在一般情况下,他们都是靠那种所谓的同伴关系来形成强烈的自我意识的。当这些联结有危险或是被切断时,结果将是不幸的。对于女孩子来说，友谊的破裂是导致自杀的第二大因素。（Bearman & Moody，2004）为什么社会关系拥有如此大的力量？人们之间的这种联结是怎样建立的？为什么它们对人类的发展如此重要？

依恋

随着我们的成长，我们的行为越来越符合社会行为规范。我们都知道，受到良好的教育是我们立足社会的一个有利条件，而如果在六七岁之后还是一无所知，那就是文化禁忌了。这种**社会化**的进程几乎是从我们一出生就开始了。在社会化的过程中，我们根据所生活的社会价值观念来形成我们的行为模式。我们的行为受到周围的人（父母、亲戚、朋友、老师）以及社会机构（学校、宗教机构和工作场景）的影响。

这种新生儿与其照顾者之间的情感联结被称为**依恋**（attachment）。这一术语是在20世纪50年代由心理学家约翰·鲍比（John Bowlby）提出来的。鲍比认为婴儿与照顾者之间的这种情感联结是天生就有的。（Bowlby，1969）当照顾者靠近婴儿时，他们会微笑并且发出"咯咯咕咕"的愉快的声音；而当照顾者离开他们的时候，婴儿会发出"呜呜"的抽泣声。婴儿能够识别熟悉的脸和声音并且偏好熟悉的脸和声音。在大约8个月大的时候，这种偏好变得更加强烈，进而发展成为一种对陌生人产生的焦虑。这种焦虑被称为**"陌生人焦虑"**（stranger anxiety）。在一个餐馆里，当你试图跟坐在你身边的小婴儿打招呼，但却遇到他强烈反对的惊叫声时，你不要认为这是针对你的。陌生人焦虑是一

社会化：指个体通过与社会的交互作用，形成适应该社会与文化的人格和社会所认可的心理、行为模式的过程。

依恋：是新生儿与其照顾者之间的一种情感联结。

陌生人焦虑：指儿童对陌生人的突然出现而产生的紧张情绪。

印刻：是早期依恋的一个过程，在这个过程中，新生儿把看到的第一个客体看作它的妈妈。

种生存策略。这种策略使婴儿们能够将察觉到的陌生脸庞作为潜在的威胁。

依恋的来源

身体接触

为什么我们会与我们的照顾者产生联结？

心理学家最初认为婴儿会对那些为他们提供食物和营养的人产生依恋。然而，在20世纪50年代，由美国威斯康星大学（University of Wisconsin）的心理学家哈里·哈洛（Harry Harlow）做的一项研究提出了不同的观点。

在给刚出生就与母猴分离的幼猴做实验时，哈洛发现幼猴们强烈地依附于盖在笼子底部的布垫。当把这些布垫从幼猴们的笼中拿走时，幼猴们会非常的愤怒。因此哈洛假设：在没有布垫的光秃秃的铁线网笼子中抚养的幼猴将很难生存。尽管这些布垫并不提供食物，但是它们似乎对于幼猴的成长起着重要的作用。

为了验证他的理论，哈洛制作了两个人工母猴：其中一个是用光秃秃的铁线网做成的（可称之为"铁线妈妈"），而另一种是用光滑的木头做成身体，再用海绵和橡胶将它裹起来（可称之为"绒布妈妈"）。这两种"代理妈妈"被放置在关幼猴的笼子里，但是只有一种人工母猴提供食物。哈洛发现无论"绒布妈妈"提供食物与否，这些幼猴都始终如一地偏好它，会花更多的时间与"绒布妈妈"待在一起。他的研究结果表明了与照顾者之间的舒适的身体接触的重要性。（Harlow, 1958）

人类婴儿同样依恋轻柔而温暖的、提供温和的身体接触的父母。通过接触进行的情感交流不仅有利于依恋关系的建立，而且是我们发展的重要的一部分。

△ 康拉德·劳伦兹走到哪里，对他产生印刻的小鹅们就跟到哪里。

熟悉

熟悉对于依恋也是非常重要的。你可能还记得，在第5章中，那些天生失明和得了白内障又在后来治愈的成年人绝不会完全恢复他们的视力。在很多动物当中，同样也有一个关键期。在这一期间给予特定的刺激会产生适当的发展。例如，一只小鹅、小鸭或小鸡认为在它一出蛋壳时看到的第一个移动的物体就是它的妈妈。从这个时候开始，这些小家伙们就会紧紧地跟着她，并且也只跟着她。这个早期依恋过程被称为**印刻**（imprinting）。

但是，如果一只小鸭出生时看到的第一个移动的物体是一辆小汽车，或是一只牧羊犬，或是一个坐在三轮车上的小孩，会怎样呢？为了对他的理论进行进一步研究，康拉德·劳伦兹（Konrad Lorenz，1937）把他自己确定为刚被孵化的小鹅所看到的第一个移动的生物。结果是这群刚被孵出的小鹅成了他衷心的追随者。同样有研究证明，尽管鸟类对于自己的物种产生的印刻最深，但它们也会对很多移动的物体产生印刻，以形成一个难以断裂的联结。

然而，婴儿们不会产生印刻，它们只对它们所熟悉的人或物产生依恋。仅仅与一个特定的人或者物体面对面就有利于依恋的建立。曾经照看过婴儿的人可能会回想起被要求在睡前读同样的故事，表演同样的纸牌魔术，或是唱同一首摇篮曲不下一百次。对孩子们而言，熟悉就是安全和满意的标志。

依恋的分类

主要照看者的行为会影响依恋关系吗？心理学家玛丽·爱因斯沃斯（Mary Ainsworth，1979）进行了一项"陌生情境"测验。在这项测验中，一岁的小孩暂时地与母亲分离，被留在一个有陌生人的新环境中独自玩耍。通过观察母亲回来时孩子的反应，爱因斯沃斯界定了几个不同的依恋类型。

- **安全型**（secure）：爱因斯沃斯通过研究指出，绝大部分婴儿属于安全型。这种依恋类型的婴儿在妈妈在场的时候会非常高兴地在陌生环境中玩耍。当妈妈离开房间，只留下他们自己和陌生人的时候，他们会变得沮丧；但是在他们的妈妈回来时，他们能够很快地通过与母亲之间的身体接触变得快乐起来。

- **焦虑-矛盾型**（anxious-ambivalent）：矛盾型的婴儿在一开始就会变得局促不安，当妈妈离开房间时会极其痛苦。即使妈妈回来，他们也很难被安慰。当妈妈回来时，这类婴儿通常表现得很矛盾。他们既想让妈妈抱着，却又用力踢着、推着、反抗着来尽量挣脱其怀抱。

- **焦虑-回避型**（anxious-avoidant）：回避型的婴儿在妈妈离开房间时似乎不会特别伤心。而在妈妈回来时，他们会故意不理妈妈，并将注意力集中到房间里的一个玩具或其他物体上。

随后的研究人员在爱因斯沃斯研究结果的基础上添加了一种依恋类型。（Main & Hesse，1990）

- **不知所措-无所适从型**（disorganized-disoriented）：这类被归为不知所措型的婴儿们不知道母亲回来时自己该怎么办，他们很难找到一种满意的反应。他们似乎不能决定自己该怎样表现。这表明他们缺少一种清晰明了的应对方式。

爱因斯沃斯的研究结果与婴儿的妈妈们的行为有相互关系。那些有爱心的、热情的并且对孩子的需要比较敏感的妈妈会给孩子带来安全感，而那些不负责的或者对孩子的需要不敏感的妈妈则会使孩子变得焦虑、没有安全感。那些疏忽大意的妈妈们的大脑加工过程是否与那些体贴的妈妈们有所不同呢？更深的研究将会进一步阐明：为什么一些妈妈与她们的孩子难以建立良好的亲子关系。

陌生情境测验的局限

批评家已经指出爱因斯沃斯的测验把孩子放在陌生的情境中，可能难以测出母子之间在较小的压力情境中的关系。婴儿的性格可能会影响妈妈的反应。例如，反应能力较强的或者是通常焦虑的孩子，无论妈妈怎么体贴，他的性格也是天生的、难以被安慰的。一些日本研究者认为这个测验对于他们的文化而言并不能有效地测量依恋关系。因为日本的婴儿很少与他们的母亲分离。（Miyake, et al., 1985）

整个生命周期中的关系

在大多数文化中，我们从四五岁起，与同伴在一起的时间就要多于跟父母在一起的时间。我们与周围人的关系在我们的社会发展中扮演着重要的角色。

游戏的角色

你还记得自己过去演奏《*Duck Duck Goose*》这首歌吗？还记得把自己装扮成最喜爱的超级英雄并且要与你信任的小伙伴一起拯救世界的时候吗？实际上你就是在学习重要的社会化的技巧。尽管孩子们在不同的文化中成长，但是他们相互作用的方式却是惊人的相同。

性别隔离

孩子们在很小的时候就开始发展性别意识，并且他们会根据性别划分为不同的群体玩耍。通过这些，他们发展了性别技巧以及对文化的态度。如果你到小学操场走一下，你很有可能会看到一大群一大群的男孩在玩具有竞争性的混战游戏，而女生群体规模比较小，并且成员都一致维护团体凝聚力。心理学家埃莉诺·迈克比（Eleanor Maccoby）将这种现象描述为"童年的两种文化"（Maccoby，1998）。

人类特有的技能

游戏帮助孩子们增加他们在以后的生活中所需的技巧。一个简单的捉迷藏游戏有利于增强身体耐力和行动的灵活性，而与洋娃娃一起玩有利于角色的培养。这种追逐游戏和角色培养游戏在各种文化当中都是非常普遍的。同样的，建设性的游戏，例如搭建砖塔，或者是创造性的游戏，有利于发展孩子们动手操作的技巧。文字游戏有利于提高语言技能，而奇幻角色扮演则可以锻炼孩子们的想象力。

> 你还记得自己过去演奏《*Duck Duck Goose*》这首歌吗？还记得把自己装扮成最喜爱的超级英雄并且要与你信任的小伙伴一起拯救世界的时候吗？实际上你就是在学习重要的社会化的技巧。尽管孩子们在不同的文化中成长，但是他们相互作用的方式却是惊人的相同。

文化技能和价值观

如果你研究特定文化下的儿童，可以经常看到他们的行为正反映了他们所居住的社会中的价值观和技能。人类学家道格拉斯·弗莱（Douglas Fry）研究了墨西哥的两个萨巴特克村落 3~8 岁的孩子的行为。在这两个村子当中，孩子们的游戏方法是非常相似的：男孩玩玩具犁，女孩制作玉米饼。但是在重要的方面，两个村落却是有区别的。拉巴斯的村民崇尚和平而不赞许打斗。孩子们几乎很少看见父母之间的暴力行为。然而在圣安德烈斯，暴力是常见的。孩子们目睹了成年人在聚会上动手打架，甚至兄弟姐妹之间也会动武。因此，在圣安德烈斯，孩子们表演打架的行为得到了积极的强化，这种暴力行为的发生率是拉巴斯的三倍甚至更多。弗莱推断：侵犯行为是始于童年时期的社会行为学习的结果。（Fry，1992）

社会规则的学习

我们如何学习可接受的行为模式？发展心理学家让·皮亚杰认为，在无人监督的条件下，同伴们之间的玩耍，对孩子们的道德发展是至关重要的。（Piaget，1932）非监督条件下的玩耍能够使孩子们自己解决他们的冲突并发展出一种对社会规则的理解。这种理解是建立在理性基础上的，而不是确立在权威基础上的。举个例子来说，小杰森把玩具卡车给小汤米玩，是因为他认为轮流玩玩具是公平的，而不是因为如果他不把玩具给汤米，父母就罚他 3 周不能看自己喜欢的电视节目。为了支持皮亚杰的理论观点，心理学家安·克鲁格（Ann Kruger）发现孩子们与同伴谈论社会两难问题要比与父母谈论更有助于他们的道德发展。（Kruger，1992）

儿童的游戏能够反映成人在社会中的行为吗？

按规矩办事就能发展我们的自我控制力吗？俄罗斯心理学家维果茨基认为，儿童通过在游戏中遵守游戏规则来学会抑制他们的自然冲动。例如，如果一个孩子自己扮演妈妈，让洋娃娃扮演孩子，那么她会遵守母亲的行为规则。（Vygotsky，1978）游戏可以锻炼孩子的自律能力，即**自我管理**（self-regulation）。为支持此理论观点，研究者已经发现在奇幻角色扮演游戏中，孩子们花费很大的力气来计划和加强游戏规则。脾气好的照看者可能会戴着斗篷、穿着紧身衣，与孩子一起打扮好来玩游戏，却被孩子们讽刺道："超人不是那样的！"尽管他们的照看者们由于差劲的表演技能而受到临时的批评，但是这类孩子长大后容易更好地适应社会。事实已经证明：孩子们参与社会角色扮演游戏的数量与他们以后的自信心和自控能力的水平有着紧密的关系。

混龄游戏

尽管美国传统的按年龄大小来分年级的教育体系并不鼓励混龄游戏（age-mixed play），但是大孩子与小孩子之间的社会交往是有好处的。不同年龄阶段的儿童彼此之间的竞争往往是比较小的，而且小一点的孩子可以通过观察同辈当中较大的孩子来获得一些新的社会技能。（Brown & Palinscar，1986）相反的，大孩子通过帮助较小的孩子，也学会了如何去培养他们。这有利于促进健康的社会互动。（Ludeke & Hartup，1983）

青少年

我们都曾有过这样的体验：前一天我们还感觉身边的一切都是有意义的，但是第二天我们却变得闷闷不乐。我们很困惑，为什么父母要吓唬我们说要把我们送给别人抚养。青春期是生命中一个非常尴尬的时期。在这期间，我们的同一性或者说**自我意识**（identity）成为我们与他人关系的一个至关重要的部分。心理学家卡尔·荣格认为，直到进入青春期，我们才开始建立自我意识。

一项关于同一性的调查

所有的青少年都要经历同一性危机吗？理论家艾里克·埃里克森（Erik Erikson，1963）认为，生命的每一个阶段都有一个危机和一个解决危机的办法。青少年的困境是自身的同一性与角色混乱之间的矛盾。自我意识的建立取决于个人信仰和价值观系统。我该支持哪种政治党派？对于宗教信仰，我是怎样认为的？我应该选择走哪条职业生涯道路？青春期是一个过渡的时期和让人

自我管理：是锻炼自律能力的过程。
自我意识：指一个人的自我感。

迷茫的阶段。

为形成自我同一性，大多数的青少年会努力地找出自己所扮演的不同的角色：学校里勤奋刻苦的学生、朋友当中爱开玩笑的人、在家闷闷不乐的青少年。最终，随着青少年强烈的自我意识的觉醒，这些角色也会内化为一种具有凝聚力的认同感。然而，埃里克森发现，由于承担着父母的价值观和期待，一些青少年自我同一性的形成要比同龄人早得多。其他的青少年采取消极的认同，故意反抗父母的观点，而与同伴结成一个特定的同盟，以证明青少年电影中有真理的成分。这个同盟就像电影《贱女孩》(*Mean Girl*)中由一个摇滚迷、一个运动迷和一个笨蛋聚在一起而形成的团体一样。

埃里克森认为，一旦我们形成一个清晰而舒适的自我，我们就能够开始与别人发展亲密关系。

青春期的冲突

青春期可能是一个困难的时期，但青少年真的像流行文化所渲染的那样难以自控和傲慢无礼吗？未必见得。研究不断地证明，大多数青少年还是佩服他们的父母并且支持父母的宗教和政治信仰的。他们的冲突通常是由看似比较小的话题引起的，例如发型和穿着。但是这种亲子之间的争执最终归结为一个更基本的控制问题：青少年想被视为成年人，而父母却担心给孩子过多的自由会使他们陷入酒精、毒品以及其他潜在的危险之中。激烈的冲突通常发生在青春期早期。当青少年与其父母成功地建立起一种介于童年依赖与自给自足之间的某种平衡时，这种为争取独立自主而导致的冲突才能在青少年晚期得以解决。

参照一个特定的同辈群体可以帮助青少年形成自我同一性。

同辈支持

上高中时，如果你伤心了，你第一个求助其帮你度过痛苦体验的人很有可能是你的朋友而不是父母。越来越多的青少年转向他们的同辈（而非父母）寻求情感支持，以获得更大的独立性和强烈的自我意识。

澳大利亚研究者戴克斯特·邓飞（Dexter Dunpgy，1963）确定了两个同龄

埃里克森的社会发展理论

时期	发展危机	任务
婴儿期（0～1岁）	信任 vs. 不信任	婴儿的需要必须被满足，否则他会对人产生不信任感。
幼儿期（1～2岁）	自主感 vs. 羞怯和怀疑	幼儿要学习独立指导自己的行为，否则会怀疑他们的能力。
学龄前期（3～5岁）	主动 vs. 内疚	学龄前期儿童要学会自己承担责任和发展计划，否则会对不负责任感到内疚。
学龄期（6岁～青春期）	勤奋 vs. 自卑	儿童要学习新的知识和技能，否则会感到无能。
青春期（青少年～20岁）	自我同一性 vs. 角色混乱	青少年要形成自我同一感，否则会导致角色混乱，即对"自己是谁"产生迷惑。
成年初期（20～40岁）	亲密 vs. 孤独	年轻人要开始形成亲密关系，获得亲密感，否则会产生孤独感。
成年中期（40～60岁）	繁殖 vs. 停滞	成年人要关注家庭、社会以及下一代，否则会感觉缺乏目的。
成年晚期（60岁及以上）	自我完善 vs. 绝望	当老人们回顾过去时，要发展一种充实的自我完善感，否则会感到一种失望。

组：**小团体**和**大团体**。小团体规模小，是由同一性别的三到九个成员组成的，成员之间可以分享隐私秘密，彼此都被视作最好的朋友。然而，尽管你与桃丽和丽莎在七年级发誓要做永远的好姐妹，但是可能你会发现还没升入高中，你的心灵伙伴已不再是你以前的老朋友了。这种小团体可能在青春期中期之前就开始解体，逐渐让位于更松散的交往群体。大团体是规模较大的、男女都有的群体。成员们倾向于周末社交性地聚在一起，通常是参加聚会。男性团体和女性团体交互作用，童年时期建立的牢固的性别藩篱被打破，在青少年社交网络中异性同伴的数量不断增加。

同辈压力

如果你曾经被之前最好的朋友所抛弃或者在餐厅被冷落过，你会很清楚地意识到那种社会排斥简直令人痛苦不堪，尤其是在青少年当中。在青少年时期成为社会弃儿通常被视为是比死亡更糟糕的命运。这导致有相似经历的青少年通过在说话方式、穿衣打扮和行为举止等方面与同辈一致来适应整个群体，缓解焦虑。对于许多父母来说，同辈压力（peer pressure）使孩子们进入酒精、毒品和随意性行为的世界的可能性是一个永久的烦恼之源。研究表明，这些担心是有根据的：同一圈子的青少年通常会沉迷于相似的危险行为之中，并且通常那些开始抽烟的青少年之所以这样做，就是因为他们中的一个朋友提供香烟或者是使吸烟看起来很酷。（Rose，et al., 1999）而选择效应，即选择那些具有相似兴趣和行为的人做朋友，可以部分地解释同辈相似性现象，即他们通常在频繁的吸烟、酗酒或者其他危险行为方面具有一致性增加的现象。

尽管同辈压力通常体现在负面的事物上，但是它也有积极的方面。例如，中国的青少年通常聚在一起做作业，并且相互鼓励以更好地完成作业。中国的父母和老师将同辈压力视为一种积极的影响。

青少年的性

在小学期间，你可能会把异性看作你的敌人，希望最好能完全忽略他们或她们。然而突然有一天，你会发现在你的美术课上那个红头发的家伙开始变得富有吸引力了。尽管女孩的身体发育要早于男孩，但是性兴趣症候的出现却是在同一时间。这表明在青春期分泌量增加的一种激素——**肾上腺雄激素**（adrenal androgen），在性兴趣的发展中扮演着重要角色。在工业化的文化当中，性对于青少年来说是一个令人困惑的问题：尽管青少年具有生殖能力，但是他们的性行为不会像成年人的性行为那样被社会所接受。通过对涉性广告、杂志及电视节目的猛烈批评，社会期待

> 对于许多父母来说，同辈压力（peer pressure）使孩子们进入酒精、毒品和随意性行为的世界的可能性是一个永久的烦恼之源。研究表明，这些担心是有根据的：同一圈子的青少年通常会沉迷于相似的危险行为之中，并且通常那些开始抽烟的青少年之所以这样做，就是因为他们中的一个朋友提供香烟或者是使吸烟看起来很酷。（Rose,et al., 1999）

小团体：是一个规模较小的、由三到九个同性成员组成的、可以相互分享私人秘密且都把彼此视为最好的朋友的群体。
大团体：是一个规模较大的、男女都有的、社交性的群体。
肾上腺雄激素：是人体在青春期分泌量增加的一种激素。

青少年能够拒绝性活动。因为在一般情况下，有性活动的青少年通常会被与行为不良联系在一起。

在西方国家当中，美国具有最高的青少年怀孕率。从20世纪90年代开始，这个比例开始下降，但是到了2006年，怀孕率又增加了3%。我们还不能明确这是短期的波动还是长期增长趋势的开始。（Guttmacher Institute，2010）大多数的未成年怀孕都发生在结婚之前，而且将近三分之一的胎儿最终会被流产。总体而言，一个年轻的未婚母亲的未来，要比已婚晚育的母亲的未来更加艰苦。未成年妈妈很难从高中毕业，并且她们的经济地位不太可能提高，也不太可能维持长期婚姻。（Coley & Chase-Lansdale，1998）

尽管这些统计数据似乎令人担忧，但是美国的青少年怀孕率实际上已经达到过去30年中的最低点了。研究表明，这种减少主要是由于避孕用品应用的增多。（Santelli, et al., 2007）学校当中良好的性教育以及父母公开地与孩子们讨论性的意愿的增加，似乎对于青少年进行安全的性行为具有更好的说服力。

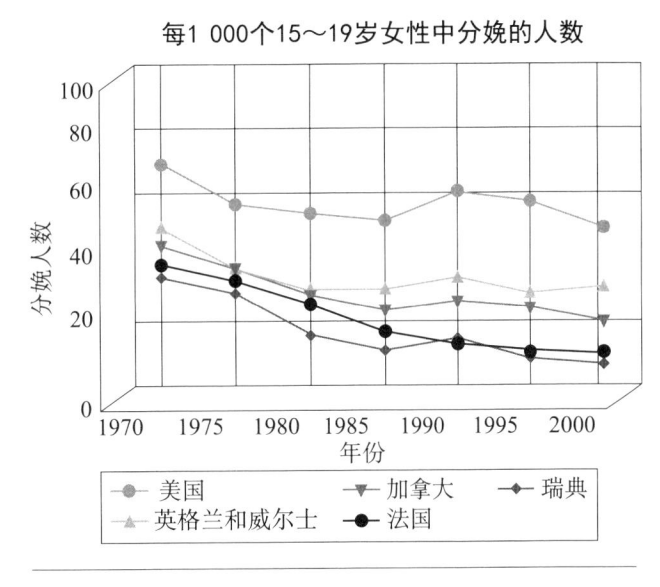

每1 000个15～19岁女性中分娩的人数

即使美国的未成年怀孕率在下降，这个国家的未成年怀孕率在西方国家也依然是最高的。

成年初显期

最近，"四分之一生命危机"（quarter-life crisis）被用来指代生命中从青少年到成年初期的动荡时期。百老汇音乐剧《大道问卷》（*Avenue Q*）挖掘了这二十几岁的一代人的心理，他们尽管已经毕业，但却还没有想好要如何度过自己的一生。在一两代人之前，人们期待着能够达到性成熟，找到一份工作，然后结婚生子，这些事都在几年内完成。但是受教育机会的不断增加，加上大量的就业机会，已经意味着在工业化的文化中，青少年需要花更多的时间才能读完大学，飞离以前舒适的家，进而确立独立性。在美国，第一次婚姻的平均年龄已经比 1960 年增加了四岁多（男人达到了 27 岁，女人达到了 25 岁）。

对人们来说，在他们 20 岁的时候向父母寻求一点资金帮助用来支付房租、买车，或者是搬进新公寓，已经不稀奇了。随着青少年逐渐步入成年，与父母之间的情感联结也渐渐变得松散。但是在他们 20 岁刚出头的时候，很多人在经济和情感上还是在很大程度上依赖于父母的。在这个刚刚被授予"**成年初显期**"（emerging adulthood）称号的人生阶段，当考试结果出乎我们的意料或者一时难以适应一份新的工作时，我们回到家里绝对是非常冒险的。这一时期的不确定性通常要到 30 岁前才能得到解决，这时人们开始完全脱离父母的支持并且有能力作为成年人去理解他人。

成年期

人们在什么年龄买他们的第一套房子？什么时候第一次做父母？什么时候开始期待退休？尽管童年期和青春期这两个大致相同的人生阶段可通过正式仪式强调，但是成年期却难以预测。行为主义者柏妮丝·诺嘉顿（Bernice Neugarten）强调**实足年龄**（chronological age，即从我们出生开始所度过的时间）和**社会年龄**（social age）之间的不同，并主张我们的成熟水平是建立在我们的社会经验基础之上的。（Neugarten，1996）在当今社会，并不是每个人都是从 18 岁开始参加工作到 80 岁退休。有的人从青春期过渡到成年期比其他人要晚得多，而还有许多人一直工作到 80 岁才退休。

"如果我在英国取得了文学学士学位，我会拿它来做什么？我的生活将会变成什么样子呢？大学四年所学的知识让我拿到这张没用的文凭，因为没有技能，我不能够赚到足够的钱。这个世界是一个很可怕的地方。但是不管怎样，我也不能动摇改变人类的信念。"
——百老汇音乐剧《大道问卷》

成年人的定义是什么呢？埃里克森的生命周期理论提出，建立亲密、关爱的关系及获得自我实现的能力，是成年初期和中期最重要的任务。同样，弗洛伊德把心理成熟定义为爱和工作的能力。

爱情与婚姻

人们经常说"为爱疯狂",这个词意味着浪漫与理智不可兼得。尽管恋爱并不会真正地使你发疯,但是它的确会引起特定的大脑活动。还记得一幅婴儿微笑的照片可以激活婴儿妈妈大脑中的奖赏中心吗?两个成人之间恋爱关系的神经、激素机制同婴儿及其照看者的关系是极其相似的。当一对配偶在一起的时候,双方都感到是最安全和最有信心的;而当他们分离时,他们甚至会出现生理痛苦的现象。老年夫妇在几天之内相继去世,这种现象已不少见,似乎剩下的一方不能独自承受生活的孤独。

如同婴儿与其照看者之间有不同的依恋类型,成人的关系也可以根据恋爱伴侣的行为划分为不同的类型。在**安全型关系**(secure relationship)中,恋爱双方互相提供安慰和安全感。**焦虑型关系**(anxious relationship)则以担心对方爱或不爱自己为特征。在**回避型关系**(avoidant relationship)中,双方很少表达亲密感,而且对于承诺有可能自相矛盾。

研究已表明,成人的恋爱关系与他们小时候和父母建立的依恋关系密切相关。例如,那些被认为在童年时与母亲的关系比较积极、有爱的人,长大后会成为更值得信赖的人。因此,他们更有可能从恋爱伴侣那里寻求安慰,与伴侣建立真诚、开放的关系。(Black & Schutte,2006)

假如双方关系建立在彼此的精神支持和物质支持上,同时建立在亲密以及共同的兴趣爱好的基础上(尽管一些老夫老妻并不一起分享他们共同的兴趣爱好),我们通常认为他们的婚姻是非常牢固的。有时这种伴侣之间情感联结的力量只有在离婚之后或者另一半去世之后才会显露出来,这时剩下的一方会长时间的哀伤和沮丧。

为什么有的婚姻很成功而有的却很失败?在一个每两对结婚就有一对离婚的国家(Bureau of the Census,2002),这个问题的答案除了离婚律师之外,每个人都在迫切地寻找。从统计学上来说,年龄超过20岁且受过良好教育的夫妇,其婚姻最有可能持久。在访谈和问卷调查当中,幸福的夫妇是这样的:

- 总是说他们喜欢对方。
- 当描述他们的活动时,用"我们"而不是"我"。

- 更看重相互信赖而不是依赖。
- 讨论他们对于婚姻的个人承诺。
- 像那些不幸的婚姻一样有争论，但是采取建设性的做法。
- 对于配偶无言的需要和感受保持敏感。

因此，我们怎样才能加入幸福的已婚夫妇行列呢？许多人认为通过试婚来考验双方关系是解决所有潜在问题的一种好方法。于是很多人高高兴兴地试婚了，并且那些这样做的人通常就结婚了。但是研究已经表明，这些婚前试婚的夫妇要比没有试婚的夫妇更有可能离婚。（Myers，2000）请记住下述发现是一种相关而不是一个偶然的联系：那些由于强烈的宗教和道德信仰而没有选择试婚的夫妇，出于他们共同的信仰而更不可能离婚；而那些认为道德上允许试婚的夫妇，如果他们的婚姻出现问题的话，也可能更容易接受离婚观念。

生个孩子怎么样？其实，有孩子也不会神奇地增加你们夫妻的婚姻满意度。尽管看见一个新生的婴儿会激活母亲大脑当中的快感中心，但是研究表明，那些做了父母的人，其实比那些没有做父母的人婚姻满意度还要低；一对夫妇的孩子越多，他们报告的婚姻满意度越低。那些经常在事业与大部分的家务之间忙碌的职业女性，极有可能报告自己对婚姻不满意。（Belsky, et al., 1986）

婚姻是幸福、健康、性生活满意度以及收入水平的总预测者。

尽管新婚夫妇有过高的离婚可能性，但是婚姻制度一直没有要崩溃的迹象。人们并没有被这些阴暗的统计数据所吓倒，目前许多同性恋夫妇正在进行争取结婚的权利运动。在西方文化中，四分之三的离婚者将会再婚，并且他们

成年初显期：是指一个人的 20 岁刚出头的时期，此时还在很大程度上依赖于父母的经济和情感支持。

实足年龄：指一个人从出生开始所度过的时间。

社会年龄：指在个人生活经验基础上的成熟水平。

安全型关系：指伴侣双方相互提供安慰和安全的一种亲密关系。

焦虑型关系：是以担心对方爱或者不爱自己为特征的一种亲密关系。

回避型关系：是对于承诺感到矛盾且不会表达亲密感的一种亲密关系。

的第二次婚姻平均要比第一次婚姻幸福得多。（Vemer, et al., 1989）

在美国马里兰州的巴尔的摩市，"为我们的孩子而运动"（CFOC）组织发起用面带微笑的夫妇画面的广告牌来宣传"幸福婚姻"的活动。这些广告旨在通过宣传婚姻的好处来改变15~19岁的青少年的态度。这个组织有大量的调查研究来支持这项运动：婚姻是幸福、健康、性生活满意度以及收入水平的总预测者。从1972年关于美国人的调查显示来看，有40%的已婚成年人报告"非常幸福"，相比而言，仅有23%的未婚成年人报告"非常幸福"。女同性恋夫妇也报告比单身的女同性恋者更幸福。（Wayment & Peplau, 1995）如果你住在一个高婚姻率的社区，你也很有可能从中获益：低犯罪率（几乎没有少年犯），以及低数量的患情绪障碍的儿童。（Myers, 2000）

天赐良缘会增加我们的总体满意水平。

就业

人们经常说，如果你找到一份自己喜欢的工作，你将永远不需要每天都工作。因为我们成人工作所花费的时间大约占我们生命的三分之一，所以找一份不会让我们在每个星期天的晚上一想起第二天要回到办公室就产生越来越强烈恐惧感的工作，具有重要的意义。在最佳的状态下，工作之于成人与游戏之于儿童一样，具有相同的心理效益。它使人们与家人之外的同辈们交往，提出了要解决的问题，并且给了我们提高身体技能和心智技能的机会。

大多数人都报告他们喜欢的工作是复杂的而不是简单的，变化多样的而不是固定不变的，而且是不被他人密切监督的。社会学家梅尔文·科恩（Melvin Kohn）称这些工作特性为"**职业自主性**"。（Kohn, 1977）具有高度职业自主性的工作能够使一个工作者在一天当中有多种选择的机会。令人出乎意料的是，尽管这些工作具有较高的要求，但是大多数人认为这些工作要比那些几乎不能自主决定并且被密切监督的工作，压力更小一些。

一生中的婚姻满意度

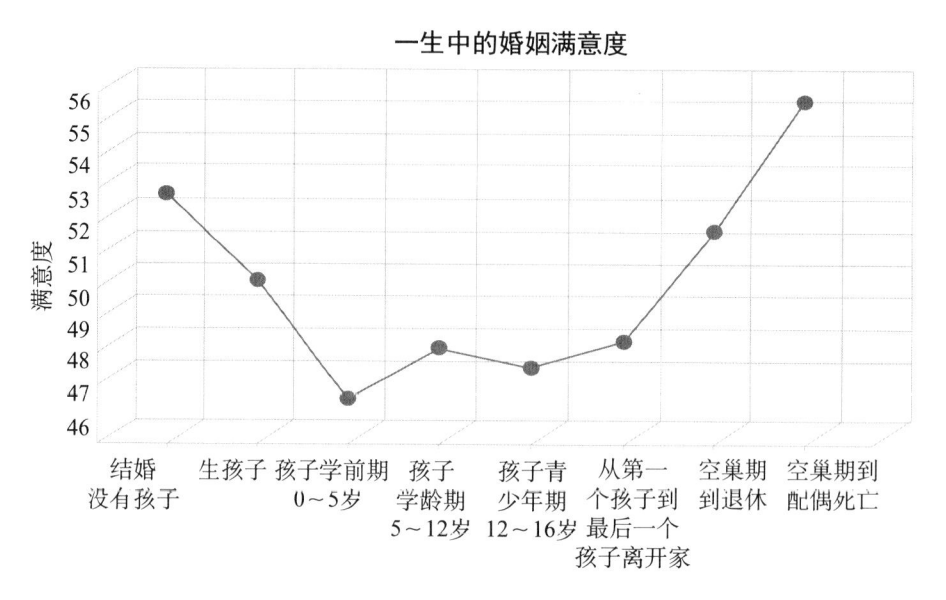

```
满意度
56 ●
55
54
53 ●
52                              ●
51  ●
50
49                    ●       ●
48          ●    ●
47
46
   结婚  生孩子  孩子  孩子   孩子   从第一  空巢期  空巢期到
   没有        学前期 学龄期  青      个孩子到  到退休  配偶死亡
   孩子        0~5岁 5~12岁 少年期  最后一个
                          12~16岁 孩子离开家
```

资料来源：Rollins & Feldman, 1970.

△ 研究表明，婚姻满意度一开始很高，在第一个孩子出生时下降，然后恢复，当孩子到青春期时又下降，最后当孩子离开家时恢复到婚前水平。

自从20世纪90年代妇女兼顾家庭和工作被社会认可以来，抚养孩子、完成家务以及坚持着一份有偿工作已成为权衡之举。在过去的30年里，尽管越来越多的男人参与到家务和照顾孩子上来，但是在通常情况下，大量的家务最终还是落到了女人身上。来自威斯康星大学的全国家庭和住户调查的最新数据显示，平均每个妻子每周要做31个小时的家务，而平均每个丈夫每周仅做14个小时的家务。（Belkin, 2008）尽管增加了额外的工作负担，但是大多数妇女报告，拥有一份带薪工作可以增加她们的自尊（Elliott, 1996），并且大多数的人说，即使她们不缺钱，她们也愿意继续工作（Schwartz, 1994）。

步入老年期

"婴儿潮一代"，即在二战结束后到20世纪60年代早期出生的大量美国人，正如你所了解的，开始陆续庆祝他们的60岁生日。由于医疗卫生条件的改善，全国老年人口的预期寿命正在提高。正是由于这些原因，美国人口迅速老龄化。在 2000 年，已有 3 500 万美国人年龄超过 65 岁。（U.S. Bureau of Census，2001）到 2030 年，这个数字有望突破 7 000 万。

老龄歧视，即对老年人的歧视，通常会导致消极的刻板印象。这种刻板印象会导致老年社区中的老年人被孤立和形成不良的自我形象。当记者帕特·摩尔（Pat Moore）把自己伪装成一位 85 岁的老太太在美国的 100 多座城市的大街上游荡时，她被人们所忽略，遭到人们的粗鲁对待，甚至差点被抢劫者打死，因为她被看作一个很容易被盯上的目标。大多数人以为她是一名重听者并且对她大喊大叫，在食品杂货店的长队中，甚至有人挤到她前面。（Moore，1985）

衰老可能会导致多方面机能下降——体力、思维的灵活、感知的敏感度以及记忆力，同时也使人失去了就业能力和其他的社会角色。大多数老人报告他们并不像年轻人认为的那样糟糕。许多人认为年龄超过 65 岁是生命当中最糟糕的时候（Freedman，1978）；然而，实际上对生活满意度评价的提高是在中年以后（Mroczek，2001）。在一个令人吃惊的"老龄化悖论"中，老年人的报告比中年人的报告显示更享受人生，而中年人的报告比起年轻人的报告亦是如此。你可能把老年视为慢慢走向死亡的漫步，但是当你真正步入老年时，你会发现事实上并不是那么糟糕。

衰老的理论

当我们不再需要早起上班时，是什么激励我们依然早起？当孩子们突然间不需要我们的支持时，我们有何感觉？

> "年龄是一个心理上的问题而不是客观的问题。如果你不介意，它就不重要。"
> ——小说家马克·吐温（1835—1910）

根据**老年减少参与理论**（disengagement theory of aging）（Cumming & Henry，1961），老年人渐渐地自动退出周围的世界。在为死亡做准备的进程中，老一辈们断绝所有的社会关系而慢慢地沉浸于他们自己的记忆、思想和感受之中。卡明和亨利从理论上阐明，这促进了上一代人把力量传递给下一代，同时也为个别成员死后社会的继续运行提供了可能性。

相反，**老年活动理论**（activity theory of aging）（Havinghurst，1957）则提出，依然保持活力并且积极参与社区活动的老年人是最幸福的。与老年人自愿断绝与社会联系的观点相反，活动理论认为这种断绝只发生在当人们被迫退休或者不再被邀请参与社交活动时。

当前研究的重心已经从老年人是否更喜欢有活动的问题转移到了老年人选择活动的类型以及他们选择那些活动的理由上来了。斯坦福大学心理学教授劳拉·卡斯藤森（Laura Carstensen，1991）提出了老年**社会情绪选择理论**（socioemotional selectivity theory of aging）。该理论主张，随着人们慢慢变老，人们渐渐意识到了时间的有限性，因此他们把精力主要集中于活在当下而不是担心未来。老年人更加关注那些与他们情感联系密切的人，而与那些点头之交则花费较少的时间。维系着长期婚姻关系的夫妇感情会更密切，婚姻满意度会提高，并且与孩子、孙子孙女还有老朋友们的关系也会更加密切。报告显示，那些依旧在工作岗位上的老年人要比他们年轻时具有更多的人生乐趣，因为他们现在的兴趣在于维持与同事的关系而不是职业晋升上。

记忆和心境

我们可能会变得满脸皱纹，而且也不再去蹦极，但是进入老年人的行列至少有一件事是好的，那就是——我们开始关掉坏的记忆。卡斯藤森和她的同事们进行了一系列的实验，实验中他们分别向年轻人（18～29岁）、中年人（41～53岁）还有老年人（65～80岁）展示了分别带有积极、消极和中性场景的图片。然后每个组被要求进行回忆并且尽可能根据头脑当中记忆的图片进行描述。结果显示，总体而言，年龄越大的人回忆出的场景越少，表明记忆随着年龄的增长而下降。然而，尽管年龄较小的组能够记住积极和消极的场景，

职业自主性：指具有复杂的而不是简单的，变化多样的而不是固定不变的，并且无人监督的一系列特点的工作。

老龄歧视：指对老年人的偏见。

老年减少参与理论：一种理论，认为老年人渐渐地主动退出周围的世界。

老年活动理论：一种理论，认为当老年人依然保持活力、积极参与社区活动时，他们感到最幸福。

老年社会情绪选择理论：一种理论，认为随着人们年龄的增长，人们越来越意识到时间的有限性，因此人们会更关注享受现在而不是担心未来。

但是年龄较大的组回忆出的积极场景要比消极场景多，表明随着我们年龄的增长，我们能够对积极的事物进行选择性注意。（Munsey，2007）

神经学关于相同话题的研究显示，尽管一个年龄较大的成年人的杏仁核（大脑当中的情绪中心），很有可能比年龄较小的成年人的杏仁核对于消极事件的活动水平要低，但是年轻的大脑和年长的大脑对于积极事件的反应能力是相同的。（Mather，et al.，2004）换句话说，随着我们年龄的增长，我们渐渐学会了不让消极的情感耽误我们的时间。

为什么老年人报告说他们比起自己年轻时，对于现在的生活有更高的满意度？

为什么我们很少看到老年人兴奋地跳跃呢？这不仅是因为衰老的身体，而且随着年龄的增长，人的情绪也会变得不再那么极端。尽管老人们极度兴奋的时期更少了，但是他们承受的极度绝望的情绪也更少了。（Costa，et al.，1987）

道德发展

如果你在大街上发现了 20 美元，你会揣进自己的口袋吗？如果这些钱是在一个没有标明身份的钱包里，你又会怎么办呢？现在想象：你看见这些钱从一个陌生人的口袋中掉了出来。你是把钱揣进口袋呢，还是把它还给陌生人？个性培养和学会区分对错是青少年发展阶段的一个重要部分。发展心理学家劳伦斯·科尔伯格（Lawrence Kohlberg，1981，1984）的道德发展阶段理论是在皮亚杰的儿童道德判断理论基础上提出的。而皮亚杰的这一理论又是在认知发展基础上建立起来的。科尔伯格通过向人们展示假设情境并询问他们对于情境当中的人的行为的看法来评定他们道德推理发展的阶段。下面是科尔伯格的情境中的一个著名的情境——"海因茨两难困境"。

欧洲有个妇女患了癌症，生命垂危。医生认为只有本城的某个药剂师新研制的药能治好她。配制这种药的成本为 200 美元，但销售者却要 2 000 美元。病妇的丈夫海因茨到处借钱，但最终只凑得了 1 000 美元。于是海因茨恳求药剂师，他妻子快要死了，能否将药便宜点卖给他，或是允许他赊账。药剂师不但没有答应，还说："我研制这种药，就是为了赚钱。"海因茨别无他法，所以

科尔伯格的道德发展阶段理论

道德推理水平	道德发展阶段	例子
后习俗道德水平	6. 普遍原则的道德定向阶段 5. 社会契约的道德定向阶段	每个人都有活着的权利。因此，海因茨偷药是有正当理由的。
习俗道德水平	4. 维护权威和秩序的道德定向阶段 3. 好孩子的道德定向阶段	如果海因茨偷药，那么每个人都会认为他是一个罪犯。
前习俗道德水平	2. 相对的功利主义的道德定向阶段 1. 服从于惩罚的道德定向阶段	如果海因茨拯救他的妻子，那么他将是一位英雄。

他在晚上撬开药剂师的仓库门，把药偷走了。（Kohlberg，1969）

> 人们通常在理论上容易做出正确的选择，但是在现实环境中就不是那么容易了。二战之前，有多少纳粹集中营的官兵也将自己归为道德良民？我们都知道我们应该保护自然资源、购买公平贸易产品、减少我们的能源消耗，但是在生活中，我们中有多少人会真正地这样做？

海因茨应该偷药吗？科尔伯格关心的不是人们的看法，而是他们怎样得出结论的。他认为，人的道德推理从简单具体化到抽象原则化的发展经过了一系列的六个阶段。为达到一个阶段，人们需要先经过前一个阶段。科尔伯格认为并不是每个人都能达到道德发展的最高水平，大多数人都在第四阶段摇摆不定，甚至有许多人还达不到第二或第三阶段。然而道德的发展并不一定与特定的年龄相联系，科尔伯格提出，青春期和成年初期是一个人最有可能达到更高道德水平的两个时期。

前习俗道德水平（precon-ventional morality） 青春期之前的儿童倾向于把道德看作惩罚和奖赏。被奖赏的行为是正确的，而那些被惩罚的行为则被认为是错误的。

习俗道德水平（conventional morality） 在青春期早期，那些关爱他人和遵守社会秩序的行为在道德上被认为是正确的，因为这符合社会规则。

后习俗道德水平（postconven-tional morality） 道德推理的最高水平是要达到诸如公平、自由和平等等抽象的原则。而达到这一水平的人可能并不一定赞同社会规范，甚至有一套自己的伦理规范。

道德行为

如果你认为把那 20 美元还给那个陌生人是正确行为的话,那这样一定能使你成为一个好人吗?科尔伯格区分出了道德推理和道德行为的不同。人们通常在理论上容易做出正确的选择,但是在现实环境中就不是那么容易了。二战之前,有多少纳粹集中营的官兵也将自己归为道德良民?我们都知道我们应该保护自然资源、购买公平贸易产品、减少我们的能源消耗,但是在生活中,我们中有多少人会真正地这样做?

目前的品德教育工程把精力放在正确的实际行动上,而不仅仅是在思想教育上。例如,在合作学习学校中,孩子们被教育去体会他人的痛苦,强调小组合作学习而不是竞争。当小组学习成为核心内容时,孩子们变得更具有社会责任感,学业上会更加成功,更容易宽容其他的学生。(Leming,1993)许多社会服务工程鼓励学生参与社区精神活动,如给小区打扫卫生、帮助老人,或者在收容所做志愿者。加入品德教育工程和提倡服务型学习的学校有较低的辍学率和较高的出勤率。(Greenberg,et al.,2003)

道德感

青少年的思想和经历是怎样促进他们道德感发展的呢?心理学家丹尼尔·哈特(Daniel Hart)和他的同事研究了来自卡姆登市中心平民区的 15 名低收入的年轻的新泽西人,这些人曾经被各种各样的社区组织评选为道德模范。这些青少年坚决抵制犯罪活动,而且花更多的时间在流动厨房、避难所、团体咨询和社区花园中做志愿者。

根据科尔伯格的理论,这些青少年应该是被头脑中的是非观念所激励的,但是哈特发现这些志愿者仅仅是被要做好事的想法所激励。他们自我形象中的一部分是与自己想要成为他人的榜样相联系的。哈特还发现,与青少年的自我理想密切相关的是他们的父母,而不是那些不参加志愿者活动的同辈们。(Hart & Fegley,1995)这项研究表明了社会因素,如父母的影响等可以促进青少年的道德发展。

是什么促使人们去帮助他们社区中的其他人呢?

作为工业化国家中的成员，我们需要为全世界工人的基本权利而肩负责任吗？根据乔纳森·海德特（Jonathan Haidt）的**道德的社会直觉理论**（social intuitionist account of morality），对于这个问题你会毫不犹豫地做出对错反应，然后再进行理性的推理。海德特通过理论阐明，我们对于道德情境有一个本能的反应，而且这个本能反应发生在道德推理之前。（Haidt，2001）他认为，我们的道德推理使我们相信我们直觉到了什么。

海德特举了一个例子：一对兄妹在法国度假，由于喝了一些酒，于是他们便决定要发生性关系。他们用了两种不同的避孕方法并且非常享受，但是最终他们决定不再这样做了。海德特把这个情境展示给人们，并要求他们做出反应。所有的人都一致认为这是不道德的。当被问及原因时，大多数人的理由是出生婴儿先天畸形的可能性会因此而增加。而当被提醒这对兄妹用了两种不同的避孕方法时，这些人被问倒了，但是依然坚定地认为这是不道德的。海德特把这种现象称为"道德失声"，以支持他的理论观点——我们对于道德情境有一个原始的本能反应。这是为什么呢？被普遍接受的社会所禁止的观念，如乱伦，我们从小时候就开始被灌输了。我们总会听到朋友和家人对此的消极评价，在媒体上看到"偏差"和"扭曲"这类判定词。随着时间的流逝，我们厌恶乱伦的反应就变成自动的了，所以当面对海德特给出那个情境时，我们会迅速地做出本能反应。同样，那些经常不断地重申诚实、正直的父母的孩子，要比那些被父母给出混乱的道德信息的孩子更有可能把他们看到的从那个陌生人口袋中掉出来的 20 美元还回去。

> **道德的社会直觉理论**：一种理论，认为一个人基于道德情境，能够在进行道德推理之前迅速地做出本能反应。

回 顾

我们是怎样建立依恋关系的?

- 依恋是新生儿与其照顾者之间的一种情感联结。
- 接触和熟悉对于依恋很重要,是许多动物在其正常发育期间发生的一个关键期。在一些物种当中,关键期是通过印刻表现出来的。
- 根据爱因斯沃斯的陌生情境测验,照顾者的行为可以决定婴儿会形成安全的还是不安全的依恋类型。

同辈在社会发展中扮演着怎样的角色?

- 游戏是儿童社会化的一个重要的方式。它通常有特定角色,鼓励技能发展,并且通常反映个体文化中的价值观和技能。
- 认同感建立在青春期。青少年来自两种同辈群体:小团体和大团体。直到他们形成自我感,青少年才能够服从可能会导致危险行为的同辈压力。
- 与父母的情感联结会在成年初显期变得松散。成年期通常以建立亲密的关爱关系和获得事业成就感为特征。
- 根据老年社会情绪选择理论,随着人们年龄的增长,他们主要将精力集中于享受现在而不是担心未来。他们也会密切关注自己所爱的人而很少关注偶尔相识的人。

我们的道德是怎样发展的?

- 道德在青春期和成年早期开始发展。科尔伯格认为,道德推理的发展经过了六个阶段。但是很少有人能发展到第四个阶段。
- 目前的品德教育工程强调道德推理和道德行为的不同,鼓励年轻人锻炼分享、同情和社会责任感的能力。

第11章

情绪和动机

- 情绪与动机的构成因素有哪些?
- 情绪与动机的主导理论是什么?
- 我们如何去解释恐惧、生气、高兴等情绪?
- 我们如何理解饥饿、睡眠、性、归属感和工作?

想象这样一个世界：有上百亿的人口、越来越多的人造产品，却没有办法减少或重复利用每天的垃圾。听起来很恶心？不卫生？如果不能回收利用，不教会人们减少垃圾或重复利用废弃材料，那么这个世界就会存在于我们的生活中。

不幸的是，人口过剩、地球负荷过重还没有引起人们和政府的足够重视。研究表明，如果人们感觉到有效，如果人们知道而且相信回收利用会带来好处，如果关注环境，如果感觉到了社会压力，如果有经济原因去推动，那么他们会回收利用废旧物品。有些人并没有认识到回收利用给社会带来的好处，也有些人则认为这样做无效。他们有个错误的观念，即回收利用会耗费大量的时间和精力，例如，要花费时间去弄平那些易拉罐或者区分不同的垃圾。许多人并没有意识到有可能很快就不需要这些步骤了。

回收银行（RecycleBank）等公司尝试用钱鼓励家庭提高回收利用水平，他们分给每个家庭一个装有无线电芯片的废物回收箱，里面储存着用户的账户信息。当这些回收重物被捡起时，卡车会计算其重量，然后根据重量转换成积分，用户可以利用这些积分买到回收银行公司合作单位的产品。

另一个鼓励回收的方法是检查人们所扔掉的东西。废物流分析（waste-stream analysis）是一种垃圾分类和记录方法，已经在某些群体如高中生中取得了一定的成效。留意有多少可以重复利用的东西被扔掉，了解这些东西的价值，是鼓励回收利用的动力因素。如果大家知道回收一个废旧玻璃瓶节约下的能源可给笔记本电脑供电一天，就能促使人们将废旧玻璃瓶放进可回收垃圾箱。其他的激励方法，如提供有趣的活动等，对小孩子更加适用。

因为政府需要遵守并支持国家关于再利用的政策，所以越来越多的激励方法出现。你能想出什么办法使地球不至成为一个巨大的垃圾堆？

情绪理论

情绪的本质

哭和笑都是情绪表达的方式，但情绪本身是什么呢？看到那些所有用来表达情绪的词及所有的情绪表达方式，我们就知道情绪非常复杂。**情绪**是人们对人、事、物、回忆等的主观感受和体验。情绪包括**情感成分**（affective component），即与情绪相关的感觉；也包括**心境**（mood）——一种微弱、平静而持久的带有渲染性的情绪状态，它并不指向某一特定刺激。

情绪包括相互独立又彼此联系的三种成分：**生理唤醒**（physiological arousal）、**情绪表达**（expressive behavior）和**认知体验**（cognitive experience）。当你走向跳水板，紧张得心怦怦跳，或者当你看《断背山》（*Brokeback Mountain*）、《赎罪》（*Atonement*）等影片，感动得无语凝噎时，你正在体验的是生理唤醒。如果你沿着跳水板的扶梯走下去或者看电影时忍不住哭，这就是情绪表达。而此时你的认知体验则可能包括感到尴尬并且决定再也不靠近跳水板，或者，你可能被感动，继续寻找伤感影片观看。

一般性假设

在生活中你可能体会到某些特别痛苦的情绪以至于你根本不希望再体验到任何情绪。但是人类情绪进化与发展是为了生存和繁衍。害怕可以让我们迅速跑开，生气可能会让我们保护自己，爱可以给我们力量与他人联结。代表我们情绪的面部表情也可以帮助我们进行沟通。达尔文在《人类与动物的情绪表达》（*The Expression of the Emotions in Man and Animals*）一书中提出的**一般性假设**（universality hypothesis），认为面部表情可以在所有文化中被理解（1872/1965）。例如，在日本、英国、博茨瓦纳等国家，皱眉都代表伤心或者反对，而姿势或者其他情绪表达方式在不同的文化背景下则有不同意义。但是不管文化模式如何，情绪表达与情绪本身是联系在一起的。

詹姆斯-兰格理论

到底生理体验和情绪表达孰先孰后？许多心理学家都尝试回答这个问题。19世纪末期，美国心理学家威廉·詹姆斯和丹麦生理学家卡尔·兰格（Carl Lange）分别提出内容相同的一种情绪理论。他们认为情绪表达先于情绪认知，在他们看来，是先有机体的生理变化，而后才有情绪。所以并不是恐惧引起心跳加速，悲伤引起哭泣，而是心跳加速导致了害怕情绪的产生，哭泣导致了悲伤情绪的产生。（James，1890/1950；Lange，1887）

坎农-巴德情绪理论

沃特·坎农（Walter Cannon）和菲利普·巴德（Philip Bard）认为先有情绪体验，然后产生生理反应，因为情绪变化是爆发性的，而内脏变化太慢，不能成为情绪体验的来源。根据**坎农-巴德理论**（Cannon-Bard theory），情绪体验和生理反应同时发生。（Cannon，1927）2008年7月30日洛杉矶发生5.4级地震，亨廷顿比奇的居民丹尼·卡斯勒（Danny Casler）从睡梦中惊醒，穿着拳

情绪包括生理唤醒、情绪表达和认知体验。

情绪：是人们对人、事、物、回忆等的主观感受和体验。

情感成分：描述的是与情绪相关的感觉。

心境：是一种渲染性的、不指向特定刺激的自我情绪状态。

生理唤醒：是指对某一刺激产生的强烈身体反应。

情绪表达：是个体内在情绪的外在表现。

认知体验：是指大脑对个体所体验情绪的记忆反应。

一般性假设：一种假设，认为面部表情可以在所有文化中被理解。

詹姆斯-兰格理论：一种理论，认为是心跳加速或流泪等生理反应引起了害怕或者伤心等情绪。

坎农-巴德理论：一种理论，认为情绪体验和生理反应是同时发生的。

击短裤就跑出了房子。根据坎农-巴德理论,丹尼·卡斯勒是在感到害怕的同时做出了跑出房间的决定。

沙赫特-辛格的两因素情绪理论

斯坦利·沙赫特(Stanley Schachter)和杰罗姆·辛格(Jerome Singer)提出的**沙赫特-辛格两因素理论**(Schachter and Singer two-factor theory)认为,认知评价和生理唤醒产生情绪体验(1962)。生理体验非常相似,因此,标记显得尤其重要。沙赫特提出的**认知-反馈理论**(Schachter's cognition-plus-feedback theory)认为,情绪既来自生理反应的反馈,也来自对产生这些反应的情境的认知评价。认知感知到导致内脏反应的情境,接受这些反应的反馈并把它标记为一种特定的情绪。2008年8月,在印度朝圣者朝圣的路上,一个即将断裂的围栏让他们感觉自己面临滑坡危险,这种滑坡谣言逐渐传播,造成了恐慌,导致朝圣者在冲下山时发生踩踏事件,145人丧失生命。

普拉特切克的基本情绪模型

罗伯特·普拉特切克(Robert Plutchik)认为可以通过扇面图或车轮图来理解各种不同的情绪(1980)。他提出人有八种基本情绪:狂喜、警惕、悲痛、惊讶、狂怒、恐惧、接受和憎恨。各情绪之间的类似性和对立性用扇面排列位置来表示。互为对角的情绪是彼此对立的两极(如接受与憎恨),而处于相邻位置的情绪则是相近似的。狂喜的对立面是悲痛,接受的对立面是憎恨。情绪扇面图告诉我们,人的情绪强度是变化的,比如狂怒和警惕这两种情绪结合就可能产生攻击情绪。

扎荣克与简单暴露效应

罗伯特·扎荣克(Robert Zajonc)认为,尽管认知是情绪的一部分,但是有些情绪反应可能并不需要认知的参与或其并未被意识到(1980,1984)。一张快速闪过的笑脸图片或者生气的图片能够影响人的情绪，尽管人们不一定意识到自己看到过这张照片。（Duckworth，et al.，2002；Murphy，et al.，1995）对某个刺激的先前知觉经验会产生一种**暴露效应**（exposure effect）：对刺激的熟悉性会引导人产生特定的反应。（Zajonc，1968）有些信息直接传至**杏仁核**——产生情绪、识别情绪和调节情绪，控制学习和记忆的脑部组织——会让人产生斗争或逃跑（fight-or-flight）反应，而大脑皮层对信息的处理相对滞后。大多数信息是通过杏仁核传至大脑皮层的。

认知-评价理论

与扎荣克的理论不同，理查德·拉扎勒斯（Richard Lazarus）认为个体首先评估生理反应，然后才产生相应的情绪体验（1991，1998）。根据**认知-评价理论**（cognitive-appraisal theory），人在注意到特定的生理反应时，首先对它进行评估，然后产生情绪。例如，心跳加快可能是因为没有准备好考试而紧张，也可能是因为看到昨天约会的对象正好走过来而兴奋。一定要追究某一个特定的生理反应到底是怎样的情绪，则可能导致**错误归因**（misattribution）。如果你正在参加考试，而旁边坐着其他人，你可能会觉得你被其他人所打扰，而实际上可能是你正在担心考试通不过。

如果你正在参加考试，而旁边坐着其他人，你可能会觉得你被其他人所打扰，而实际上可能是你正在担心考试通不过。

沙赫特-辛格两因素理论：一种理论，认为认知评价和生理唤醒使个体产生情绪体验。

认知-反馈理论：一种理论，表明了个体如何感知环境并将其反馈成为生理唤醒，从而影响个体的情绪。

暴露效应：一种心理现象，由先前经验所引起，并促使个体在遇到类似刺激时以某一特定的方式反应。

杏仁核：是边缘神经系统的一部分，主导害怕情绪的感知与适应，对潜意识的情绪反应（如斗争或逃跑反应）非常重要。

认知-评价理论：一种理论，认为个体在注意到特定的生理反应时，必须首先对它进行评估，然后产生情绪。

错误归因：是指由于某种特定生理反应的存在而产生的对情绪的错误理解。

情绪与身体

大脑结构

杏仁核

杏仁核附着在海马体的末端，呈杏仁状，是边缘系统的一部分，是评估情绪刺激强度的脑部组织，利用**快速皮层通路**（rapid subcortical pathway）通过**丘脑**——大脑的信息传导中心，接收来自感觉器官的刺激。杏仁核甚至可以在刺激信息到达大脑皮层之前就对其进行感觉分析。如果听到一个巨大的声响，丘脑可能会将这个信息直接传导给杏仁核，然后你会吓得跳起来，但是等你转过身，看到原来是大风吹得把门关上发生的声音，你可能就会放松下来。在这种情况下，**慢速皮层通路**将会把信息从丘脑传送至**视觉皮层**再到杏仁核，然后对信息的感知就会影响到情绪。切除猴子的杏仁核和**颞叶**，就会使猴子产生"**心理性失明**"：它们会仔细观察和触摸那些原来畏惧的动物或物体（比如橡胶蛇），而不感到害怕或者生气，情感性行为发生显著变化。（Kluver & Bucy，1937）

前额叶皮层区

前额叶皮层区位于脑叶前端，对情绪认知具有非常重要的作用。作为一种重性精神障碍的治疗方法，从 1949 年至 1952 年期间，在美国，有大约 50 000 人接受了**前额叶切除术**，包括约翰·肯尼迪的姐姐罗斯玛丽（Rosemary）、女演员弗朗西斯·法默（Frances Farmer）等。去除前额叶皮层区之后，情绪波动强度会小，但在同时，人计划和管理生活的能力会大大降低。因为前额叶皮层区接收来自杏仁核的信息输入，躯体感觉皮层接收来自顶叶的信息输入，所以情绪对前额叶处理生活功能的能力就显得非常重要，如计划、设定目标、推理等。

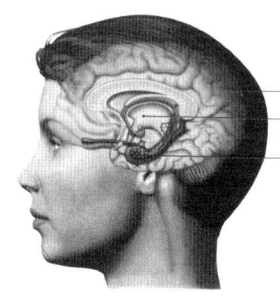

△ 杏仁核、丘脑和大脑皮层的联系使我们将情绪意义与我们的经历联系起来了。

自主神经系统

在斗争或逃跑的危机情境下，**自主神经系统（ANS）** 让我们的身体处于行动准备状态并控制我们的无意识过程，如排汗和呼吸等。自主神经系统的两大分支系统帮助人们准备好需要情绪参与的活动，或者从情绪活动中恢复。

交感神经系统

想象一下，你突然意识到你所在的大楼正在起火，或者一直跟在你后面的那个人准备袭击你，或者你要赶的那班车马上就开走了，你的情绪会立即紧张，你需要行动。准备行动之前，**交感神经系统**发动"斗争或逃跑反应"。这个系统首先通过脊柱神经以及与外周交感神经中枢关联来工作。一旦交感神经

快速皮层通路：是杏仁核与丘脑之间的通道，杏仁核由此接收来自感官的反射。

丘脑：处于脑干上方，接收来自感觉器官的刺激、处理感觉信息并将其发送至大脑皮层，以助个体调整各种状态，如唤醒、睡眠、意识状态等。

慢速皮层通路：把信息从丘脑传送至视觉皮层再到杏仁核的通道，其中，对信息的感知会影响到情绪。

视觉皮层：通过解码视觉信息、调节人类感觉的大脑部分。

颞叶：是负责听觉过程的大脑部分。

心理性失明：是指由于不能够体验到正确的情绪反应，所以不能够解释感觉刺激的重要性。

前额叶皮层区：位于脑前端，是大脑皮层的一部分，具有执行功能，比如调节斗争性思想、在错误和正确中进行选择，对情绪认知具有重要作用。

前额叶切除术：是一种外科手术，通过损伤前额叶，使人们减少紧张情绪，但同时会使人们不能计划和管理他们的生活。

自主神经系统（ANS）：是外周神经系统的一部分，在不受意识控制的情况下执行任务。

交感神经系统：是自主神经系统的一部分，刺激下丘脑分泌肾上腺激素使我们的身体处于备战状态。

副交感神经系统：是自主神经系统的一部分，在由于紧张情绪引起的反应后，使躯体回到休息状态。

伏隔核：是位于额叶下方的大脑皮层，能够使人感到高兴。

系统被刺激，会产生一系列从肾上腺髓质开始的肾上腺素串联。从肾上腺素到肾上腺能受体的集束引起"斗争或逃跑反应"。刺激交感神经能引起腹腔内脏及皮肤末梢血管收缩、心搏加强和加速、新陈代谢亢进、瞳孔散大、唾液分泌减少、呼吸和排泄加快等。这些变化促使身体关注当前的需要，如赶紧跑出着火的大楼、反击袭击自己的人或者尽力追赶自己要乘坐的班车。

总的来说，这种唤起状态能帮助我们更好地完成那些熟悉的工作，但是会阻止我们有效完成新的或者是复杂的任务。2008年北京奥运会上，迈克尔·菲尔普斯（Michael Phelps）赢得了史无前例的八枚金牌。因为游泳对他来说是非常熟练的任务，参加奥运会的这种激动和亢奋状态更加促使他成功。然而，如果突然将他的运动项目转为乒乓球，这种唤起状态对他来说就不一定起积极作用，反而可能会增加他的焦虑感，阻碍他发挥自己的正常水平。

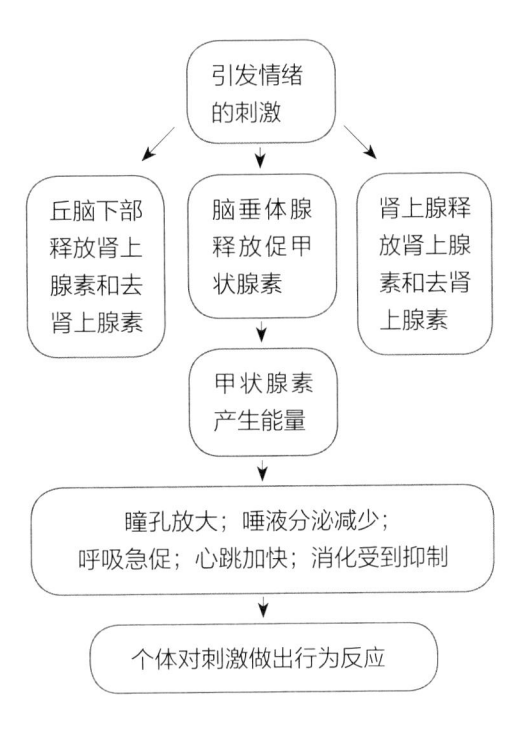

副交感神经系统

一旦危机解除，**副交感神经系统**就发挥作用，将人的身体降至正常休息水平。肾上腺停止释放压力激素，心跳与呼吸减慢，排泄水平降低，瞳孔缩小，消化正常。

具体情绪比较

正如因为考试而紧张或者因为遇到有吸引力的人而心跳加快一样，许多不同情绪的唤醒水平也比较相似。许多情绪具有生理相似性。中了大奖的狂喜状态下的心跳加快与被野兽追赶的惊吓状态下的心跳加快是一样的，所以个体怎么识别自己的情绪是到底高兴还是害怕呢？

你可以把情绪当作食谱,每一种成分都由不同的生理佐料构成。愤怒比高兴和悲伤更能改变人的指尖温度。愤怒、恐惧、悲伤比高兴、惊喜、厌恶更能加快人的心跳速度。恐惧时的脸部肌肉运动与高兴时非常不同,看到令人恐惧的面孔时,人的杏仁核活动强度大于看到令人高兴的面孔。

积极情绪和消极情绪也对应不同的左右大脑。消极情绪,如憎恨或负罪感更能刺激右脑的前额叶皮层区,具有抑郁情绪的人经常表现为左大脑的前额叶皮层区活动缓慢。左大脑半球与积极情绪有关。研究表明,物质成瘾的主要原因之一就是药物能直接刺激人的神经系统,引起多方面愉快的情绪体验。位于大脑底部的特殊神经元沿着多巴胺通路向**伏隔核**发送多巴胺。(Nestler & Malenka,2004)对抑郁症患者伏隔核进行电刺激,可以使之释放多巴胺,让他们微笑甚至笑出声。

测谎

在真心话大冒险游戏节目中,参赛者必须真实回答问题以赢取奖金。在这里,"真心话"的测定主要依靠多导生理记录仪。如果撒谎,多导生理记录仪就会显示唤醒水平增加。因为人在撒谎时会感到紧张或者害怕,这种情绪会引发生理唤醒。相反,间谍则会有效地躲过测谎,因为他们知道怎样控制自己的生理反应。热成像也可以通过面部血流信号来揭穿人的谎言。不过大多数这样的技术都不如多导生理记录仪更加可信。

测谎仪主要测量血压、心跳、呼吸等重要指标以确定压力水平。

非言语情绪表达

面部表情与眼神交流

人们到底在多大程度上能与他人进行非言语交流?两个在参加聚会的人决定一起提早离开聚会,或者他们有共同的想法时,可能仅仅通过看一眼对方就能很好地沟通并达成一致。有趣的是，不是所有的情绪表达都能引起我们相同的关注度。我们似乎装有雷达，能够敏感地捕捉到威胁信息，并且能够从一系列的不同情绪面孔中快速找到生气的面孔。（Fox, et al., 2000；Hanse & Hansen, 1988）经验也能影响我们对情绪的认知。如果出现一张包含着恐惧、悲伤和生气情绪的面孔，受到身体虐待的儿童会更倾向于将其看作生气的面孔。

文化

以达尔文的一般性情绪理论为基础，其他学者也发现，全世界的人们用同样的面部表情来表达愤怒、恐惧、厌恶、惊喜、开心以及悲伤等。（Ekman & Friesen, 1975；Ekman, et al., 1987；Ekman, 1994）从未看到过面部情绪表达的盲人儿童也可以做出跟视力正常的人一样的情绪表达，表明情绪表达具有先天生理基础。尽管面部情绪表达具有一致性，但是身体姿势、情绪表达程度等因文化而异。

> 2009年，米歇尔·奥巴马问候伊丽莎白二世女王时报以一个友好的拥抱，但这一举动却让英国人无比惊讶。是不是不同的文化对这一身体语言有不同的理解？

性别差异

情绪识别和情绪表达一样具有性别差异。一般来说，女性比男性更能探测到非言语线索。（Hall, 1984, 1987）在要求表达开心、悲伤和生气的情绪时，女性比男性更会表达开心的情绪，男性比女性更会表达生气的情绪。（Coats & Feldman, 1996）心理学家莫妮卡·莫尔（Monica Moore）发现，在调情方面，女性能够非常好地利用非言语沟通，可能有52种可记录的调情方式，如轻撩头发、轻轻歪头、露出娇羞的笑容、邀请男士上楼坐坐等。

面部反馈假设与面部表情

达尔文在《人类与动物的情绪表达》一书中写道：表面的情绪表达能加强

情绪本身（1872）。**面部反馈假设**认为，只要没有其他竞争性的情绪体验，人为地表现某种面部表情能导致相应的情绪体验产生或增强。在看悲伤的电影时，被要求皱眉比不皱眉时更能让人感觉到悲伤。（Larsen, et al., 1992）在看卡通片时，那些把铅笔含在口中，强迫自己笑的人会感觉动画片更好笑、更好玩。（Strack, et al., 1988）埃克曼和弗里森关于面部肌肉与情绪表达的扩展研究发现，面部肌肉可以产生 46 种不同的运动模式，或曰**反应单元**。例如，颧大肌和眼轮匝肌运动引起微笑。这些研究表明情绪表达似乎是在增强而非减弱人们的情绪体验。

欺骗性情绪表达

隐藏情绪

尽管强迫自己笑会让人感觉开心点，但是真实情绪表达与假的情绪还是不一样的。如果你很高兴见到一个人，可是却表现出了极高兴的状态，这是情绪**强化**（intensification）反应，即夸张了自己的情绪表达。如果在公共场合感到很悲伤，就需要**弱化**（deintensification）自己的情绪表达，以使自己的表现更加符合社会规范。感受到的情绪是一回事，而表达出的情绪是另一回事，这是**面具效应**（masking）。参加选美比赛的佳丽内心可能会因为比赛失败而非常痛苦，但是表面上却依然笑得很灿烂。扑克玩家不管内心是怎样的情绪，脸上却一直都保持着一张"扑克脸"，因为保持情绪**中立化**（neutralizing）能避免对手从自己的面部表情中捕捉到任何关于手中牌的有用线索。

面部反馈假设：一种假设，认为只要没有其他竞争性的情绪体验，通过面部表情将情绪表达出来能增强与之相应的情绪体验。

反应单元：是指通过面部肌肉产生的 46 种不同的情绪表达模式。

强化：是指情绪表达的夸张化。

弱化：是指情绪表达的收敛化。

面具效应：是指个体故意表现出与内部真实情绪不一致的面部表情的心理现象。

中立化：是指个体尽管内心有强烈的情绪，但从面部表情看不出有任何情绪。

形态学：指某种事物的形式或形状。

觉察情绪

不管人们怎样隐藏自己的情绪，如果我们知道真实情绪和虚假情绪的信号差别，就能识别出真正的情绪。虚假情绪表达涉及与真实情绪表达不一样的面部肌肉运动区，对情绪表达的**形态学**进行研究就能识别是否为真正的情绪。真诚的情绪比不真诚的情绪更加具有对称性，所以两边的面部表情是一样的。真实的情绪表达持续大约半秒，而虚假的情绪可能会更长或者更短。真诚的情绪表达开始和结束都比较流畅，而不真诚的情绪表达相对比较突然或者唐突。

情绪体验

认知与情绪

认知或思维会影响到情绪体验。一件事情引起的情绪唤醒会波及对其他事情的情绪体验。例如，如果在你刚刚结束长跑之后，有人侮辱你，这时候你会比平常状态下表现得更生气，因为你的身体正处于身体运动之后的唤醒状态。错误归因会导致人们将情绪唤醒归因于错误的刺激。如果接受了肾上腺素或促甲状腺素的注射，人就会将自己的唤醒水平归因于房间里有个有吸引力的人。(Schachter & Singer，1962)有时候情绪会通过**情绪一致性处理**（mood-congruent processing）效应影响我们的感知选择。抑郁症患者会更加关注那些与悲伤有关的刺激。(Elliott，et al.，2002；Erickson，et al.，2005)一般来说，人们会选择性地知觉那些与自己情绪体验相一致的刺激。

> 认知或思维会影响到情绪体验。一件事情引起的情绪唤醒会波及对其他事情的情绪体验。

有时候情绪并不到达认知通路或者情绪本身就包含认知的成分。人们更加喜欢那些他们以前看过的图片，即使有时候他们并没意识自己以前看过。(Elliott & Dolan，1998)因为刺激信息可能通过丘脑直接到达杏仁核而并不经过大脑皮层。刺激可能会直接引发情绪反应而没有认知成分。

当涉及**情绪调节**（emotion regulation）时，人们一般采用认知策略控制或调整自己的情绪反应。例如,你看到自己的男朋友或者女朋友正在与其他异性聊得很开心,你可能会重新评估情境,认为聊得很开心并不一定代表有很深的情感投入,这样就能控制自己的嫉妒和担心情绪。同样,思考能够帮助人们进行更好的决策。你可能会随意浏览着某大学的网站,决定到底申请哪个学院,并且想象自己成为那个学院的学生。如果是这样,你正在运用**情感预览**(affective forecasting)对即将可能发生的事情进行想象性情绪体验。

效价与唤醒

所有的情绪在一个连续体上都有**效价**(valence),积极的或者消极的,并且唤醒强度不同。像恐惧这样的不愉快体验,其效价就是负的。作为一个很强的情绪体验,它的高唤醒状态会让人在恐惧情境下迅速反应并行动。人们都不喜欢无聊的感觉,无聊这种情绪也具有负效价,但唤醒强度就低很多,是一种能量消耗低的情绪体验。相反,兴高采烈具有正效价并且具有高强度的唤醒,这时候人感到很开心、很兴奋。悲伤具有负效价并且唤醒水平低,悲伤的人感觉到不开心,但强度不会特别高。

恐惧

> 儿童通过观察别人或亲身体验诱发恐惧的情境来习得恐惧。但是有些恐惧,如恐惧蛇或者蜘蛛,好像具有一定的生理基础。

恐惧是一种让人不舒服的体验,但这是一种适应性的预警系统,让我们面临危险时,随时准备斗争或逃跑反应。儿童通过观察别人或亲身体验诱发恐惧的情境来习得恐惧。但是有些恐惧,如恐惧蛇或者蜘蛛,好像具有一定的生理基础。在一项经典的条件反射实验中(现在永远不能再做类似的实验),华生等人通过强化作用教会一个叫阿尔伯特的婴儿情绪转移和情绪泛化(1920)。一开始,婴儿表现出了对噪声的恐惧,研究者在每次噪声出现的同时呈现一只老鼠,渐渐地婴儿就对老鼠产生了恐惧情绪(同时也对白色毛绒类物品产生了恐惧情绪——更多内容详见第 6 章"阿尔伯特"实验研究)。同样,通过重复性或持续性的降落实验,儿童学会了恐高。(Campos,et al.,1992)

从生理角度讲，恐惧似乎主要由杏仁核控制，它接收来自前扣带皮层区的信息输入，然后将其传送到与恐惧相关的脑区。杏仁核遭到破坏的人更敢看一些令人恐惧的面孔。（Adolphs, et al., 1998）当然，有些恐惧可能更加极端化。恐惧症患者由于极其害怕某些事物或某些情境，以致正常的社会功能遭到破坏。

愤怒

愤怒的面部表情比较具有一致性，但是愤怒表达的组成因素可能因文化而异。想要保持团体的和谐性，来自强调相互依赖文化背景下的个体可能会较少地表达愤怒情绪。（Markus & Kitayama, 1991）与西方人相比，日本人很少表达愤怒。在西方国家，主张尽量避免情绪积累到一定程度而爆发，通过合理的方式发泄出来的**宣泄疗法**（catharsis theory）被多数人认可和接受。很多情绪疗法鼓励将那些被压制的愤怒情绪宣泄出来。但是研究表明，宣泄并不能减少愤怒，相反，可能会让人更加愤怒。（Bushman, et al., 1999）宣泄可以带来短暂的情绪释放，但是会影响或阻止人们寻找更加有效的应对方法。

情绪一致性处理：是指人们会选择性地知觉那些与自己情绪体验相一致的刺激。
情绪调节：是指个体采用认知策略控制或调整自己的情绪反应。
情感预览：是指个体对未来可能发生的事情进行想象性情绪体验。
效价：是指在一个连续体上的积极或者消极的情绪效用。
宣泄疗法：一种心理治疗方法，主张个体应该及时表达情绪，以免情绪积累到一定程度而爆发。
"感觉好-做得好"现象：是指个体在快乐的时候更倾向于做出助人行为的心理现象。
主观幸福感：是指个体对自己生活的主观满意程度。
适应水平现象：是指等现在追求的东西对个体而言变成常态之后，个体会转而追求更多的东西。
相对剥夺感：一种主观感觉，取决于个体与他人的比较，当个体与那些比自己社会地位和生活标准高的人进行比较时，会感到很糟糕；但是当与那些不如自己的人进行比较时，感觉就会好很多。

快乐

快乐到底有多好？

根据**"感觉好-做得好"现象**（feel-good, do-good phenomenon），人在快乐的时候更倾向于帮助别人。心理学家用**主观幸福感**（subjective well-being）——个体对自己生活的主观满意程度，以及一些客观指标——如收入水平和健康水平，来评估生活质量。积极心理学的创始人马丁·塞里格曼（Martin Seligman）认为心理学不仅关注那些适应不良的人，也要高度关注那些社会功能良好的人。积极心理学力图表明个体的内在力量、价值感、资源以及个体特质等都能给人带来快乐。研究还发现，那些日常生活事件带给人们的消极体验持续时间并不长，而且第二天可能会引起积极的心理体验。（Affleck, et al., 1994; Bolger, et al., 1989; Stone & Neale, 1984）同样的，很强烈的积极情绪体验也只能给人带来短暂的愉悦，很快，人就会恢复到普通状态。（Brickman, et al., 1978）

正如俗话所说，钱并不能买到幸福。越是为财富努力奋斗的个体，幸福感可能越低，那些转而追求亲密感、个人成长和为社会事业而奋斗的人会体验到更高质量的生活。（Kasser, 2002; Perkins, 1991）生活在富足国家的人不见得比生活在贫穷国家的人更快乐。（Diener & Biswas-Diener, 2002; Eckersley, 2000）**适应水平现象**（adaptation-level phenomenon）意味着成功与失败、满意与不满的情感都是相对于先前的状态而言的。如果我们不断地取得成功，那么，我们将会很快适应成功。从前让我们感觉良好的事件现在却变成了中性事件，以前让我们感觉中性的事件现在很可能让我们体验到一种失落感。我们倾向于用我们最珍贵的东西来评价自己的生活状态，所以根据适应水平现象，一个好的心情、更多的生活消费品、更好的学业成就或者更高的社会声望，最初能给我们带来强烈的愉悦感。但是，这一切都让我们感觉消逝得太快（Campbell, 1975），接着我们会需要更高的水平来让我们体验另一个快乐的高潮。

我们的幸福感还取决于如何看待他人的幸福。并不是每个人看到别人的痛苦时都会感到高兴，但是大多数人通过与别人的比较体会到了**相对剥夺感**（relative deprivation）：当我们与那些比我们社会地位和生活标准高的人进行比较时，我们感到很糟糕；但是当我们与那些不如自己的人进行比较时，感觉就会好很多。类似的是，二战期间，陆军空降师的战士看到其他人很快得到提拔后，会感到自己的前景更迷茫。（Merton & Kitt，1950）

所以到底什么才能让我们开心？尽管不同的文化背景下，幸福的影响因素不同，但是大都包括乐观、良好的人际关系、信念、有意义的工作、良好的睡眠和饮食习惯，以及在强调个人主义的国家大家都看重的高自尊。年龄、性别、受教育水平、父母的身份地位以及外表等，都不是影响幸福的必要因素。（Diener，et al.，2003）

有关动机、驱力和诱因的观点

动机

为什么我们会做我们当下在做的事情？**动机**是在目标或对象的引导下，激发和维持个体活动的内在心理过程或内部动力。**内在需要**（dispositional forces）和**外部诱因**（situational forces）共同促使人们在一定的情境下做出某些行为。

动机状态和**驱力**作为一种内在条件，推动人从事某种活动，并朝向某一目标努力。**意识动机**能够被我们觉察，同时我们也**受前意识动机**的驱动，虽然意识不到，但很容易访问（不能被个体意识到，但是通过条件可以唤回意识状态

动机：是指引发、维持和导向行为的内在需要和动力。
内在需要：是指引发动机的内部影响条件。
外部诱因：是指引发动机的外部情境条件。
动机状态：是指促使个体趋向目标的内部状态。
驱力：是指促使个体趋向目标的内部状态，是由违背多选状态所引起的。
意识动机：是指个体可以意识到的动机。
前意识动机：是指不能被个体意识到，但是通过条件可以唤回意识状态内的动机。
潜意识动机：指永远无法被个体意识到，但是仍然发挥作用的动机。
接近型动机：是指个体为了达到某种积极结果而产生的动机。
回避型动机：是指个体为了回避某种消极结果而产生的动机。

内）和**潜意识动机**（永远不能被个体意识到，但是仍然发挥作用）的推动。好好学习拿到好成绩——积极的结果，这是典型的**接近型动机**；而通宵复习以免不及格，这是**回避型动机**。吃了一顿晚餐，是满足生理上的饥饿需要，但是饭后再吃冰激凌，是满足一种欲求，而不是基本的生理需求了。

动机理论

随着达尔文进化论的不断流行，本能论也不断流行起来。威廉·詹姆斯认为**本能**是某一物种各成员都具有的典型的、刻板的、受到一组特殊刺激便会按一种固定模式行动的行为模式，它对人类和其他动物来说，都是有目的的（1890）。弗洛伊德强调**快乐原则**——人类都希望体验愉悦、回避痛苦——这是人类本能，包括性本能的力量。

根据克拉克·赫尔（Clark Hull）的**驱力减少理论**认为，个体要生存，就有需要，需要则产生驱力。驱力可以供给机体能量，做出行为，使需要得到满足，驱力下降。如果感到劳累，人会选择躺到床上休息来达到体内**动态平稳**状态。减少驱力能够增强行为。（Hull，1943，1952）远离最佳状态会产生驱力。**调节驱力**（regulatory drives），如饥饿和口渴等能保持维护体内平衡。**非调节驱**

本能：是每一物种各成员都具有的受到一组特殊刺激便会按一种固定模式行动的先天行为模式。

快乐原则：是指人类从本能上说都希望体验愉悦、回避痛苦。

驱力减少理论：一种理论，认为当生理需要引起生理唤醒时，个体会产生驱力做出行为使需要得到满足，然后驱力下降。

动态平衡：是指个体内部的平衡与稳定。

调节驱力：促使个体维持动态静止与平衡的力量。

非调节驱力：引发其他非必须行为来达到内在平衡的力量。

社会学习理论：一种理论，强调认知和期待对动机产生和行为形成的作用及重要性。

中央状态理论：一种理论，认为驱力与相对应的神经活动有关。

中央神经系统：是产生内在驱力的一组神经。

诱因：是指外部环境中积极或消极的刺激。

力（nonregulatory drives），如性驱力以及其他社会驱力，引起其他的行为。安全需要能够引发恐惧、愤怒甚至是睡眠需要；性驱力及保护子女的驱力引发性行为及家庭关系。社会驱力促使人们合作，教育驱力会引起好奇心以及对艺术和文学的追求等。

朱利安·罗特（Julian Rotter）的**社会学习理论**强调认知和期待对动机产生和行为形成的作用及重要性（1954）。人们做一件事情，关注的是达到目标的期待以及结果对目标个体的重要程度。如果个体发现他的行为并不能达到预期目标，他会改变行为方式。

中央状态理论（central-state theory）认为驱力与相对应的神经活动有关。不同的驱力对应不同的**中央神经系统**。意大利学者研究发现，吃巧克力与性欲有一定的关系，力比多水平较低的女性在吃完巧克力之后，性兴趣可能会提高。在大脑底部，下丘脑连接脑干与前脑，调节着驱力神经系统。下丘脑与神经相连接，传送来自内脏器官的输入信号，同时自动输出信号回到内脏器官。下丘脑与脑垂体腺连接共同作用，控制激素的释放。

△ 为什么说在情人节送给爱人巧克力也具有一定的生理意义？

诱因

你可能会因为口渴去买一瓶苏打水，但是也可能仅仅是因为商家在大力促销，说苏打水能让人精神振奋。除了内部动力，**诱因**——环境中积极或消极的刺激——也促使我们行动。强烈的内部动力可能会增强诱因的价值。如果你口渴了，你会更容易看到苏打水的存在而被影响去购买它。

获得奖赏或者能够达到某一目标同样会增强诱因刺激。**内部奖赏**，如希望帮到别人或学习新的技能，仅仅通过活动就能获得价值感和愉快的体验。**外部奖赏**，如努力学习是为了获得一个好分数，意味着我们是为了独立的、有形的奖赏而努力。铁人三项运动员茱莉·厄特尔（Julie Ertel）强调在运动中的快乐。她说很多运动员只是想赢（外部奖赏），而忘记了运动本身的快乐（内部奖赏）。

欲望与喜欢

赢得比赛、享受比赛会给运动员带来**欣快**的感觉——从奖赏中获得的一种愉快和高兴的体验。但是想要在奥运会上赢得奖牌这种**欲望**会让运动员加倍努力。**强化**是一种学习效应，它可以帮助我们解释为什么运动员会一直从事他们的体育运动。

那些**奖赏神经**（reward neurons）被移除或者破坏的动物会丧失一切动机，如果没有人工喂养，它们会死去。大脑的奖赏路径是**中脑边缘通路**连接腹侧被盖区和伏隔核。因为这条路径控制奖赏，所以如果对它进行刺激，动物会努力或延长活动以获得奖赏。一项实验在老鼠的下丘脑背部埋设电极，另一端与电源开关的杠杆相连，老鼠只要按压杠杆，电源即接通，埋有电极的脑部就会受到一次微弱的刺激。老鼠通过按压杠杆获得电流对脑的刺激，能够引起快乐和满足，所以老鼠会不断地按压杠杆追求快乐刺激。（Wise，1978）

快乐神经（liking system）与多巴胺无关。神经科学家研究发现，甜食可以激活快乐神经，与多巴胺水平无关。当老鼠接受降低多巴胺水平的药物之后，它们仍然会有快乐行为并且只去寻找那些可以得到的奖赏。**内啡肽**是由前脑内侧束释放的类似吗啡的物质，能够抑制痛苦，带来即时的愉悦感。

内部奖赏：是任务本身带给人的价值感与愉悦感。
外部奖赏：是任务完成、达到结果之后获得的外部奖励。
欣快：是指从奖赏中获得的主观满足感和愉悦感。
欲望：是一种为了得到奖励而达成目标的欲念。
强化：是指个体会多次做出能够达到自己想要的结果的行为。
奖赏神经：是能够引发积极情绪，并带来奖赏的一组神经。
中脑边缘通路：是大脑的奖赏路径。
快乐神经：能引发人的愉悦情绪、与多巴胺无关的神经组织。
内啡肽：是由前脑内侧束释放的类似吗啡的物质，能够抑制痛苦。

相反，欲望系统（wanting system）更多地依赖多巴胺。老鼠按压杠杆以求获得奖赏，这只是在按压杠杆之前的一个短暂的多巴胺释放活动。多巴胺同样在学习中起非常重要的作用。老鼠在得到食物之前先看到光的话，它们的多巴胺就会在光条件下运动加强。当它们想要食物时，老鼠就会期待奖赏，这是一种类似的感觉。

就像一段不好的爱情关系一样，成瘾产生的是"欲望"而不是"喜欢"。成瘾物质基本上绑架了大脑中的奖赏系统。可卡因、安非他命、麻醉剂等模仿多巴胺和内啡肽在伏隔核中的作用。赌博也会激活伏隔核和奖赏路径。就如实验中的老鼠，对奖赏的期待会引起多巴胺的活动，甚至会超越多巴胺的保护机制。科威尔对巨大的经济利益的期待同样催动了他的投机行为。

最佳唤醒水平

奥运会参赛者需要**最佳唤醒水平**（optimal arousal），为比赛做好充分的动力准备，但同时又不至于让他们感觉到太大的压力。16 岁的体操运动员肖恩·约翰逊（Shawn Johnson）每次比赛时都会感到焦虑，但是总是把这种焦虑情绪转化到自己所写的诗中，然后带着自信参加比赛。41 岁的道拉·托雷斯（Dara Torres）第五次获得奥运会参赛资格，而且表示自己比以前更加享受游泳和比赛。**耶克斯–多德森定律**表示，一般来说，中等程度的唤醒水平能够带来最高的绩效。（Yerkes & Dodson，1908）用图来表示，耶克斯—多德森定律是倒 U 型曲线。随着唤醒水平的提高，绩效水平也不断提高，但是只达到一定的高度（倒 U 型的顶点）。之后，绩效水平随着唤醒水平的提高而降低。最佳唤醒水平与任务难度密切相关：任务较容易，最佳唤醒水平较高；任务难度中等，最佳唤醒水平也适中；任务越困难，最佳唤醒水平越低。要求韧性的任务比要求智力的任务所需要的唤醒水平高，体育运动中的最佳唤醒水平高于棋赛中的最佳唤醒水平。

马斯洛的需要层次理论

马斯洛提出的**需要层次理论**认为在满足高层次的需要之前，首先要满足一

△ 赌博成瘾与药物成瘾有哪些相似之处?

生理需要和安全需要得到满足后,个体会寻求归属感需要——爱与被接纳的需要。

些低层次的需要(1970)。**生理需要**是人类生存最基本的需要,包括饥饿、口渴等,处于需要层次的最底层。**安全需要**是指保护自己免受身体和情感伤害的需要,安全需要处于生理需要的上一层。生理需要和安全需要得到满足后,个体会寻求**归属感需要**——爱与被接纳的需要,寻求良好的人际关系、人与人之间的感情和爱、避免孤独。然后是**尊重需要**,包括自尊和受到别人尊重两方面,感觉到价值感和成就感,被认可。需要层次的最高层是**自我实现需要**,它是指个人成长与发展,发挥自身潜能,实现理想。

最佳唤醒水平:是指个体具有很强的动机、但又不至于强烈到产生过度焦虑情绪的状态。

耶克斯-多德森定律:一种理论,它认为,一般来说,中等程度的唤醒水平能够带来最高的绩效。

需要层次理论:一种理论,认为人的需要结构可以用金字塔来表示,共有五种不同层次的需要,最高需要是完成人的自我实现。

生理需要:是指人的基本生存的需要,例如饥饿、口渴等。

安全需要:主要指对环境安全的要求。

归属感需要:主要包括爱与被接纳的需要。

尊重需要:主要包括达到某种成就或实现自我价值的需要。

自我实现需要:是一种达到自己所能达到的最大潜能的需要,表现为完全的自我接受。

饥饿

饥饿的生理机制

如果在早晨上课之前你没吃早饭,那么你很可能经历过这样的尴尬:饿得肚子咕咕叫以至于教室里所有的人都知道你饿了。A.L.沃什伯恩(A.L.Washburn)吞下一个气球来监控胃收缩,发现饥饿感的确与胃收缩有关。(Cannon & Wasburn,1912)但是进行胃切除的老鼠和人类都没有消除饥饿感,这就引起了新的研究。

饥饿、身体化学物质与大脑

人体内的**葡萄糖**水平决定了饥饿与饱腹感。葡萄糖水平降低,人会感到饥饿。当血糖浓度升高时,**胰岛素**分泌明显下降,使身体内的血糖转化成脂肪,从而促进血糖降低。身体会控制这些化学水平,将信息传送至大脑以决定是否要吃东西。

研究表明,下丘脑通过双重中心模式调节摄食。下丘脑的外侧区分泌**食欲蛋白**,引起饥饿感。对老鼠的外侧下丘脑进行电击,本来已经饱腹的老鼠会感觉到饥饿。破坏或者移除外侧下丘脑,本来饥饿的老鼠也没有进食欲望了。(Sakurai,et al.,1998)腹内侧下丘脑压制饥饿感,发送**厌食信号**阻止动物进食。下丘脑的**弓状核**包含进食中枢和饱食中枢。

> 很多人在吃饱之后似乎都还有空间吃甜点。在这一点上,味觉影响饥饿感。

并不是所有的饥饿感都来自身体内部状态。很多人在吃饱之后似乎都还有空间吃甜点。在这一点上,味觉影响饥饿感。**饱腹感**(gustatory sense)本身涉及环境中的感觉刺激。甜点看上去很诱人,让人看到就很想再吃。已经吃得很饱的动物在看到新的食物时还会再吃。比起美味的正餐,甜点会给人带来另外一种不同的味觉。

性的动机

同步效应

大多数哺乳动物的性驱力与身体内部的激素水平及化学信号具有同步性。雌性动物的雌激素和黄体酮的周期性生产就是月经循环。雌性老鼠下丘脑的腹中区对应雄性老鼠的视叶前区。雌性动物的雌激素水平在排卵期达到最高点，此时也是性兴奋期。雄性动物的睾丸激素水平相对比较持续一致，但同样会影响到性行为。女性性驱力与激素水平的同步效应低于其他哺乳动物。女性的性欲在排卵期会增强，但是相比较黄体酮而言，更多的与睾丸素水平有关。（Harvey，1987；Meston & Frohlich，2000；Meuwissen & Over，1992；Reichman，1998）睾丸激素疗法，比如补充睾丸素，能够提高那些切除卵巢的女性下降的性动力。对男性来说，睾丸激素同样影响性驱力。

阉割

在17—18世纪的欧洲，为了保持他们的高音而被阉割的小男孩都不会发展出成人男性的性特征和性欲。1994年的电影《绝代妖姬》（*Farinelli*）描绘了18世纪最著名的阉伶歌手法拉内利（Farinelli）的生活。2006年，研究者挖掘出他的遗骸来研究阉割对人身体的影响。研究还未完全做完，但已经可以确定尸骨特征呈现出阉割特点。阉割的成人男性也会因为雄激素的降低而性欲下降。男性性侵犯者服用甲羟孕酮醋酸酯之后，雄激素会降低，性欲下降。有研究认为这种做法可以降低性侵犯的重复发生率，但也有其他研究认为这并不能

葡萄糖：是一种血糖。

胰岛素：是一种降低血糖水平的激素。

食欲蛋白：是一种引起饥饿感的激素。

厌食信号：从腹内侧下丘脑发出、压制饥饿感、阻止动物进食的神经信号。

弓状核：位于下丘脑，包含进食中枢和饱食中枢。

饱腹感：是指一种味觉。

降低强奸犯通过性行为来侵犯他人的欲望。在被阉割动物的视叶前区埋入睾丸激素晶体可以恢复其性驱力。（Everitt & Stacey，1987）

睡眠动机

为什么我们需要睡眠？

睡眠的保持与保护理论将睡眠看作一种保护机制，它可以让我们在夜晚——在来自捕食者的危险减少、获取食物的机会较低的情况下，保存能量，提供保护。睡眠模式并不依赖于动物的强体力活动水平，而是依赖于动物如何获取食物、如何保护自己。如果捕食者喜欢在白天捕食动物，那么动物很可能变成夜间活动，避开可能被害的白天时间。同样，以视觉依赖为主的物种，比如人类，倾向于利用白天的时间进行日间活动。

身体复原理论将睡眠看作为了必要的休息和恢复所花的时间。在睡眠期间，身体代谢水平下降，肌肉放松，身体释放成长激素，促进组织的恢复。在实验中，被剥夺睡眠的老鼠，其组织遭到破坏，很快死去。（Rechtschaffen & Bergman，1965）如果人类睡眠被剥夺，健康状况和身体功能也会很快下降。

睡眠对巩固记忆、促进对白天所学知识的理解也非常有用。（Guzman-Marin, et al., 2005; Leproult, et al., 1997）记忆存储要求**长时强化**，两条神经一起，共同加强神经突触的相通。一直保持清醒状态的老鼠，其长时强化水平低于那些可以睡眠的老鼠。（Vyazovskiy, et al., 2008）

激活-合成理论将睡眠看作 REM 睡眠阶段视神经与运动神经相互交叉的副产品。人在 REM 睡眠阶段会做梦，因为不同的脑部神经相互随机交叉（fire），大脑皮层会将其合成连贯的故事。但是激活合成理论并不分析梦的原因，也不反对精神分析理论。

睡眠对巩固记忆、促进对白天所学知识的理解也非常有用。

个体差异

大多数人都需要八小时的睡眠时间，也有部分人需要九个甚至十个小时。前英国首相玛格丽特·撒切尔夫人（Minister Margaret Thatcher）说她每天只需要睡四个小时就够，但是研究者希德玛芝（Hindmarch）提出，许多照片表明撒切尔夫人在白天也会睡一会儿。佛罗伦斯·南丁格尔（Florence Nightingale）和拿破仑（Napoleon）也都被报道说只需要几个小时的睡眠时间。**少眠者**是指那些睡眠时间不需要八小时的少数人（有人甚至只需要一个小时的睡眠时间）。**失眠者**是指那些和大多数人一样需要正常的睡眠时间，但是却出于种种原因而达不到的人。

归属感

高中生希望加入学校某个圈子或者成年人想加入某个专业团体，这都体现了人类归属感的需要。亚里士多德在《尼各马可伦理学》（*Nichomachean Ethics*）中称人类是"社会性动物"。归属感并不仅仅使生活更充实、社会连接更密切，甚至可能会提高我们祖先的生存率。父母与孩子之间的连接可以让孩子感觉到亲密、被保护。"wretched"（悲惨的）这个单词来自中世纪的英语

睡眠的保持与保护理论：一种理论，将睡眠看作一种保护机制，它可以让我们在夜晚保存能量，提供保护。

身体复原理论：一种理论，将睡眠看作为了必要的休息和恢复所花的时间。

长时强化：即两条神经一起，共同加强神经突触的相通的过程。

激活-合成理论：一种理论，将睡眠看作 REM 睡眠阶段视神经与运动神经相互交叉的副产品。该理论认为，梦是大脑试图处理人在睡眠期间的随机神经活动的结果。

REM 睡眠：睡眠期间可以反复出现的阶段，往往伴随生动的梦境。

少眠者：是指那些睡眠时间不需要八小时的少数人。

失眠者：是指那些和大多数人一样需要正常的睡眠时间，但是却出于种种原因而达不到的人。

"wrecche",意思是说没有亲属在身边。人类起初可能会为了躲避捕食者和敌人而共同狩猎、找寻食物或者与动物打斗。

归属感是一种跨文化需要。祖鲁谚语说道：一个人通过他人才成为人。我们会努力提高自己的社会可接受性，因为自尊水平会随着我们自认为的价值以及可接受水平而变化。我们希望维持好的人际关系，意味着我们愿意与亲戚朋友有比较亲密的联系。

团体会利用社会排斥作为控制团体的一种手段，因为每个人都害怕被排挤在外。一项网上调查显示，即使是中等水平的排斥，也具有很强的控制行为的力量。（Williams，et al.，2000）被试在虚拟游戏中如果感觉到自己被其他参加者排斥，就会感觉非常低落。在另一项研究中，被排斥的被试对既定的任务表现出更多的顺从。被拒绝确实很受伤害，社会痛苦会引起**前扣带回**（与生理痛苦相关的区域）的活动增强。（Eisenberger & Lieberman，2004）在实验中，被团体排斥在外的大学生表现出更多的挫败行为和破坏性行为。（Twenge，et al.，2001；Twenge，et al.，2002）相反，安全的社会网络和归属感能促进和保护健康水平。

工作中的激励

工作满意感

如果你非常讨厌你现在所从事的工作，你就会了解工作满意感对人的总体幸福有多么重要。那些将工作看成任务，只希望从工作中获得工资的人，其工作满意度相对较低。那些将工作看作长期事业的人，工作满意

前扣带回：大脑中负责控制人们行为的区域，与人的生理痛苦知觉相关。
公平理论：一种理论，认为员工的工作满意感取决于他们与别人进行比较的结果。
期望理论：一种理论，认为工作满意感取决于员工基于期望、手段、效价，对其行动结果的评价。

感相对较高。那些将工作看作一种欲望、一种内部需要的人具有最高的工作满意感。(Wrzesniewski, et al., 1997) 米哈里·契克森米哈赖 (Mihaly Csikszentmihalyi) 将这种工作中的充实感和满足感定义为"流畅感"(1990, 1999),当工作任务完全吸引我们,需要我们付出不是过多也不是过少的努力时,我们就会体验到这种流畅感。一个音乐家在舞台上尽情表演,厨师专心地忙于准备晚餐,或者科学家认真地进行研究时,都会体会到流畅感。

公平理论与期望理论

根据**公平理论**,员工的工作满意感取决于他们与别人进行比较的结果。如果发现他们做了很多的工作,得到了一定的回报,而别人做的工作比自己少,却得到了相同的回报时,就会感觉到不公平。他们可能会争取提高报酬、减少工作或者干脆离职。

期望理论认为工作满意感取决于员工基于期望、手段、效价,对其行动结果的评价。(Harder, 1991; Porter & Lawler, 1968; Vroom, 1964) 美国最大的保险公司美国国际集团给 CEO 罗伯特·维伦斯坦德 (Robert Willumstad) 提供 800 万美元的红利。他的期望值与他成功运营公司的能力有关。工具性主要是指红利,而效价是指回报的价值,即所得红利的价值。

回 顾

情绪与动机的构成因素有哪些?

- 情绪由三个相互区别又相互联系的部分构成:生理唤醒、情绪表达和认知体验。
- 动机的影响因素包括特质影响力(内部需要)和情境影响力(外部诱因)两部分。

情绪与动机的主导理论是什么?

- 情绪理论包括詹姆斯-兰格理论(生理反应先于认知发生),坎农-巴德理论(情绪体验和生理反应同时发生),沙赫特-辛格两因素理论(认知评价和生理唤醒产生情绪体验),认知-反馈理论(人在注意到特定的情绪反应时,首先对它进行评估,然后产生情绪)和普拉特切克的基本情绪模型(八种基本情绪相互组合构成更多复杂情绪)。
- 动机理论包括驱力减少理论(人的行为由减少生理需要的驱力所推动),社会学习理论(人的行为由完成某一目标的期待所驱动),中央状态理论(人的活动由中央神经系统活动产生)。

我们如何去解释恐惧、生气、高兴等情绪?

- 恐惧保护我们在面临危险时,随时准备斗争或逃跑反应,主要由杏仁核控制。恐惧部分源于习得,部分源于遗传。
- 愤怒的面部表情比较具有一致性,但是愤怒表达的因素可能因文化而异。
- 高兴具有短暂性,可以让人们感到开心,取决于相对他人的成功感,与金钱无关。

我们如何理解饥饿、睡眠、性、归属感和工作？

- 饥饿取决于胃收缩、体内血糖水平、下丘脑的外侧区分泌的食欲蛋白和味觉。
- 睡眠保护我们远离敌人，给心灵和身体带来放松和恢复。
- 雌激素、雄激素以及体内的其他激素影响性欲。
- 归属感最大化水平提高了人类的生存率，归属感缺失会带来生理痛苦。
- 可以获得内部奖赏的人具有最高的工作满意感。

第12章

压力与健康

- 心理状态和生理反应是如何联系的?
- 压力是如何影响我们的免疫系统和身体健康的?
- 人们面对压力有哪些不同的应对方式?
- 我们使用哪些策略可以减轻或者消除压力?

在你准备关掉电视上床睡觉时,你发现你喜欢的电视剧开始重播了。你觉得少睡一个小时也没什么问题,对不对?令人吃惊的是,其实它对人有影响。研究人员发现,缺乏睡眠的人比那些睡眠充足的人更容易肥胖。

在 2004 年国家健康与营养调查研究中,哥伦比亚大学的研究人员史蒂文·赫穆斯菲尔德(Steven Heymsfield)和詹姆斯·甘维许(James Gangwisch)分析了 6 000 多个实验者的睡眠模式和肥胖率,回顾了 1982—1984 年的调查和 1987 年的随访研究结果,发现与正常睡眠者(每晚睡 7~9 小时的人)相比,每晚睡眠少于 4 个小时的人的肥胖发生概率是 73%,每晚睡 5 小时的人的肥胖发生概率是 50%,而每晚睡 6 个小时的人的肥胖发生概率是 23%。

那么睡眠剥夺和体重增加之间是什么关系呢?答案可能就在与调节饮食有关的激素身上。

瘦素是一种化学物质,它用来提醒大脑什么时候饱了,什么时候需要消耗卡路里,什么时候产生身体所需的能量。通常在睡觉的时候瘦素水平会提高,告诉大脑我们现在有所需的能量,不需要摄取更多的食物。然而,当我们睡眠不足时,瘦素水平会下降,大脑就认为这是缺乏能量,导致我们产生饥饿感,实际上我们的身体并不需要食物。

相反,脑肠肽激素是抑制食欲的激素,它告诉大脑什么时候吃,什么时候停止燃烧卡路里,什么时候储存能量。在睡觉的时候脑肠肽激素分泌减少,因为我们睡觉的时候比醒着的时候需要更少的能量。但是,如果睡眠不足就会导致脑肠肽的增加,感觉就像饿了一样。

压力在和虚胖的斗争中起着重要作用,它能够提高皮质醇激素的水平。

例如，当我们在压力情境下，皮质醇激素会大量分泌，它从肾上腺悄悄地溜进血液中，参与"斗争或逃跑反应"。因此，皮质醇激素被称为"压力激素"。过多的皮质醇激素会阻止脂肪的燃烧，导致体重和食欲的增加。

所以，下次当你担心即将到来的心理学考试而整夜不睡时，想想你的腰围然后去睡觉吧！

心身关系

对睡眠剥夺和肥胖的研究证明，我们的大脑和身体有着强烈的联系。很多心理学家通过心理状态引起的身体反应来研究心身关系。拿应激来举个例子，虽然应激是一种心理状态而不是身体疾病，但它会极大地提高患心脏病、癌症、中风和慢性肺病的风险，这四种病会使身体受损，甚至导致死亡。当人们有压力，同时又有类似吸烟、酗酒、缺少睡眠这样不健康的生活方式时，会更糟糕。然而不幸的是，如今我们越感觉生活中有压力，就越容易靠吸烟喝酒来释放压力，有时我们要熬夜或者早起把事情做完。像上述这种情况，我们的行为和精神状态让我们陷入一个恶性循环中。

在压力情境或其他思想和行为会损害健康的情况下，我们如何保持心理和身体的健康呢？这个答案也许可以在行为医学中找到。**行为医学**是一门跨学科的医学治疗方法，它将行为、医疗和社会知识结合到一起来延长人的寿命、提高生活质量。基于行为医学方面的心理学称为**健康心理学**，它关注患者和医生降低疾病风险的一般策略和具体策略的发展。例如，健康心理学家发明了减压技巧、减肥计划，还创建了团体支持小组，让团体成员能够采取全面的方式达到健康状况。正如这个领域的名字暗示的那样，健康心理学强调身体健康和心理健康是密切相关的：心身关系是真实而强有力的，我们的心理状态影响我们整个的身体健康水平。

> 不幸的是，如今我们越感觉生活中有压力，就越容易靠吸烟喝酒来释放压力，有时我们要熬夜或者早起把事情做完。像上述这种情况，我们的行为和精神状态让我们陷入一个恶性循环中。

应激及其对健康的影响

应激和应激源

你即将参加一场考试，还要尝试去修复和以前老朋友不甚友好的关系，你不知道如何去偿还这个月的信用卡，你甚至不能应付这些特殊状况中的任何一个，你知道你现在正处于一种类似应激的情境中。**应激**是我们对应激源的觉察和反应。**应激源**是让我们感到有威胁和挑战的事件。并不是所有的应激都是一样的。比如说，**急性应激**是高度紧张的一种临时应激状态，而**慢性应激**是由于我们无法从周围获得满足我们需要的所有资源而引起的长期心理状态。如果你体验过两种不同应激形式中的一种，那你绝对不是唯一一个有过这种经验的人：几乎40%的美国人说他们经常面对应激状况，还有40%的人说他们有时会感觉处在应激状况中。（Carroll，2007）

当我们开始了解应激在我们生活中的重要性时，研究者开始关注应激对我们健康的负面影响，同时寻找减少这种影响的方法。对应激的关注开启了通往几个新研究领域的大门。比如，科学家们最近发现慢性应激和办公室、城市、学校这类具体的环境有关。这个发现促进了环境心理学的发展。**环境心理学**研

行为医学：是一门跨学科的医学治疗方法，它将行为、医疗和社会知识结合到一起来延长人的寿命、提高生活质量。

健康心理学：基于行为医学方面的心理学分支学科。

应激：遇到威胁或挑战时所做出的身体和心理反应。

应激源：让人们感觉受到威胁或者挑战的事件。

急性应激：是高度紧张的一种临时应激状态。

慢性应激：人们感到没有足够的资源可以满足现在的需求而产生的一种持久的紧张状态。

环境心理学：主要研究物理环境对行为和健康的影响的心理学分支学科。

积极应激：是一种低水平的、可以激发人们去更好地完成一项任务或达到一个目标的良性应激。

消极应激：常把挑战感知为不可逾越的障碍的一种长期、消极的应激类型。

究物理环境对行为和健康的影响。例如，空气污染、噪声、水中的金属毒素通常是与城市生活相联系的压力情境，它对人们的身体健康产生负面的影响。另一个与应激相关的领域，是心理神经免疫学，它探讨外部压力情境如何影响免疫系统应对病毒、细菌这类内部压力情境的反应。

不管我们什么时候遇到应激或应激如何在我们身上体现，我们往往都会考虑应激的负面影响。对我们大多数人来说，应激是需要避免和克服的。然而，应激虽然潜在地增加了患严重疾病和其他健康问题的风险，但它也可以帮助挽救你的生命。当应激短期存在，或是你认为应激是可以克服的挑战时，它就有了积极的影响：它可以增强你的免疫系统，这样你就能战胜疾病或加快伤口恢复；也能激励你找到解决问题的方法，并且教会你如何调节情绪。例如，在田径比赛之前感到有一点紧张实际上不是一件坏事，这种压力也许会让你跑得更快。应激的这种积极模式被称为**积极应激**。然而，当应激持续过长或被认为是一个巨大的障碍时，它的影响就比较消极，被称为**消极应激**。童年遭遇严重虐待的儿童可能会在以后的生活中患上慢性病。(Kendall-Tackett，2000)经历创伤后应激障碍的个体也有患严重疾病的风险。例如，许多老兵参加越南战争，经历了这场大型战争带来的创伤后应激障碍，和那些没有经历创伤后应激障碍的战士比起来，他们更容易患循环、消化、呼吸系统和传染性的疾病。(Boscarino，1997)

> 不管我们什么时候遇到应激或应激如何在我们身上体现，我们往往会考虑应激的负面影响。对我们大多数人来说，应激是需要避免和克服的。

> 参加过越南战争和伊拉克战争的老兵容易患与应激相关的一些疾病。战士、医生以及政府应该做些什么来减少患这种病的风险呢？

应激反应系统

每个人对应激源的感知不一样，应对策略也不一样。但是，我们对应激的生理反应是相似的。过去的几年里，为了简化和描述这些反应，心理学家已经建立了几个应激反应系统的模型。

斗争或逃跑

1915 年，美国心理学家沃尔特·坎农发现在极度寒冷、缺氧的情境中和情绪唤起的事件里，肾上腺释放的压力肾上腺素和去甲肾上腺素会增加。这个发现证明了应激反应是心身系统的一部分，尽管应激是一种心理上的状态，但它会引起身体的症状。坎农把被情绪唤起的身体反应称为**斗争或逃跑反应**。它描述了当我们面临应激源时的进化选择——斗争或逃跑到安全的地方去。

坎农的斗争或逃跑反应是解释动物面对压力时做出反应的最著名模型之一。但从化学角度来看，它并没有完全阐述清楚。在坎农研究的基础上，心理学家们发现了另外一个应激反应系统，这个系统导致了肾上腺的外部分泌像皮质醇这类的应激激素。应激激素通过增加血液中葡萄糖的浓度来提供肌肉所需要的能量。这个发现支持了坎农关于人类对应激本能反应的理论：无论我们是准备斗争还是逃跑，我们的肌肉都需要能量来做出适当反应，所以皮质醇的分泌在斗争或逃跑中起重要作用。

一般适应综合征

一般适应综合征（GAS）和坎农的理论一样著名，不是应激反应的唯一模型。在 20 世纪 30 年代，内分泌学家汉斯·塞里（Hans Selye）建立了一般适应综合征模型。它描述了身体对应激的适应性反应的三个阶段：警觉期、抵抗期和衰竭期。在警觉期，身体对威胁的最初反应是心率增加、血液流向骨骼肌肉。在抵抗期，体温、血压、呼吸都持续在一个较高的水平，激素突然释放，身体做好了迎接即将到来的挑战的准备。当持续的压力消耗完身体储备的能量时，衰竭期到来。在最后这个阶段，身体很容易遭受疾病的侵袭，甚至会崩溃或死亡。

有项研究证实了一般适应综合征的最后一个阶段：长期的压力会使人体力下降、快速老化。2008 年的一项研究表明，经历过应激事件，像童年期受到虐待、身边的同伴遭遇暴力或年纪轻轻肩负很多责任的女孩，月经来潮会提前，

斗争或逃跑反应：机体面对应激源时准备做出的、由杏仁核引起的躯体反应。
一般适应综合征：机体对应激做出的反应，包含警觉期、抵抗期、衰竭期三个阶段。

并且出现物理风化——一个描述老化加快和相关症状的术语。(Foster, et al., 2008)

替代压力反应

有时候,我们对压力不是做出战斗或逃跑的反应,而是回避。如果一个和你很亲近的人去世了,你可能会一个人静静地待着而不与外界接触、辞职、不参与社交活动或使用药物来逃避现实。尽管回避会让我们远离应激源,但事实上它并不能有效地解决问题、增强心理健康。

社会心理学家谢利·泰勒(Shelley Taylor)的"倾向和友好"理论,以坎农原始模型命名,更有效地描述了人们面对压力时的反应。这个模型通常用来解释妇女的行为,当她们面对压力的时候,常常寻求和给予帮助。研究证明,有朋友或社会支持的人比没有朋友或家庭支持的人能更好地应对压力。

生活中的压力事件

在我们的日常生活中,我们会遇到各种各样不同程度的压力。你认为以下哪个会让你更有压力:从一场飞机失事中幸存下来,还是从每天拥挤的班车上解放出来?因一场飓风让你所在的整个城市遭受洪水而搬家,还是因每次下雨地下室被淹而搬家?我们也许会惊讶地发现小的压力事件累积起来的影响和一次大规模事件的影响是一样的。

灾难

重大压力事件被称为**灾难**——它不可预测而且规模很大。伊拉克战争、卡特里娜飓风和 2001 年"9·11"恐怖袭击事件就是典型的灾难。像这些灾难性事件对人们的压力水平和健康有着广泛、深远的影响。"9·11"事件后,研究者发现美国人的血压大幅度上升,并且这种状况至少持续了两个月。(Gerin, et al., 2005)在袭击事件后,纽约安眠药的使用数量增加了 28%。(HMHL, 2002)

> 我们也许会惊讶地发现小的压力事件累积起来的影响和一次大规模事件的影响是一样的。

> 幸运的是，很多人没有亲身经历灾难性事件。但是越琐碎和普通的事件越容易导致生活中一系列的压力，比如童年时搬家、结婚或离婚、失去心爱的人、改变职业方向等。

经历了这种大型灾难的人也许会患上创伤后应激障碍，它是灾难性事件持续回忆体验引起的应激反应（参考第14章）。创伤后应激障碍患者会出现睡眠和注意集中问题，同时伴有焦虑、噩梦和灾难性事件片段的回忆。人们也许会出现残余应激模式，它是一种关于创伤后应激障碍比较温和的情绪反应方式，但更持久、更漫长。当压力事件本身就是长期的，应激反应也许会被形容为**倦怠**——在长期的高压环境下产生的生理、情感和心理上的耗竭，同时伴随着较低的成就表现和动机水平。倦怠在情感压力帮助工作者中最常出现，比如经常处理虐待儿童事件的社会工作者和处理战争死亡的医疗服务人员。

重大生活改变

幸运的是，很多人没有亲身经历灾难性事件。但是越琐碎和普通的事件越容易导致生活中一系列的压力，比如童年时搬家、结婚或离婚、失去心爱的人、改变职业方向等。很多重大的生活改变往往在我们青春期出现，在你十五六岁、20岁或30岁的时候，你将面临：第一次离开家、开始自己的事业、建立长期的恋爱关系、成立家庭、面对年老亲人的死亡。事实上，因为年轻人在这一阶段经历如此多的变化，所以人们用"四分之一人生危机"来描述20岁的年轻人所体会到的紧张的不堪重负的情感。一些数据表明来自重大生活事件的压力随着年龄增长而下降，50岁以下的美国人有一半人称自己经常感到压力，而50岁以上的人报告自己经常有压力感的人不到30%。

同其他的压力性事件一样，重大生活改变也会对健康产生负面影响。研究发现，丧偶、工作被辞、离婚的人与生活相对稳定、压力较少的人相比更容易生病。

灾难： 不可预测的大规模的重大压力事件。
倦怠： 在长期的高压环境下产生的生理、情感和心理上的耗竭，同时伴随着较低的成就表现和动机水平。
日常困扰： 日常生活中的小事累加起来形成的压力。

日常困扰

最常见和最普通的压力就是**日常困扰**,比如交通堵塞、排队等待、繁忙的工作日程安排、过多的垃圾电子邮件、总是空着的办公室咖啡壶、每次走到门边都会被室友的鞋子绊倒,等等。虽然这些麻烦看起来很小,但它们加起来等同于一次重大的应激事件。尤其当它涉及与经济或安全有关的因素时,比如为支付租金或买日用品发愁,因生活在贫困或高犯罪的社区而担忧,承受种族歧视或其他偏见的攻击等,这些看似小的压力对人会更有害。在社会经济不发达的地区,日常生活中的困扰极具压力和危险,居民往往患有高血压,表现得过度紧张(一种压力情境下的身体症状),整天担忧无法支付医疗保险或获得医疗保障。

> 小的生活事件累加起来相当于一次重大的应激事件。

应激和心脏

睡觉可以改善我们的健康,而应激会损害我们的健康。不幸的是,我们宁愿花更多的时间去为应激状况担忧而不愿好好地休息一下。我们生活中压力事件的数量也许可以说明,为什么自20世纪50年代以来,冠心病成为导致北美人死亡的首要原因。**冠心病**是由于滋养心肌的血管堵塞导致的。尽管冠心病是由很多因素引起的,但科学家发现,通常冠心病和应激是密切相关的。

心脏病和人格

每年4月15日,美国开始征税。同时,税务会计工作者血液浓度攀升到一个危险的水平。这两者之间的关系只是一个巧合,还是能够揭示更多的东西?这是20世纪50年代梅耶·弗里德曼(Meyer Friedman)、罗依·罗森曼(Ray Rosenman)和他们的同事研究应激是否和心脏病有关时提出的问题。他们分别测量了税务会计工作者在纳税高峰期(4月中旬)和非高峰期的血液浓度水平和血液凝固程度。研究者发现,在纳税期之前或之后,会计工作者相对健康。而在4月15日,当他们跑去完成他们客户的纳税申报表时,血液浓度和凝固程度增高。换句话说,会计工作者的压力水平和他们的健康似乎有直接的联系。(Friedman,et al.,1958)

在美国排行前十的死因

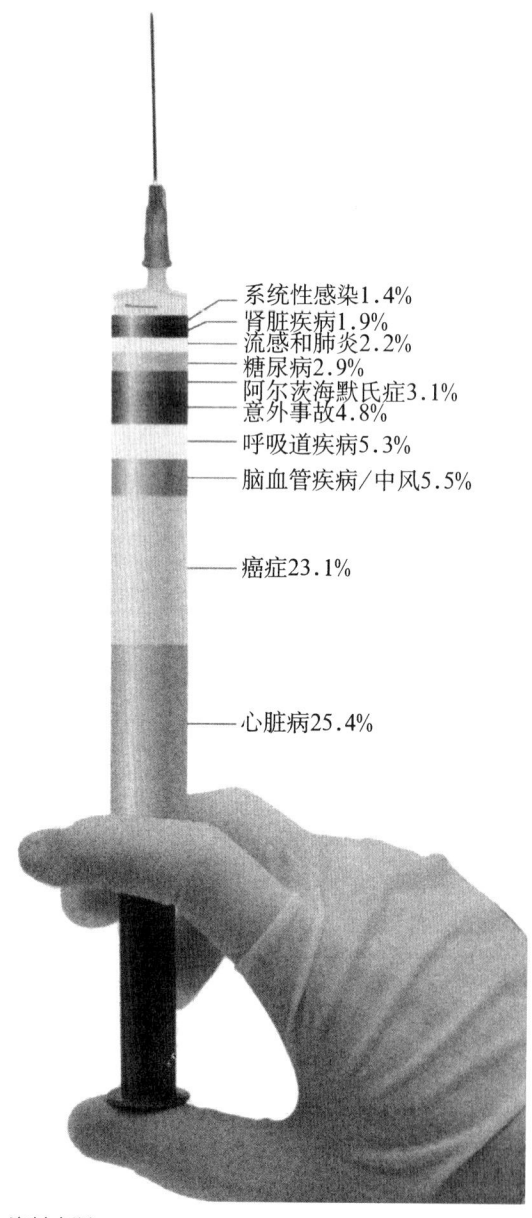

- 系统性感染 1.4%
- 肾脏疾病 1.9%
- 流感和肺炎 2.2%
- 糖尿病 2.9%
- 阿尔茨海默氏症 3.1%
- 意外事故 4.8%
- 呼吸道疾病 5.3%
- 脑血管疾病/中风 5.5%
- 癌症 23.1%
- 心脏病 25.4%

资料来源：National Vital Statistics Report，Vol.58，No.1（2009，8）.

紧张、有压力的生活方式会导致冠心病的发生，而冠心病已成为美国的首位死因。

这项研究为后来一个经典研究提供了依据，这个经典研究是对 3 000 多名 35~59 岁的健康人进行长达 9 年的调查，以观察这些人表现出来的是两种人格中的哪一种。研究包括数量大致相等的两种类型的人：具有 **A 型人格**的人争强好胜、有攻击性、缺乏耐心、易激惹；具有 **B 型人格**的人容易相处、随和。在研究的最后阶段发现，3 000 多人中 257 人患有心脏病，其中 A 型人占了 69%。而更令人吃惊的是，最懒散和最放松的人（最典型的 B 型人格）心脏都是健康的。（Rosenman, et al., 1975）

那么，什么使 A 型人格的人如此不健康呢？尽管 A 型人格和 B 型人格的人在轻松的情境下有相似的唤醒水平，但当 A 型人格的人遭遇骚扰、挑战或威胁时，他们的生理反应更强烈：激素分泌水平、脉搏、血压显著增加。激素使动脉上的斑块积累得更快，加速硬化，血压升高；同时活跃的交感神经系统使血液避开肝脏等内脏器官，直接流向肌肉，而肝脏对清除血液中的胆固醇和脂肪有着重要的作用；最后，血液中携带的多余的胆固醇和脂肪被储存在心脏中，增加中风和心脏病发作的危险。

消极情绪，尤其是咄咄逼人的愤怒，也是 A 型人健康损伤的原因之一。"不应为小事烦恼"是有医学依据的。面对小问题和麻烦，容易生气的人和那些表现平静的人比起来，患心血管疾病的风险更高。一项研究发现，血压正常但生气时血压升高的中年人患心脏病的概率提高了 3 倍，即使考虑了吸烟和超重这些危险因素，结果也是一样的。（Williams, et al., 2000）另一研究发现，悲观主义者患心脏病的概率是乐观主义者的两倍多。（Kubzansky, 2001）不管从哪方面看，显然应激和生气对心脏都没有任何好处。

应激和免疫系统

你的免疫系统就像保镖一样，它每天保护你免遭疾病和意外的伤害。尽管免疫系统很强大，但它并不是无敌的。年龄、遗传因素、营养的摄入和应激数量都可能会影响你的免疫系统。鉴于你知道应激会影响你的整个健康状况，那么在压力之下，免疫系统不能快速而有效地治愈你的身体就没有什么奇怪的了。

两种类型的白细胞或**淋巴细胞**，在免疫系统中有重要作用。B 淋巴细胞在骨髓中形成和释放抵抗细菌感染的抗体，而 T 淋巴细胞存在于胸腺和其他淋巴组织，主要抵抗癌细胞、病毒和外来物质（包括那些也许不是身体真正敌人的物质，比如移植器官）的侵袭。当这些淋巴细胞正常工作，它们会帮你保持健康，愈合伤口。但当你的免疫系统不能正常工作，它们要么反应过度，要么反应不足。当它们反应不足时，可能你在接触门把手，然后揉眼睛后就会被细菌感染，或者它们不能抑制体内癌细胞的扩散。当它们反应过度时，你的免疫系统可能会袭击身体自身的组织，从而引发关节炎、过敏、狼疮和多发性硬化症。由于女人比男人拥有更强的免疫系统，因此她们一般不容易被细菌感染，

冠心病：是以因冠状动脉血管狭窄、心肌供血不足为特征的疾病。
A 型人格：争强好胜、有攻击性、缺乏耐心、易激惹等人格特征。
B 型人格：随和、好相处等人格特征。

但对那些自我攻击性的疾病免疫较弱。

那应激是如何与免疫系统的功能相关的？在应激反应时，大脑分泌的压力激素会增加，从而抑制了与疾病抗争的 B 淋巴细胞和 T 淋巴细胞的活动。应激也导致身体进入"恐慌模式"，使免疫系统中的许多能量转移到肌肉和大脑。因此应激的这种反应会使外科手术的伤口愈合得更慢。

一项研究证明，压力使人更容易患上感冒。低压力和高压力参与者同时接触到感冒病毒，有 47% 的高压力参与者患病，而只有 27% 的低压力参与者患病。另外一项实验室研究也证明了较快乐和较轻松的人明显不易受到感冒病毒的侵袭。（Cohen，et al., 2003）

一项研究发现，血压正常但生气时血压升高的中年人患心脏病的概率提高了 3 倍，即使考虑了吸烟和超重这些危险因素，结果也是一样的。（Williams,et al., 2000）

应激和艾滋病

如果一个人已经有了对应激免疫抑制的经历，那么免疫系统对应激的免疫效率更大。例如与免疫抑制疾病有关的人类免疫缺陷病毒（HIV）是应激性事件，它通过体液（如精液和血液）传播，可导致获得性免疫缺陷综合征，即艾滋病（AIDS）。全世界有超过 3 000 万人是 HIV 携带者。（UNAIDS，2008）由于没有对这种疾病的定期检测，许多人都不知道自己被感染了，而后又将病毒传染给了别人。根据定义，免疫缺陷疾病使机体很难抵抗其他疾病，所以艾滋病病毒感染者通常死于其他并发症。

研究人员发现，压力与负面情绪和艾滋病病程的发展有关，它加速了艾滋病患者机能的衰退。减轻压力的技术似乎给延缓衰退提供了一些希望。例如很多 HIV 携带者已经从教育活动、丧亲支援小组、认知疗法以及减轻压力的运动项目中获益。

应激和癌症

笑声和积极情绪可以提高病人的健康水平，而压力和负面情绪与癌症的发展有关。研究人员用老鼠做实验，这些老鼠要么被给予致癌物质，要么被移植了肿瘤，并暴露在不可控的压力情境下，比如电击。他们发现同仅仅给予致癌物质和移植肿瘤但没有暴露在不可控压力环境下的老鼠相比，暴露在压力情境下的老鼠更容易繁殖肿瘤细胞而且肿瘤长得更大、更快。（Sklar & Anisman, 1981）然而，仅仅只有压力似乎并不能致癌。集中营的幸存者和战俘可能经过了最极端的压力，但是同一般人群相比，他们却没有更高的癌症发病率。关于压力和癌症的联系的研究还在继续进行，现在一种观点认为，压力通过弱化免疫系统对体内已经存在的一些恶性细胞的防卫，从而使癌细胞扩散。

> 集中营的幸存者和战俘可能经过了最极端的压力，但是同一般人群相比，他们却没有更高的癌症发病率。

压力和躯体形式障碍

有些人对压力的反应会通过一些躯体症状表现出来，而这些躯体症状不能完全用现在的医学来解释。作为一个整体，所有这些身体症状的心理障碍被称为**躯体形式障碍**。虽然躯体形式障碍患者经过检查没有生理原因，但他们确确实实感受到身体上的障碍。

偏头痛、慢性疲劳、高血压是由在压力情境下的心理反应引起的一些身体症状。曾经那些与压力有关的被称为身心症状的症状，现在被称为**心理生理疾病**或**心身疾病**。我们需要注意的是尽管这些身体症状是由心理原因引起的，但患者却可以真实地感受到。

虽然其他的躯体形式障碍看起来似乎和压力没什么关系，但人们患上这些障碍的部分原因是由于对应激的反应。疑病症就是其中一个例子，**疑病症**患者

淋巴细胞：是一种白细胞。

躯体形式障碍：无明确的病理机制，以躯体不适症为主的疾病。

心理生理疾病（心身疾病）：在压力情境下的心理反应引起的诸如慢性疲劳、高血压等一类身体症状。

疑病症：一种心理疾病，患者变得非常关注小的症状以至于产生了非常夸张的信念，认为这些症状是威胁生命的疾病的象征。

躯体化障碍：以模糊的、不明确的症状如头晕、恶心为特点的躯体形式障碍。

转换障碍：以感觉功能突然、短暂的丧失为症状的躯体形式障碍。

> 即使最紧张的压力环境也只能使先前存在的癌细胞恶化，而不可能凭空创造它们。

变得非常关注小症状，以至于他们产生了非常夸张的信念，认为这些症状是威胁生命的疾病的象征。**躯体化障碍**患者表现出不能用医学解释的多种身体不适症状。同疑病症患者不一样，躯体化障碍患者不会夸大症状的严重性。

另一些有**转换障碍**的人，在面对现在或即将到来的压力，例如被打电话告知要到阿富汗去执行另一个任务时，他们丧失了感觉或运动功能。转换障碍的症状包括失明、瘫痪，但查不出生理原因，他们也不是故意诈病。虽然他们的症状看上去像是表演出来的，但由于转换障碍而失明的人认为自己真的看不见。

寻求治疗

不管你是患有和压力有关的疾病还是只是一个普通的小感冒，就看医生这件事而言，本身就是一件压力事件。当论及为疾病寻求治疗时，压力有潜在的益处。一些人对因疾病引起的身体症状的关注远远超过了其他人。一部分人也许不会太在意头疼或胃疼，另一部分人也许会在他们一注意到这些症状时就去看医生。他们对相同的症状做出不同反应的原因是什么呢？这个问题的答案也许与压力有关。注意到身体症状并去看医生的那些人往往更消极，他们经常用焦虑、抑郁、紧张来进行自我描述。尽管医生不建议他们的病人变得焦虑、抑郁、紧张，但早注意这些症状的病人可能接受更早、更有效的治疗。而对疾病症状不敏感或者是等一段时间再去寻求治疗的病人可能会使疾病恶化。压力可能会导致一系列健康问题，但它也能激励你去看医生，从而提高你的健康水平。

改善健康

应对压力

花点时间想一下，你如何应对压力？你的回答也许和朋友或妈妈的都不同。实际上，有许多不同的压力处理技术，每种都各有优缺点。**应对策略**帮助我们将压力影响降低或最小化。人们处理压力的方法非常不同，但一般的解压策略包括情绪、认知和行为疗法。

认知评价

通常在我们能够理智地思考压力之前，我们对它的反应都是消极的。当你浏览你下星期的时间表时发现一天中有三门考试，并且你还没有开始复习其中任何一门时，你会感到被压得喘不过气来。但是，压力通常比我们认为的更容易掌控，只要重新思考一下就能减少它们的有害影响。

当我们对压力事件进行**认知评价**时，我们会仔细地解释和评估它。进行认知评价时，有两个步骤：首先，我们进行一个**初级评价**，即对压力事件的严重性程度和我们个人能力的评估。在你的初级评价中，你意识到一天中有三门考试，你可以把它看作一个不能克服的障碍，也可以看作一个通过努力就能克服的挑战。然后，进行**次级评价**，即你需要采取什么样的行动，可以利用什么样的资源。次级评价可以使你用更恰当、更合理的方式对压力情境做出估计。你也许会发现在考试之前有为期三天的假期，这给了你额外的时间来复习，或者你决定找同伴一起来复习，这样你的考试准备会更有效率而且充满乐趣。通过对压力情境的理性思考和对可利用资源的客观评估，你也许会减轻焦虑情绪，制订一个学习计划。

理性应对、消极应对和重组

当我们对应激源进行一个理性、周密的认知评价时，我们就是在进行**理性应对**，即面对压力事件，努力克服它。这种应对压力的实践方法很有效，但有时采用这种方法也会很困难。当我们不能理性地应对压力时，我们就会用压抑或者重组来代替。

消极应对就像忽视房间中的一头大象一样，保持一种人为的积极观点，不去思考那些压力。一些人认为这种方法是有效的，尤其是在短期压力情况下，

> 一项研究发现有乳腺癌史的妇女和患晚期乳腺癌的妇女都普遍选择压抑这种应对方式。在 11 个死于乳腺癌的患者中，有 8 个是消极应对者。（Jensen，1987）

而另一些人担心如果不去适当地面对和处理压力，会导致长期的健康问题。一项研究发现有乳腺癌史的妇女和患晚期乳腺癌的妇女都普遍选择压抑这种应对

方式。在 11 个死于乳腺癌的患者中，有 8 个是消极应对者。（Jensen，1987）

一种应对压力更有效的方法是**重组**，即发现一个新的或创造性的方法来考虑压力，从而减少它的威胁。当你使用重组技术时，也许可以将一天三门考试视为教授对你留下印象的机会，这能让他们给你写研究生的推荐信，或者你可以想一天完成三门考试同一个星期分三次考相比要更好和更方便一些。

压力的所有处理方法都各有利弊，你会发现不同情形的压力需要用不同的方法应对。一个最近心脏病发作的患者可以用重组的技术这样想：他或她脆弱的健康情况，可以使自己在将来发作时从工作中退下来，从而有时间陪伴自己的家人。但最好是不要担心将来的发作。研究者发现那些经常担忧心脏病发作的患者比那些不担心将来健康状况的患者更容易患创伤后应激障碍，比如噩梦、失眠，这些因素实际上增加了发病的危险。（Ginzburg，et al.，2003）

应激预应付

在压力未到来之前，焦虑者就开始担心。他们对将来可能变成压力的事件进行预期假设，倾向于寻找最好的方法来处理潜在的尚不存在的问题。尽管这

应对策略：帮助人们将应激源的影响降低或消除的方法。

认知评价：经过深思后的解释和评价。

初级评价：对压力事件的严重程度和我们能否应对压力的能力的评估。

次级评价：在初级评价的基础上，判断自己需要采取什么样的行动，可以利用什么样的资源。

理性应对：指直接面对压力事件，并努力克服它的应对方式。

消极应对：指保持一种人为的积极观点，直接不去想、不去面对那些压力的应对方式。

重组：发现一个新的或创造性的方法来认识压力，从而减少它的威胁的应对方式。

应激预应付：预见潜在的压力，并就你以前处理类似的压力时会做什么以及你从过去的错误中学会了什么等进行思考的压力应对方式。

问题应对：试图直接消除压力，或者减小压力的来源，或者改变自己在压力事件中的行为的应对策略。

情绪应对：试图通过逃避压力或舒缓应激情绪来减轻压力的应对策略。

压力接种：一种治疗技术。教会来访者如何评估和应对压力，然后让其逐级接触不同程度的压力来强化他的应对机制。

种做法太过极端会使生活变得令人厌烦，但可以将它变成一个有用的、有前瞻性的应对机制。**应激预应付**包括预见潜在的压力，并回想以前处理类似的压力时，你会做什么以及你从过去的错误中学会了什么。比如说，上个学期你不能完成你的工作量，这将提醒你这学期有相同的工作量时，你可以通过削减课外活动来使潜在的压力水平最小化。就像童子军，使用应激预应付的人总是时刻准备着。

问题应对

当压力来临时，消除它可以用**问题应对**，也可以用情绪应对。使用问题应对的人试图直接消除压力，或者减小压力的来源，或者改变自己在压力事件中的行为。当我们感觉能够掌控环境时，我们采取这种策略。如果在面对一个难题时，我们感觉自己可以掌控环境和自身行为，那我们倾向于直接解决问题。比如说，当你在处理工作中一个具有挑战性的项目时，你也许会试着和主管谈谈看是否能减少工作量（改变环境），也许会为了完成工作而决定加班（改变自己的行为）。

情绪应对

如果觉得不能应付压力情境，我们也许会诉诸**情绪应对**——试着通过逃避压力或舒缓我们的应激情绪来减轻压力。比如说，你和邻居的关系变得很紧张，你会试着躲开你的邻居，而与你的朋友待在一起，这样会使你感觉好点。尽管这种应对策略可以减轻你的压力，但在提高健康水平和生活的满意度时，它往往没有问题应对策略有效。如果你直接去找邻居解决你们之间的问题，那么你也许能从中能学到和别人相处的方法，帮你解决和邻居之间以后会发生的矛盾。

尽管情绪应对在消除压力时不是最有效的方式，但它也有优点。比如说，当癌症病人大笑或者听笑话、看旧的喜剧片时，他们就是在使用情绪应对消除压力。他们不能控制病情的恶化，但他们可以通过良好的情绪使自己感觉好点。

压力接种

那些发现处理压力极为困难的人也许会向治疗师寻求帮助，治疗师能够提供有效的帮助。这样的应对策略就是**压力接种**，20 世纪 70 年代，由唐纳德·梅肯鲍姆（Donald Meichenbaum）提出。压力接种包括三个步骤：概念阶段、技能获得阶段和复述阶段以及应用和完成阶段。

压力接种的过程

概念阶段	技能获得和复述阶段	应用和完成阶段
识别应激源和病人对应激源的反应，评估对应激的有效反应	复述减压的技术，包括积极应对策略的陈述，放松训练和对压力情境的现实评估	在现实的压力情境下运用减压技术

△ 梅肯鲍姆的压力接种策略包括三个步骤。

减少压力的因素

知觉控制

当人和动物面对不能控制的压力时，会产生比面对可以控制的压力情境更强的应激反应。当我们认为自己不能控制一个情境时，我们的应激激素水平和血压升高，免疫反应下降。这些生理反应就解释了察觉对压力失去控制感如何导致了脆弱的、糟糕的健康状况。在疗养院的老人如果不能感知控制自己的行为，他们的健康水平会下降得更快，也比那些能掌控自己活动的人死得更快。（Rodin，1986）在工作环境中有知觉控制权也同样重要。一项研究发现，能很快地适应办公室的设备和光线，并能够排除让人分心的外界干扰的人，比那些不能适应工作环境的人有更少的压力体验。（Wyon，2000）如果我们认为自己有能力掌控生活及一些变化，我们很少感觉到压力。简而言之，较强的知觉控制降低了压力水平并提高了健康状况。

知觉控制和压力之间的关系解释了经济地位和长寿之间的联系。高经济地位与低心脏病发生率、低呼吸系统疾病患病率、低婴儿死亡率、正常出生体重、少吸烟以及低犯罪率相联系。尽管钱不是健康的必需因素，但有足够的钱过舒适的生活可以明显降低压力水平，提高知觉控制。如果你有幸是相对富裕的人，就可以控制生活的几个方面，比如你可以选择一个良好的社区、去高级的体育馆、上一个好的学校等。

即使没有那么多的经济来源让人们能更多地掌控生活，知觉控制也可以减轻压力。研究发现，对某个情境知觉控制的积极影响与实际控制的积极影响相近。你可能会遇到超乎你控制范围的情境，但如果你相信自己能够改变这种情境，你就可以减轻压力水平并从总体上提高健康水平。

解释风格

你的人生观从本质上来说是积极的吗？如果是的话，那么你会发现处理压力相对容易。在生活中，我们减轻压力的一个方法就是使我们对压力的**解释风格**更乐观。心理学家迈克尔·史西尔（Michael Scheier）和查尔斯·卡弗（Charles Carver）发现乐观者比悲观者有更多的知觉控制，能更好地处理压力事件，有更健康的身体状况（1992）。研究者也发现，在本学期过去的一个月中，乐观的学生比悲观的同学更少报告自己疲劳、咳嗽和某部位疼痛，这说明也许乐观主义者体验到更少的压力，因此不容易生病和失眠。

社会支持

尽管笑本身就是有益的事，但如果能和朋友、家人在一起开怀大笑就更好了。社会支持是由朋友和家庭成员形成的支持性关系网，在减少压力、增加快乐和提高健康水平方面起着重要的作用。实际上，有良好社会支持系统的人比没有强大社会支持的人更少死于疾病或意外伤害。（Kulik & Mahler, 1993）这可能是因为有朋友能帮助承担部分压力，有社会支持

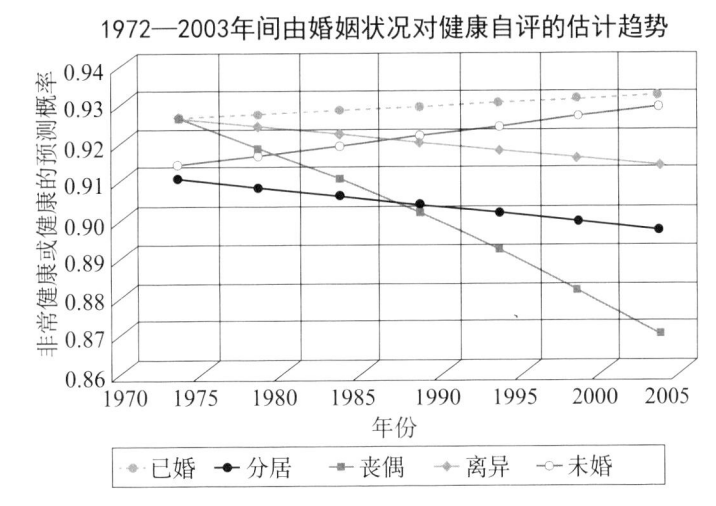

1972—2003年间由婚姻状况对健康自评的估计趋势

纵轴：非常健康或健康的预测概率（0.86—0.94）
横轴：年份（1970—2005）
图例：已婚、分居、丧偶、离异、未婚

资料来源：Liu, H. & Umberson, D.J.（2008）.

> 研究不断表明，已婚的人比单身的人寿命更长，但最近几年这种差异越来越不明显，为什么会出现这种情况？

的人往往能寻求别的方法来更好地照顾自己。有朋友和伴侣支持的人往往吃得更好、锻炼得更多、睡得更香、抽烟更少——所有这些行为都能有效地应对压力。一项研究发现，有社会支持的妇女更经常去进行乳腺癌筛查。（Messina, et al., 2004）

当你想到陷入危机的恋爱关系、爱管闲事的父母、吵闹的兄弟姐妹时，有时会怀疑如此杂乱的关系能不能帮你应对压力。有些时候那些关系真的会带来压力，尤其是当大家住在一个拥挤的、没有个人隐私的环境下时。然而，虽然家庭关系不总是和谐健康的，但我们亲近的家庭成员总是在我们最需要的时候给我们安慰和爱。

> 我们只能在一个亲密而不是有害的关系中才能应对如此多的压力。判定婚姻良好功能的一个重要因素是——只有积极、快乐、支持的婚姻关系才对健康有帮助。

尽管婚姻关系可能困难重重，但它们也碰巧是健康的积极预测因子。美国国家卫生统计中心报道，排除年龄、性别、种族和收入的差异，已婚人群往往比未婚人群活得更长、更健康。当然，我们只能在一个亲密而不是有害的关系中才能应对如此多的压力。判定婚姻良好功能的一个重要因素是——只有积极、快乐、支持的婚姻关系才对健康有帮助。

在成功的婚姻关系中，配偶经常会称另一半是"最好的朋友"。研究人员发现有个可以信赖的人在总体幸福感中起重要的作用。詹姆斯·潘尼贝克（James Pennebaker）和罗宾·欧海伦（Robin O'Heeron）对自杀或死于车祸的夫妻中幸存下来的一方进行了研究——这些不可预测的、突如其来的事使他们万分紧张。研究人员发现，那些幸存下来但不能与别人倾诉悲伤的一方比那些有可信赖的人的一方更容易出现健康问题（1984）。尽管谈论一件压力事件在一开始时有些困难，但长期效果是有益的。一项研究发现，大屠杀幸存者比以往更深入地与家庭成员分享经历，14个月后他们的健康水平提高了。（Pennebaker, 1989）

那些不能与他人分享感情的人可以通过写下他们的经历来获益。在一项研究中，在日记里写下他们个人创伤的被试在后来的4~6个月中较少出现健康

解释风格：一个人解释压力事件的方式或倾向。
有氧运动：提高心肺健康水平的持续运动，像慢跑、游泳、骑自行车。

问题。（Greenberg，1996）对于其他人来说，人类最好的朋友可以给你一个拥吻，帮助你减压，改善健康状况。一项研究发现，同没有饲养宠物的人相比，那些有狗或有其他宠物的医保病人在经历压力事件后，去看医生的次数较少。（Siegel，1990）

> 有宠物的人通常更快乐、更健康。许多人把宠物看作一名重要的家庭成员。

压力管理

在当今快节奏的社会中，有压力是不可避免的。我们每天都要上下班，兼顾工作和家庭，竞争奖学金和工作机会，还要处理许多的电子邮件。但是各种各样的压力管理技术，如锻炼、放松、冥想，可以帮助我们的身体同压力的负面影响做斗争。

锻炼

定期的**有氧运动**，即提高心肺健康水平的持续运动，像慢跑、游泳、骑自行车，不仅对心血管健康有益，还可以减轻紧张、抑郁和焦虑情绪。我们早就知道运动对健康有积极作用，它能强化心脏的功能，使血流量增加，保持血管畅通，从而降低血压。一项研究估计，适当的运动可以使人的寿命延长两年。（Paffenbarger，et al.，1993）

美国人怎样分配他们的空闲时间

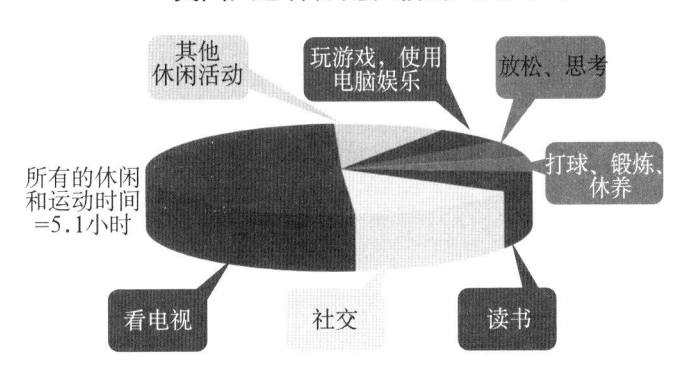

- 其他休闲活动
- 玩游戏，使用电脑娱乐
- 放松、思考
- 打球、锻炼、休养
- 读书
- 社交
- 看电视

所有的休闲和运动时间 = 5.1 小时

注：通过调查 15 岁及 15 岁以上的人这一年中每一天的时间分配得到资料，上述数据是 2006 年度的平均值。

资料来源：Bureau of Labor Statistic.

⚠ 尽管已经证实定期的有氧运动对身体有益，但大多数的美国人还是愿意投入比锻炼时间多 8 倍的时间来看电视。这样如何能减轻美国人的压力水平？

研究者经常探究运动和压力之间的关系。一项研究发现，在美国和加拿大的 10 个被试中，有 3 人每周至少进行 3 次有氧运动，他们比那些运动较少的人能够更好地管理压力事件，表现出更多的自信，感到有活力，很少报告抑郁或疲劳。（McMurray，2004）类似的，2002 年的一项盖洛普民意调查发现，不锻炼的人报告"不太快乐"的人数是参加体育锻炼的人的两倍多。人们不锻炼的借口就是他们没有时间，但仅仅 10 分钟的散步就能提高代谢速度、降低压力水平，增加两小时的幸福感。（Thayer，1978）

其他的研究探讨了锻炼和压力的因果关系：是因为锻炼减少了压力，还是没有压力的人更喜欢锻炼？为了找出两者之间的因果关系，丽莎·麦肯（Lisa McCann）和大卫·霍尔姆斯（David Holmes）将轻度抑郁的女大学生分为 3 组：一组被要求进行有氧运动，一组进行放松训练，一组作为控制组不接受任何处理。10 周后，进行有氧运动的小组抑郁情绪减轻得最多（1984）。150 多个研究证明了运动能降低抑郁和焦虑水平，因此把锻炼、治疗和抗抑郁药结合起来治疗抑郁是一种有效的方法。

运动除增加我们的心脏健康、减少疾病的发生外，还可以通过去甲肾上腺素、5-羟色胺和内啡肽激素的释放来改善我们的情绪。运动使我们感到温暖，能增强机体唤醒水平，使肌肉放松，提高睡眠质量，同时还能改善我们的形体外观，使我们更加自信。我们可以利用不同的有趣的户外活动或与支持小组的成员一起锻炼来发挥运动的好处。

生物反馈

生物反馈听起来像一部科幻小说里的未来技术，其实它是一个测量和报告生理状态的系统，是一个心理控制躯体形式的减压治疗技术。生物反馈专家使用特殊的电子设备来测量人的生理状态，比如血压、心率、肌肉紧张度。该设备给出的反馈能帮助人们控制一些无意识的身体反应或减少压力水平。例如一

生物反馈：一个测量和报告生理状态的系统。
放松疗法：一种需要身体肌肉做紧张-放松的交替运动和训练呼吸方法的治疗技术。
放松反应：包括减轻肌肉紧张感，降低大脑皮层活动、心率、呼吸率和血压的状态。

个人没有感觉到自己的肌肉十分紧张,但当他看到闪烁的光提示他肌肉紧张时,他就会有意识地去放松。

当20世纪60年代生物反馈技术第一次被引进时,人们对它能够控制生理反应、消除某些药物使用的前景感到非常兴奋。然而10年以后,研究人员发现这项技术被高估了。虽然生物反馈可以治愈一些人的紧张性头痛,但针灸和冥想这类替代医学技术也能达到相同的效果,而且还不需要昂贵的设备。

> 当你因为休息一下而充满罪恶感时,请记得放松对健康有很多益处。研究发现,放松技术可以减轻头痛、高血压、焦虑和失眠等症状。(Stetter & Kupper, 2002)

放松和冥想

尽管生物反馈没有达到预期的期望,但使用**放松疗法**来控制生理反应也是一种受欢迎的减压方法。放松疗法需要身体肌肉做紧张—放松的交替运动和呼吸训练。放松治疗的目的是获得一个**放松反应**——减轻肌肉紧张感,降低大脑皮层活动、心率、呼吸率和血压。人脑扫描技术发现,产生放松反应时,顶叶(与空间感知有关的区域)没有平常活跃,而前叶(与集中注意有关的区域)比平常更活跃。(Lazar, 2000)当理查德·戴维森(Richard Davidson)研究冥想中的佛教僧侣的脑扫描图时,他发现僧侣的左额叶(与积极情感有关的区域)的活动水平增加。(Davidson, 2003)

当你因为休息一下而充满罪恶感时,请记得放松对健康有很多益处。研究发现,放松技术可以减轻头痛、高血压、焦虑和失眠等症状。(Stetter & Kupper, 2002)在一项对具有A型人格的心脏病患者的研究中,所有的病人都被给予了标准的医疗建议,即按时吃药、健康饮食和定期锻炼,但其中一些病人还被教育要更放松、更懒散。最后发现,那些被教育要更放松的病人的心脏病复发人数是接受标准建议病人人数的一半。(Friedman & Ulmer, 1984)如果你想减少压力对健康的负面影响,那么就试着保持心情平静、坚持运动,加强人格中的B型成分,同时提醒自己,放松是生活中必要的奢侈品,因为它能够增加你的身体和心理健康。

> 机体的动机常常激励人们在通向健康的道路上不断努力。

回 顾

心理状态和生理反应是如何联系的?

- 健康心理学的领域强调生理健康和心理健康是紧密相关的。
- 应激会明显增加人们患以下四种疾病的可能性:心脏病、癌症、中风和慢性肺病。
- 当情绪被唤醒时,肾上腺会分泌激素,机体产生"斗争或逃跑反应"。

压力是如何影响我们的免疫系统和身体健康的?

- 常见应激源包括我们经常遇到的有挑战或者威胁的事件,比如灾难、重大生活改变和日常困扰。
- 应激和心脏病的发生有关。由于对应激的反应不同,具有 A 型人格的人比具有 B 型人格的人更容易患心脏病。
- 应激会使人脑产生应激激素,它会降低人体免疫系统,从而使机体对某些疾病包括癌症具有易感性。此外,应激能加速人们从艾滋病病毒携带者向艾滋病患者转化的进程。

人们面对压力有哪些不同的应对方式?

- 应对策略包括合理化、压抑、重组和减少应激源的影响。
- 预知应激的来源并提前做好应对的准备是积极的应对方法。
- 为了减轻应激,人们会采取问题应对策略即直接面对应激源,或者采取情绪应对策略即避开应激源。

我们使用哪些策略可以减轻或者消除压力?

- 相信自己能够掌控应激源的人、拥有乐观心态的人以及具有良好社会支持的人能更好地应对应激。
- 有氧运动、生物反馈、放松和冥想可以有效地减缓应激对人的影响。

第13章

人格与个体差异

- 什么是人格？如何对之进行研究？
- 主要的特质理论有哪些？如何对特质进行评估？基因是如何影响个体特质的？
- 弗洛伊德是如何界定人格的？心理动力学理论经历了怎样的演变？
- 人本主义关于人格的主要原则是什么？
- 学习与行为的社会认知理论是如何被用于人格研究的？人格这一概念在不同的文化中表现出怎样的差异？

人格导论

如今，人格已成为一个无所不包的概念。时尚杂志会告诉我们如何通过穿着"表现我们的人格"，网络也会通过分析我们人格的各个维度来帮助我们找到自己的理想爱人。也许通过沃尔特·斯科特（Walter Scott）的《人物秀》（*Personality Parade*），你了解了近期所有名人的新闻和绯闻。那么，究竟什么是人格？

心理学中的**人格**指我们与世界，尤其是与其他人的互动方式。当与朋友和家人一起共度时光时，你可能发现，每个人的行为方式是相对稳定的。你可能有这样一个朋友——从制订专业课程计划到订一个比萨，在各种情境中他都喜欢掌控一切。你也可能认识一个痛苦羞怯的人，或者一个在任何场合中都可以放松地与任何人交谈的人。我们天生就对别人与我们自身的差异以及别人之间的差异感兴趣，并且已经习惯了这些差异的存在。而且，我们更倾向于关注我们之间的差异而不是共同点。这将帮助我们决定应该选择哪些人作为搭档和朋友，并能告诉我们与某人交往时的注意事项。

人格研究的策略

一般来说，研究人格的心理学家在不同程度上需要5种资料及其各种组合：自我报告资料（你提供的关于你自己的思想、情感、行为或者品质的信息）、观察者报告资料（朋友或者家人提供的关于你的信息）、具体行为资料（你已经完成的具体事件的信息）、生活事件资料（在你身上已经发生的事件的信息）和生理学资料（你此时的身体状况信息，例如心率、血压和大脑活动）。此外，心理学家通过两种不同的方法来解释他们收集到的资料。**特殊规律研究**

心理学家研究人格的方式之一是使用生理学资料。心理学家希望通过测量某种刺激引发的脑电波或血压的变化来揭示具体的人格倾向或特质。

法（idiographic approach）以个体为中心，关注该个体独特人格特质构成统一整体的方式。使用这种方法的研究主要着力于描述和分析个体的人格。**常规研究法**（nomothetic approach）则以变量为中心，探索人们在某个特质上的水平差异。使用常规研究法的研究通常包括很多被试，致力于考察行为的一般规律和理论。这两种方法在人格研究中发挥了巨大作用，并将继续扮演重要角色。

人格特质

快速列举几个能够描述你人格的词语。你会选择哪些词语？你所选择的这些词语——无论是诚实、善良，还是上进、雄心勃勃——大多与某种人格特质相关联。**特质**是个体某种相对稳定的行为倾向。环境使得人们以某种方式发生行为，在特质表现方面扮演了关键性的角色。但是，特质来自个体，而并非环境。另外，特质可以清楚地描述人与人之间的差异，却不能解释是什么造成了这些差异。

特质和**状态**均可通过个体的外显行为捕捉，两者之间存在一个重要区别：特质是持续性的，而状态是暂时性的。而且，一种特质可能使得个体进入某种暂时状态。例如，一个具有不安全感特质的人，往往比一个有安全感的人更容

人格：指个体与世界，尤其是与其他人的互动方式。

特殊规律研究法：是解释人格资料的一种方法，以个体为中心，关注该个体独特人格特质构成统一整体的方式。

常规研究法：是解释人格资料的一种方法，以变量为中心，探索人们在某个特质上的水平差异。

特质：是个体相对稳定的某种行为倾向。

状态：是个体暂时的某种行为倾向。

易处于抑郁状态。

此外，特质具有持续性，人们可以在不同程度上表现同一种特质。例如，一个特别好交际的人可能有几百个朋友，而一个一般好交际的人也许只有十几个朋友。

特质理论

描述人格的特质和词语几近无数，因此对于心理学家来说，要简洁一致地描述人们的人格是一项很有挑战性的任务。这也在一定程度上解释了为什么研究者们提出的用以解释人与人之间差异的**特质理论**和人格维度各不相同。20世纪30年代，心理学家高顿·奥尔波特（Gordon Allport）和他的同事 H.S. 奥德波特（H.S.Odbert）试着尽可能找出词典中所有能够描述人格特质的词语，由此成为特质理论的先驱。这是一个宏伟的目标，但结果也是很可观的：他们列举出了近18 000个特质词。（Allport & Odbert, 1936）

卡特尔的16个人格因素

> 特质和状态均可通过个体的外显行为捕捉，两者之间存在一个重要区别：特质是持续性的，而状态是暂时性的。而且，一种特质可能使得个体进入某种暂时状态。例如，一个具有不安全感特质的人，往往比一个有安全感的人更容易处于抑郁状态。

心理学界公认最早的特质理论由心理学家雷蒙德·卡特尔（1965）提出。他首先将奥尔波特的特质词列表压缩为约170个形容词，然后请大量被试就这些形容词对自己做出评价。卡特尔采用**因素分析**（factor analysis）的统计技术探索这些评价之间的相关关系，然后通过相关方式确定了因素，即这些评价分别朝着几个方向集中。例如，卡特尔发现，那些评价自己完美主义的人，往往也认为自己有条理、遵守纪律，但很少认为自己冲动或者马虎。基于这项研究，卡特尔提出了16个人格维度，这16个维度可以通过《16 PF 问卷》（16 Personality Factors Questionnaire）进行测量。这个问卷包括了约200条涉及行为具体方面的陈述，例如"我会认真地对工作进行规划"、"即便很生气，我也会保持冷静"，被试可以回答"是"、"偶尔"或者"不是"。这个问卷至今仍被心理学家使用。

艾森克和格雷的两个中心维度

心理学家汉斯·艾森克（Hans Eysenck，1967）认为，人格可以用两个中心维度来描述：情绪稳定性与内外向。情绪稳定性指我们以健康的方式应对生活压力以及在情绪或行为方面避免极端的能力，内外向指我们在羞怯、严肃和保守（内向）或好交际、高情绪、亲切（外向）中的趋向。艾森克认为，内外向的差异源于个体敏感性的差异。他假设，大脑中有一个**网状结构**（reticular formation）可以控制唤醒，开朗的人的网状结构要比害羞的人更敏感。

> 心理学家汉斯·艾森克认为，人格可以用两个中心维度来描述：情绪稳定性与内外向。

另一位人格研究者杰弗瑞·格雷（Jeffrey Gray）基于艾森克的理论，提出了与艾森克两个人格维度对应的两个基本的大脑系统。根据格雷的观点，**行为激发系统**（behavioral activation system，BAS）对奖励反应敏感，从而激发趋近行为。例如，假设一名学生希望通过认真学习获得好成绩，行为激发系统会使得这名学生为了实现目标进行全面复习。格雷认为行为激发系统也会激发希望、高兴、幸福等积极情感。与之相反，**行为抑制系统**（behavioral inhibition system，BIS）对惩罚反应敏感，从而抑制趋近行为（1972）。格雷认为行为抑制系统会激发恐惧、焦虑、沮丧、悲伤等消极情感。格雷的理论有助于我们对人格特质的理解。例如，与一个行为抑制系统敏感性较低的人相比，当一个行为抑制系统敏感性极高的人面临即将发生的惩罚（如一张违章停车传票）时，可能会显得特别焦虑。

特质理论：一种理论，认为可以通过人格维度对人与人之间的差异进行准确清晰的描述。

因素分析：一种统计技术，可用于描述被试对问卷的应答所隐含的相关关系。

网状结构：大脑中的一种结构，负责控制唤醒。

行为激发系统：大脑中的一种结构，对奖励反应敏感，负责激发趋近行为。

行为抑制系统：大脑中的一种结构，对惩罚反应敏感，负责抑制趋近行为。

五因素模型（"大五"理论）：一种人格分析理论，通过评价个体在该模型每个维度上的得分来描述人格。该模型共包括五个维度：外向性/内向性、宜人性/敌对性、尽责性/被动性、情绪稳定/不稳定、对经验的开放性/封闭性。

五因素模型

"大五"(The "Big Five")理论听上去似乎是一个大的贸易组织或者一个犯罪团伙,实际上,这是一种流行的特质理论。罗伯特·麦克雷(Robert McCrae)和保罗·科斯塔(Paul Costa)认为卡特尔的16因素理论过于复杂和烦冗。他们对卡特尔的数据进行了重新分析,提出了人格的五个因素。根据这个**五因素模型**(five-factor model,"大五"理论),我们可以通过评估一个人在这五个因素上的得分对其人格进行描述:

1. 外向性/内向性(extraversion/introversion)
2. 宜人性/敌对性(agreeableness/antagonism)
3. 尽责性/被动性(conscientio-usness/undirectedness)
4. 情绪稳定/不稳定(emotional stability/instability)
5. 对经验的开放性/封闭性(openness to experience/non-openness)

此外,每个特质维度包含六个层面,这六个层面是彼此相关的。例如宜人性与信赖、坦率和谦逊等层面相关。(McCrae & Costa,1999)关于人格的心理学研究仍在继续,但"大五"理论作为描述人格的一个良好结构,已逐渐为心理学界所接受。

对特质的评估

你是否曾经尝试通过测验发现你的理想职业或者约会对象?那些测验,有的可能让你觉得比较科学,例如可以考察你的特质及优缺点的"人格测验"。心理学中的**人格问卷**(personality inventory)多指那些涉及不同行为,可以同时评估几种特质的具有一定长度和科学性、严谨性的调查表。所有人格问卷中,得到最广泛应用和研究的是《**明尼苏达多相人格问卷**》(Minnesota Multiphasic Personality Inventory,MMPI)。《明尼苏达多相人格问卷》最初用于识别情绪障碍,但现在用于多种其他目的。

实际上,所有的人格问卷都存在一个大问题:问题的表述都非常清晰。也就是说,你完全可以以希望的方式,而不是实际的样子来表现自己。即便你是个急脾气，但你很有可能并未意识到这一点，这也许使得你在填写人格问卷时将自己描述成一个沉稳冷静的人。一项人格测验是否有效，取决于被试对自己行为和态度的诚实和认识的深刻程度。

人格问卷的预测性价值

每种特质的分数与相应实际行为的相关程度决定了一项人格测量是否有效。例如，如果一项人格评估中，弗拉基米尔·普京（Vladimir Putin）和安格拉·默克尔（Angela Merkel）在抱负和领导品质方面的得分很低，那么很明显，这个问卷没能准确地描述他们。

不过，许多运用自评（人们自己填写人格问卷）或他评（由熟悉他们的人对其人格特点做出评价）方式进行的研究都表明，人格在整个成年期是相对稳定的。

一些研究发现，人格随着年龄增长而逐渐稳定，到50岁可能会成为一种常态。（Asendopf & Van-Aken, 2003; McCrae & Costa, 1999）因此如果你发现你的父母在行为方式上越来越固化，也许你是对的。

研究者还发现了一种所谓"**一致性矛盾**"（consistency paradox），指的是这样一种现象：在不同时间和不同观察者之间进行的人格评定具有一致性，然而，行为评定却没有一致性。（Mischel, 1968, 1984, 2004）这说明了行为的变异性对情境的依赖。一位遵守纪律的运动员，训练时可能从不迟到，但参加朋友派对或者工作面试时也许会不准时。虽然我们一直强调特质，但正如同我们遇到的情境一样，个体是充满变数的。

人格问卷：一个包含一定数量问题的科学严谨的调查表，问题涉及不同的行为，可以同时评估多种特质。
明尼苏达多相人格问卷：应用最广泛的人格问卷，最初用于识别情绪障碍，但现在用于多种其他目的。
一致性矛盾：指这样一种现象，即在不同时间和不同观察者之间进行的人格评定具有一致性，然而，行为评定却没有一致性。

基因在人格中的作用

对现代双生子的研究表明，**遗传**——特质在代际传递的程度——在人格中扮演了重要角色。研究者发现，特质理论确定的特质具有相对遗传性。同卵双生子具有相同的基因，因此他们可能比异卵双生子具有更多相似的人格特质。心理学家戴维·吕肯（David Lykken）同时对在同一家庭被抚养长大的双生子和从出生起就被分开抚养的双生子进行了人格测验。（Lykken，et al.，1988）结果发现，无论双生子是否在同一家庭长大，同卵双生子都比异卵双生子更相像。据估计，对于大多数特质（包括大五人格）而言，基因因素可以解释约50%的个体差异。（Loehlin，et al.，1998）此外，跨文化研究表明，大五人格特质在所有的人类群体中都存在。（McCrae，et al.，2005）这些特质甚至存在于不同的物种——研究者在猴子、狗、猫和猪等动物身上也发现了这些特质。（Gosling & John，1999）

那么，基因是如何影响人格特质的？也许，基因通过影响神经系统的生理特点，特别是大脑的神经传递系统来实现这一点。有理论认为，基因影响我们的气质——我们与生俱来的特点和人格特质，气质反过来会影响我们的行为方式。然后，这些行为方式和类型决定了我们的人格。

对特质观点的评价

如果我们能够从特质的角度来看待人格，或许可以帮助我们更好地理解朋友、家人以及自己的一些行为。但是，特质也有其局限。特质观点可以很好地描述人们是怎么样的，却不能告诉我们人们为什么这样。此外，相比人格特质，人们的行为是否更多受到情境因素的影响？这场著名的"人境之争"（person-situation controversy）至今仍在继续。特质可能具有跨时间的稳定性，但人的具

> 如果我们能够从特质的角度来看待人格，或许可以帮助我们更好地理解朋友、家人以及自己的一些行为。但是，特质也有其局限。特质观点可以很好地描述人们是怎么样的，却不能告诉我们人们为什么这样。

遗传：指特质在代际传递的程度。

体行为可能会随着情境的变化而有所不同,因此单纯依靠特质并不能很好地预测行为。

心理动力学观点

西格蒙德·弗洛伊德

著名的心理学家西格蒙德·弗洛伊德开创了理解人格的临床方法,但这不过是他诸多成就中的一项。我们很多人会将心理咨询与一个蓄着胡须的医生联系在一起,他会要求他的病人(通常躺在一张皮沙发上)"跟我谈谈你的母亲",这种印象就来源于弗洛伊德。作为一个有争议的人物,弗洛伊德的性压抑理论撼动了维多利亚时代的欧洲,他的思想从一开始就遭到世人嘲笑。时至今日,弗洛伊德的无意识理论仍常被心理学研究者驳斥,大多数心理学家对其思想仍持怀疑态度。但是,弗洛伊德对当代世界影响之大是不可否认的——随便找一个普通人,请他解释弗洛伊德的基本概念,他一般都能解释得出。弗洛伊德提出的很多概念虽然屡遭诟病,但却不妨碍它们成为现代人格理论的基础。

弗洛伊德认为,成人的问题是由记忆造成的,尤其是童年时那些困扰我们的记忆。根据弗洛伊德的观点,我们不可能在意识层面触及这些记忆,因为它们藏在我们无意识的深处。弗洛伊德主张,要理解病人的行为、问题和人格,必须获得他们无意识层面的那些内容。他提出,无意识过程构成了所有意识层面的思想和行为的基础,这一观点被称为**"精神决定论"**(psychic determinism)。弗洛伊德发明了**"精神分析"**的治疗方法,即要求病人将其生活告诉治疗师,治疗师则负责倾听、分析和解释病人说的每一句话。

弗洛伊德的精神分析理论是最早的**心理动力学理论**(psychod-ynamic theory),这是一种关注心理力量相互作用的人格理论。心理动力学理论基于以下两个观点:(1)通常我们并不了解自己的真实动机;(2)人们往往通过防御机制将那些不愉快的思想和动机放在其无意识心理之中。

那么,这些"心理力量"是如何相互作用的?我们为什么不了解自己的动机？防御机制究竟是什么？精神分析理论对这些问题做出了有趣的解释。

本我、自我和超我

弗洛伊德将人的心理分为三个相互作用的系统：本我、自我和超我。**本我**努力满足我们的基本内驱力和生存本能。本我的活动原则是**快乐原则**：寻求即时的满足，不关心社会期望或者社会约束。对本我的理解可以参照婴儿的行为：当它有需要的时候，它就会哭闹，即便是在正式晚宴或者严肃场合；而当它的需要得到满足之后，它就会停止哭闹。

自我的角色是发现本我的要求，并尝试提供一种现实允许的满足方式。与本我相比，自我的活动原则是**现实原则**（reality principle）：努力通过愉快而不是痛苦的方式满足本我的目标。自我包括一部分意识层面的知觉、看法、判断和记忆。

如果说本我代表了一些比较罪恶的冲动，那么超我则相反，代表了你天使的一面。**超我**（superego）迫使自我去考虑那些社会约束和行为"能够被接受"

精神决定论：一种理论，认为无意识过程构成了所有意识层面的思想和行为的基础。

精神分析：一种心理治疗方法，这种方法要求病人将其生活告诉治疗师，治疗师负责倾听、分析和解释病人说的每一句话。

心理动力学理论：一种关注心理力量相互作用的人格理论。

本我：心理的一部分，其任务在于努力满足个体的基本内驱力和生存本能。

快乐原则：指个体应该寻求即时满足，无须关心社会期望或者社会约束。

自我：心理的一部分，其任务在于努力发现本我的需要，并尝试提供一种现实允许的满足方式。

现实原则：指基本内驱力和生存本能应通过愉快而不是痛苦的行为获得满足。

超我：心理的一部分，其任务在于迫使自我考虑社会约束以及行为能被接受的方式。

性心理阶段：指一系列发展阶段，在这些不同的阶段，本我对快乐的需求集中于身体不同的性感带。

防御机制：一种自我欺骗的心理过程，有助于缓解个体的担忧或焦虑。

的方式。例如你特别渴望拥有一辆新车，如果超我不存在，你可能会去某处偷一辆，根本不会理会法律、社会规则或者是非对错的道德约束。幸运的是，你的超我会提醒你：偷窃是违法的，或者偷窃是错误的。然后超我会引导你的自我以一种现实的途径来获得这辆汽车：找一份工作，挣够首付，办贷款，买车，还月供。

弗洛伊德关于人的心理的观点常被比作一座冰山：海面上可见的部分代表意识层面，而隐藏在海面以下的大部分代表无意识层面。本我是完全无意识的力量，自我和超我则同时都包含了意识和无意识的成分。

弗洛伊德将心理比作冰山，其大部分（并非全部）位于海面之下。你觉得这个类比怎么样？是否存在局限？

性心理阶段

你可能听说过有人将带有性暗示或者性意味的电影、书籍称为"弗洛伊德式的"。这种称呼源于弗洛伊德将人类人格看作一个包含了一系列性心理阶段的发展过程。弗洛伊德认为，性与攻击是人格形成的重要内驱力；实际上，我们所做的最重要的事情就是近乎直接地表达性与攻击。因此，他提出的心理动力学理论认为，人们伪装和调节这些内驱力方式的差异就造成了人格差异。

弗洛伊德列出了五个**性心理阶段**（psychosexual stage）或曰发展阶段，在这些不同的阶段，本我对于快乐的追求集中于身体不同的性感带（erogenous zone）。按照弗洛伊德的观点，任何焦虑或冲突都会使得能量在某个特定阶段积聚，导致固着（fixation），即到成年阶段仍然关注某个身体部位。例如，弗洛伊德可能会将一名儿童吮吸拇指的习惯追溯为口腔期固着，认为这是由婴儿期突然断奶引起的。一个严格遵守纪律或者强迫性整洁的人，可能会被弗洛伊德认为是过于严格的如厕训练导致的肛门期固着。对于弗洛伊德来说，人格与童年经验紧密相关。

防御机制

弗洛伊德认为，我们通过无意识地运用**防御机制**（defense mechanism）来应对焦虑。这些机制（弗洛伊德的女儿兼同事安娜在探索这些机制的过程中功不可没）是自我欺骗的心理过程，帮助我们缓解担忧和焦虑。按照弗洛伊德的观点，人们使用防御机制的方式也反映了其人格。

> 根据弗洛伊德的观点，如果一个人对其自身的同性恋倾向感到不舒服，那么他可能会发生反向作用，特别仇视同性恋。

压抑（repression）是一个阻挡那些来自意识层面、可能引起焦虑的想法的过程。弗洛伊德认为，被压抑的记忆和想法经常会以"梦"或者"说错话"的形式出现，后者也被称为"**弗洛伊德口误**"。

退行（regression）指退回到发展的早期阶段，例如儿童期或者婴儿期。你是否曾在某个糟糕的一天结束时，爬到床上像个婴儿一般缩成一团？弗洛伊德会认为，你这是在通过退行寻求安慰。

转移（displacement）指取代一个无意识中的不能被接受的愿望，或者转向另一个相对更能被接受的选择。例如当你想揍某个家庭成员时，你可能会将这个不能被接受的攻击行为改为击打一个沙袋。

升华（sublimation）发生在我们的能量被转移到重要的或者有价值的行为中时。当个体将其内在的烦恼转移到艺术创作上时，该个体即为升华者。

反向作用（reaction formation）指人们将真实欲望表达为其反面，使之更容易为人所接受。根据弗洛伊德的观点，如果一个人对其自身的同性恋倾向感到不舒服，那么可能会发生反向作用，他变得特别仇视同性恋，从而回避其真实的欲望以及与此相关的焦虑。

投射（projection）指一个人无意识中感到一种冲动，却将该冲动转移到其他人身上。例如，一个人可能会将悲伤的感觉进行投射，因而"我觉得很沮丧"也许就变成了"我的朋友似乎很沮丧"。

认同（identification）指当个体认为他人似乎能够更好地处理焦虑或威胁时，就会在无意识中模仿这个人的特点。例如，在人群中演讲之前，你可能会采用你同伴中演讲高手的行为举止方式，因为他们似乎比你要冷静镇定得多。

合理化（rationalization）是发生在意识层面的一种解释方式，为自己由焦虑引发的认知与情感赋予正当的理由。你可能对朋友撒了谎，然后你会说这是一个善意的谎言，是为了你的朋友着想。

弗洛伊德之后的心理动力学理论

弗洛伊德为数众多的追随者和信徒将其思想广泛传播。然而，这些信徒中完全赞同弗洛伊德所有思想的人极少。弗洛伊德之后的很多杰出的心理学家，包括卡尔·荣格、阿尔弗雷德·阿德勒（Alfred Adler）、卡伦·霍妮（Karen Horney）和艾瑞克·埃里克森，都对弗洛伊德早期的理论进行了修改或修订，从而使其反映他们自己对人格的理解。

压抑：指在意识层面阻止那些可能引发焦虑的想法的心理过程。
弗洛伊德口误：指说错话，弗洛伊德认为这种说错话代表了被压抑的记忆和想法。
退行：指退回到发展的早期阶段。
转移：指将一个在无意识层面不能被接受的愿望或内驱力转为一种相对能够被接受的方式的过程。
升华：指个体将其能量转移到一个重要或者有价值的行为的过程。
反向作用：指将愿望表达为更能被接受的反面的过程。
投射：指个体将其无意识冲动转移到他人身上的过程。
认同：指当个体认为他人似乎能够更好地处理焦虑或威胁时，就会在无意识中模仿这个人的特点。
合理化：发生在意识层面的一种解释方式，为自己由焦虑引发的认知与情感赋予正当的理由。

> 阿德勒认为，人在整个成年期都会努力追求完美和卓越，这是为了弥补童年期身体和心理上的自卑感。

例如，与弗洛伊德一样，卡尔·荣格也认为人类人格受到无意识的巨大影响。但荣格并不注重性方面的情感，而是率先提出了**集体无意识**（collective unconscious）的概念。集体无意识指所有人类通用的一些记忆和形象，例如，母亲作为看护人和养育者的形象在不同时代、不同文化中具有普遍性。荣格将此类形象称为**原型**。

阿尔弗雷德·阿德勒将**自卑情结**（inferiority complex）作为影响人格的重要因素。阿德勒认为，人在整个成年期都会努力追求完美和卓越，这是为了弥补童年期身体和心理上的自卑感。

心理学家卡伦·霍妮深受弗洛伊德的影响，但她强调社会因素的重要性，特别是焦虑对人格形成的作用。根据霍妮的观点，应对焦虑的方式有三种：依从、攻击和分离。

对无意识心理的评估

即便对于大多数训练有素的临床心理学家而言，接近、探索和评估个体的无意识过程也似乎是一个难以完成的任务。幸运的是，经过长期的努力，心理学界形成了一些测验，可以在这方面助研究者一臂之力。

在帮助人们理解自己的无意识想法与情感时，很多心理动力学家会借助投射测验。这些测验会呈现一个模糊的刺激，然后要求被试对其进行描述或者根据图片内容讲一个故事。例如，亨利·莫里（Henry Murray）提出的**主题统觉测验**（Thematic Apperception Test, TAT）对被试呈现一系列随机的、不常

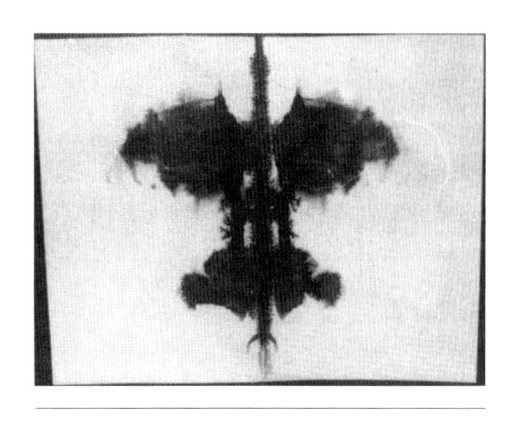

△ 罗夏墨迹测验是评估人格的一种心理动力学工具。从精神分析的角度，被试通过测验图片所看到的内容反映了其内在的心理活动。

见的图片，然后要求他们基于图片讲故事。被试内在的希望、恐惧和欲求可以通过这些故事得以反映。

类似的，**罗夏墨迹测验**（Rorschach Inkblot Test）向被试呈现一系列模糊的墨迹，要求被试真实地描述他们所看到的东西。该测验假设，被试对墨迹的解释是与其无意识心理联系在一起的。例如，如果你从模糊的墨迹中看到了可怕的乌云，心理学家可能会推断你正对某件事情感到恐惧或者焦虑；如果你看到一只狗，可能表明你期望有一个好朋友或者值得信赖的伙伴。也有研究者认为，这种评估无意识的方式是不可靠的、主观的。因此，有心理学家采用计分的方式来测量被试的回答。例如，频率表表明一般人做出某种特定回答的次数。此外，研究者对被试回答的评判也会考虑诸如回答的明细化程度等相对更深刻的指标，而不仅仅关注被试觉得这块墨迹像什么。

> 罗夏墨迹测验假设，被试对墨迹的解释是与其无意识心理联系在一起的。例如，如果你从模糊的墨迹中看到了可怕的乌云，心理学家可能会推断你正对某件事情感到恐惧或者焦虑；如果你看到一只狗，可能表明你期望有一个好朋友或者值得信赖的伙伴。

对心理动力学观点的评价

目前，弗洛伊德的很多术语和理论已经成为文化中的重要组成部分，但这种弗式人格研究方法究竟还有多大的市场？考虑到弗洛伊德理论的重点在于无意识、童年、性与攻击，那么心理动力学理论从其诞生的那一刻起就一直饱受争议也就不足为奇了。弗洛伊德的理论是对个体已经发展起来的人格特质进行

集体无意识：指一些对所有人类都通用的记忆和形象。
原型：一种特定形象，例如母亲作为看护人和养育者的形象，其在不同时代和不同文化中具有普遍性。
自卑情结：指人为了弥补童年期身体和心理上的自卑感而在整个成年期对完美和卓越的追求。
主题统觉测验：指对被试呈现一系列随机的、不常见的图片，然后要求他或她基于图片讲故事。被试内在的希望、恐惧和欲求可以通过这些故事得以反映。
罗夏墨迹测验：向被试呈现一系列模糊的墨迹，要求被试真实地描述他们所看到的东西。该测验假设，被试对墨迹的解释是与其无意识心理联系在一起的。

解释，而没有提供预测这些特质的方法，这就使弗洛伊德理论的应用或多或少受到了事后分析的局限。（Hall & Lindzey，1978）奇怪的是，虽然弗洛伊德的理论具有发展性，但却并未得到相关儿童研究的支持。此外，包括卡伦·霍妮在内的很多批评者指出，弗洛伊德理论中的很多内容似乎存在一种男性中心的偏见。

尽管面临种种批评，但基于弗洛伊德理论的心理动力学理论并未消亡，因为心理学家与普罗大众持续在其基础概念中发现价值。（Huprich & Keaschuk，2006；Westen，1998）我们有时会做出自己完全不能理解的事情，这多多少少可能是无意识作用的结果。对于大多数人来说，这种解释是合情合理的。我们的人格至少在一定程度上受到早期童年经验的影响，这也是很有道理的。关于为什么我们会是现在这个样子，虽然我们可能不会通过弗洛伊德来寻求所有的答案，但是，我们也不应该将他完全抹杀。

人本主义取向

在心理学家理解和分析人类人格的道路上，人本主义代表的是另外一种取向。人格的**人本主义理论**（humanistic theory）强调人们在意识层面对自己及其实现自我的能力的理解。20世纪中叶，在精神动力学理论作为心理学研究主要势力的背景之下，人本主义理论开始兴起。人本主义理论强调人类追求宽容、自我提升、成就以及幸福的能力，因此它更倾向于吸引乐观主义者。

罗杰斯与自我概念

人格的人本主义取向的核心是**自我概念**（self-concept），即一个人对于自己是谁的理解。人本主义理论认为，一个人实际上是怎样的人，很大程度上受到其自我概念的影响。花一小会儿时间思考这样一个问题：我是谁？一个大学生、一个儿子或者女儿、一个姐妹或者兄弟、一个朋友？一个善良的人、一个风趣的人、一个有抱负的人、一个懒散的人？回答这些问题可能不是那么容易，你的回答很可能会随着心情和观点而改变。然而，你看待自己的方式反映了你的自我概念。

心理学家卡尔·罗杰斯（1980）对上述思想进行了扩展，提出了一个名为**"自我理论"**（self theory）的人格理论。罗杰斯认为，人都希望成为真正的自己，要实现这个目标，就应该按照自己的意愿生活，而不是他人的意愿。当然同时，他人给予我们的接纳、真诚、同情也将有助于我们成为真正的自己。当人们明知我们存在缺点与不足却仍能珍视我们时，他们给予我们的就是**无条件积极关注**（unconditional positive regard），罗杰斯认为这对自我成长至关重要。

对于罗杰斯而言，我们的自我概念及所得到的无条件积极关注与我们的人格是密不可分的。根据罗杰斯的观点，一个积极的自我概念表明了其与世界的一种积极互动方式、建设性的关系以及人际满意度和幸福感。缺乏无条件积极关注、具有消极自我概念的人常陷入与焦虑、怀疑等情感的斗争之中。

马斯洛与自我实现

人本主义心理学家还非常关注个体的**自我实现**，即成为真正的自己、发现自己的潜能对于个体的意义。既然每个人都是独一无二的，那么每个人自我实现的方式也会不尽相同。然而，无论你选择哪种途径达到自我实现，这种途径都必须是你为自己选的。也就是说，唯一可以告诉你如何成为你自己的人，是你自己！

人本主义理论：一种理论，强调人们在意识层面对自己及其实现自我能力的理解。
自我概念：一个人对于自己是谁的理解。
自我理论：一种人格理论，认为人都希望成为真正的自己；而要实现这个目标，就应该按照自己的意愿生活，而不是他人的意愿。
无条件积极关注：指一种明知某人存在种种问题和缺点却仍能珍视他的态度。
自我实现：当个体达到自我接受、认为实现了自己的独特潜能时所产生的一种情感。
需要层次：一个金字塔结构，包括了一个人要达到自我实现所必须满足的五层需要。
心理传记：关于人格发展的生活故事。

这并非意味着外部环境对自我实现没有意义。实际上，许多人本主义者认为，要达到完全的自我实现，必须有一个良好的支持环境。但涉及利用环境中的资源帮助我们实现目标，这个过程只能依靠我们自己。

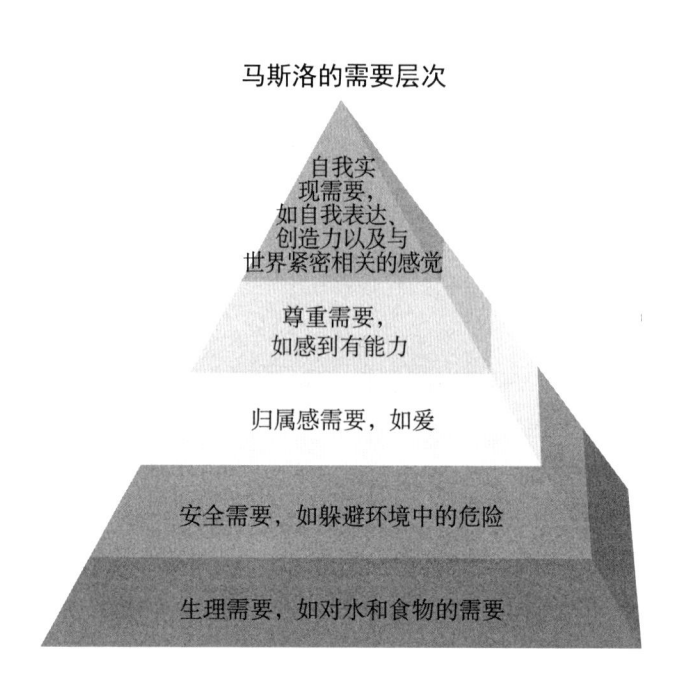

马斯洛的需要层次

- 自我实现需要，如自我表达、创造力以及与世界紧密相关的感觉
- 尊重需要，如感到有能力
- 归属感需要，如爱
- 安全需要，如躲避环境中的危险
- 生理需要，如对水和食物的需要

与罗杰斯一样，亚伯拉罕·马斯洛将其毕生的大部分精力用于发展人本主义心理学的主要原则。马斯洛（1954）认为，为了达到自我实现，必须满足五种需要。他将这五种需要形象化为一个金字塔结构，称之为**需要层次**。

根据马斯洛的观点，只有当最基本的需要得到满足之后，我们才能关注较高等级的需要。例如，如果你正在饿肚子或者非常口渴，你可能不太会关注你对爱或者自我表达的需要。从进化的角度来看，马斯洛的需要层次是很有道理的：生理与安全的需要是最基本的，因为这两种需要与生存的关系最为直接。

马斯洛认为，一些需要会比另外一些需要更为重要，但这些需要之间是有内在联系的。与食物或者水不同，严格说来，没有朋友你也可以生存下去。但实际上，维持紧密的社会联系有助于满足你的生理、安全和繁衍的需要。此外，可以将自我实现视为长期学习的一个结果。因为通过教育以及玩耍、探索和创造之类的活动所获得技能与知识不仅有助于自我实现，也有利于获得食物、避免危险、寻找朋友。即便那些"不那么重要"的需要，也许你后来也会发现其实是非常重要的。

传统的心理动力学重点在于揭示个体心理问题的根源，而马斯洛关注的则是心理健康的人的成长与幸福的能力，这是一个标志性的转变。"跟我谈谈你的母亲"变成了"跟我谈谈你自己——你的希望、梦想和愿景"。在马斯洛看来，人格是独立的、自主的。他发现，相比那些仅仅追求满足基本需要的人，那些努力追求更高级需要（例如自我实现）的人往往更慷慨、更开放、更有耐心。

麦克亚当斯与心理传记

如果有机会，可以请家族中的长者给你讲讲他或她的故事。除了获得一些引人入胜的趣闻，你可能还会深入探索某个亲人的**心理传记**（psychobiography），即人格发展的生活故事。心理学家丹·麦克亚当斯（Dan McAdanms，1988）认为，虽然人们的生活故事从表面看各不相同，但故事的结构都具有几个相通的关键点。例如，我们在讲自己的故事时，通常以事件主题和所得到的人生经验、影响我们的人物以及最终解决的冲突为主要着力点。我们用叙事的方式描述自己的生活，而且会将生活事件与广泛的主题及意义联系起来。

麦克亚当斯及其心理传记法的基本理念是：我们告诉自己我们是怎样的人，我们就是怎样的人。我们的生活故事和我们告诉自己的事实与杜撰，一起决定了我们是谁，以及我们将要变成怎样的人。

对人本主义取向的评价

如果你开始在日常生活中关注人本主义的观点，那么你可能会发现，人本主义存在于生活的各个方面。人本主义思想影响了你身边的各个领域，例如咨询、教育、幼教、管理，更不必说如今的通俗心理学。自助书籍和励志杂志会推崇"发现自己"、"找到真正的你"或者"过上你想要的生活"。我们可能经常在自助类读物、访谈节目和日常对话中听到这种风格的语言，如果稍加留意，即可从中发现人本主义心理学的影子。

人本主义取向的魅力是显而易见的：以人为中心，平易近人，而且积极乐观。培育积极的自我概念是幸福和快乐的关键，而且大多数人认为他们能够从这种积极的角度来看待自己。此外，人本主义者对个体自我的关注其实是对西方文化价值观的强化，因此西方人比较容易采用人本主义视角。

人本主义非常流行，但批评者认为，人本主义的概念并不清晰客观。或者可以说，正因为人本主义如此流行，才导致了其概念的模糊主观。从理论上讲，一个自我实现的人听上去很了不起，但是确切来说，他到底是什么样子的？哪些实际的内容可以将他与那些没有自我实现的人区分开来？心理学家也从一些基础方面对人本主义取向提出了批评：人本主义所要求的个人主义和对自我的关注可能造成自私与自恋。批评者（Campbell & Specht，1985；Wallach & Wallach，1983）提出，如果认识自己、认为自己好、让自己幸福就是你考虑的全部内容，那么你还会去费心关注这个世界其余的部分吗？

与其他任何流派一样，人本主义的观点当然也有其局限性与反对者。然而，诸如罗杰斯、马斯洛和麦克亚当斯这些人本主义者，他们对人类潜能的阐述向我们展示了一种关于人格的令人鼓舞的可能。

> 基于人本主义理论的励志思想充斥于流行文化，你认为这是好还是坏？

社会认知观点

"你就是你的朋友。"无论是谁第一个说出这句话，他都是人格的社会认知理论的支持者。人格的**社会认知理论**（social cognitive theory）强调思维的信念与习惯——这些信念与习惯通过我们与社会的互动形成，既包括意识层面的，也包括自动化层面的。某种程度上，社会认知理论与人本主义理论存在重叠之处；但与大多数人本主义理论不同的是，社会认知理论非常注重实验室研究，着重预测人在特定情境下的行为，而不是更一般化的生活选择。

社会认知理论学家提出，我们的行为可以追溯到我们对他人行为的尝试模仿，或者在一定条件下对习得行为的实践。我们喜爱娱乐、重感情，是因为我

> **社会认知理论**：关于人格的一种理论，强调思维的信念与习惯；这些信念与习惯通过我们与社会的互动形成，既包括意识层面的，也包括自动化层面的。

们的父母喜爱娱乐、重感情，我们只是很自然地模仿了他们的行为。或者，我们负责任，是因为之前我们每次负责任都受到了表扬和奖励。

支持社会认知理论的心理学家一般认为，我们对自己及所处情境的独特觉知与思考，在决定我们行为的过程中发挥了主要作用。他们提出，相比基本特质或者童年创伤，人格更多是由当前情境、我们从过去情境中获得的知识以及我们对这两者的思考方式决定的。对社会认知心理学家来说，人格是社会规则与个体思维方式结合体的高度动态反应。

罗特与自我控制

如果你曾经感到你无法控制情境，那么伴随的情绪可能是沮丧和难过。很多关于人格的社会认知理论都包含一个核心概念，即人格的**自我控制**，或者说是我们感到自己能够控制环境，而不是感到无助。作为人格的社会认知观点的主要奠基者之一，朱利安·罗特将其大部分精力投入探索人对自我控制的感觉与其行为、人格及心理状态之间的关系。

你在打桌球和玩宾果游戏时表现是否相同？罗特（1954）在一项实验室研究中发现，在不同的任务和游戏中，人们的表现是有差异的，这取决于他们对游戏的预期：这项游戏需要的是技巧还是运气。当我们认为这是一项需要技巧的游戏时，我们会认真投入、努力提高成绩。然而，当我们认为这是一项需要运气的游戏时，我们会觉得我们无法控制游戏结果，因此不会认真投入，也不打算有什么更好的表现。基于上述发现，罗特提出，我们的行为取决于我们对某个具体情境的控制程度的觉知，他将这种倾向称为**控制点**（locus of control）。根据罗特的观点，具有**内在控制点**（internal locus of control）的人认为，他们可以控制自己的奖励，因此也可以控制自己的命运；具有**外在控制点**（external

---

自我控制：指一个人认为自己能够控制环境，而不是感到无助。

控制点：指个体对其自身能否控制某个情境的一种觉知。

内在控制点：指个体倾向于认为他或她能够控制自己的奖励和命运。

外在控制点：指个体倾向于认为他或她的奖励和命运是由外部力量控制的。

结果预期：指对自己行为后果的假设。

locus control）的人认为，奖励与命运都是由外部力量控制的。罗特编制了一个控制点问卷（1966），用于考察个体在一般情况下表现出哪种控制点。

从罗特最初的实验开始，许多研究已经证实了在这个问卷上的得分与实际行为之间的联系。外控者往往在学业成绩、健康预防、抵制群体压力和应对一般压力方面表现不佳。（Lachman & Weaver，1998；Lefcourt，1982；Presson & Benassi，1996）此外，相比外控者，内控者一般对生活的焦虑感更低、满意度更高。

最近的研究表明，我们每个人都有许多不同的控制点，分别与生活的某个领域对应。也就是说，你可能会觉得学业成绩是你能控制的，但是足球能力或多或少是由上天来决定的。按照这个理论，我们的**结果预期**（outcome expectancy），或者说我们对自己行为后果的假设，会在很大程度上决定我们究竟是外控者还是内控者。

如果发觉自己常常不能控制一些重要情境，这最终会导致我们的**习得性无助**（learned helplessness）——一种由于无法避免或控制创伤事件而引发的无望、被动的感觉。心理学家马丁·塞利格曼（1967）发现，被置于电击环境并且无逃脱可能的狗，当之后再被放入相同的情境中，即便它其实可以逃脱，它也不会再尝试。一再遭遇痛苦或者创伤事件，可能会让我们对生活感到沮丧和无望。

班杜拉、交互决定论与自我效能感

罗伯特·班杜拉是社会认知理论的另一位先驱，他的认知社会学习理论强调获得和维持行为方式继而也是人格的认知过程。班杜拉理论的核心是**交互决定论**（reciprocal determinism）思想，这是理解环境与人格如何共存及相互影响的基础。个体独特的情感、环境及行为这三者形成一个连续的因果循环，人格是这三者的强大混合体。例如，你可能喜欢聚光灯打到你身上，当你成为众所

习得性无助：一种由于无法避免或控制创伤事件而引发的无望、被动的感觉。
交互决定论：一种理论，认为个体的行为与其人格因素相互影响。
自我效能感：指个体对自己完成某项任务的能力的预期。

瞩目的焦点时，你感觉非常棒。那么你可能会去参加一个表演训练班，或者经常同一大群朋友一起出去。这个新环境强化了你的想法和感觉，很快，你的行为更加外化：你报名参加了《美国偶像》(American Idol)，你在本地的一个晚会上表演，你主动与陌生人说话。你的认知与人格帮你选择了一个环境，而这个环境反过来也会影响你的认知、行为和人格。

班杜拉的大部分研究聚焦于自我效能感（2003）。**自我效能感**（self-efficacy）是一个与自信类似的概念，描述了人们对于自己完成某项任务的能力的预期：你的自我效能感水平越高，你

> 我们关于自己对游戏结果的控制程度的觉知会影响我们的行为。许多人会花时间提高自己的桌球技巧。你会努力提高诸如宾果之类游戏的技巧吗？为什么？

会越坚信自己可以完成某项既定任务。2008年打破世界纪录的奥运会选手迈克尔·菲尔普斯似乎在游泳方面具有很高的自我效能感。他可能还是一个内控者，认为凭借自己出色的游泳技能和长期的刻苦训练，定会迎来奥林匹克的辉煌。与控制点一样，自我效能感涉及一项具体任务或者某类任务。例如，菲尔普斯在游泳方面可能具有很高的自我效能感，但对于其他运动或者对于田径运动这个大类而言，他的自我效能感可能不会都这么高。

在数学、体育和痛觉耐受等方面，自我效能感通常能够预测好的表现。实际上，班杜拉认为，高自我效能感不仅可以预测好的表现，还能引起好的表现。根据班杜拉的观点，"我认为我能"的态度将造就实际上的成就（下次就这样暗暗鼓励自己，你会发现无论实际上还是想象中，自己确实都做到了）。

积极思考的力量

对于一些人来说，那些日间谈话节目主持人［如瑞秋·雷（Rachael Ray）和凯莉·雷帕（Kelly Ripa）］振奋人心的话语具有安慰和鼓励作用；对于另外一些人来说，那些话则既刺耳又讨厌。然而，心理学研究表明，无论我们对这些生气勃勃的电视人物感觉如何，我们都会从乐观中获益。

乐观和悲观在人格形成过程中的作用是社会认知理论的重要内容。心理学家设计了许多不同的问卷，用于评估人们积极认知或消极认知的一般能力，例如里克·斯奈德（Rick Snyder）与其同事（1996）编制的用于评估希望的问

卷。马丁·塞利格曼也设计了一个问卷，旨在考察人们如何乐观或悲观地解释其生活中的消极事件。

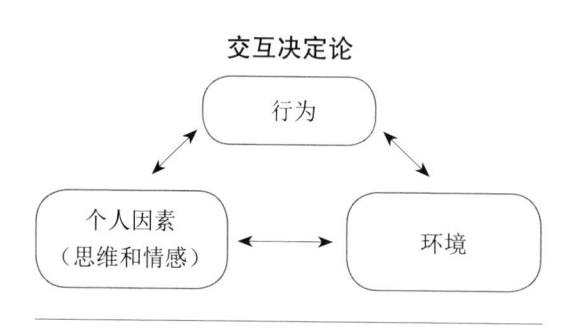

交互决定论

```
        行为
       ↗   ↘
      ↙     ↘
  个人因素 ←→ 环境
（思维和情感）
```

从社会认知的观点出发，人格是由情感、行为及个体所处的环境这三者的相互作用决定的。

类似的问卷已被用于一些相关研究，结果表明，与较悲观的人相比，乐观的人往往能够更有效地应对消极事件。例如相比那些持有诸如"这太难了"或者"无论怎样，我肯定不及格"的消极认知方式的学生，对学业成绩采取积极态度的勤奋学生获得较好成绩的可能性更大。（Noel, et al., 1987；Peterson & Barrett, 1987）乐观主义还有一个好处：乐观的心理状态可使机体免疫系统在最大程度上保持强壮，这有益于我们的身体健康。已有研究表明，乐观主义者要比悲观主义者长寿，而且总体来说更健康。

人格的跨文化差异

你在日本东京长大，与你在粗犷的堪萨斯州长大，这两种情况下你的人格是否会有不同？这非常有可能。各地的人们面临着这个世界上极端多元的文化价值观、哲学、经济状况以及行为预期。文化差异的一个主要方面是其

集体主义文化：一种强调人与人之间相互依存的文化。

相互依存的自我构念：指个体将自己视为由家人和社会成员组成的更大网络中的一部分。

个人主义文化：一种关注每个人的权利与自由、不强调个体在与他人关系中所扮演的社会角色的文化。

独立的自我构念：指个体将自己视为独立自主的存在。

非自我中心：一种以集体主义的方式进行思考和行动的人格特质。

自我中心：一种以个人主义的方式进行思考和行动的人格特质。

在形成过程中面临的集体主义或个人主义的程度。**集体主义文化**（collectivist cultures）强调人们之间的相互依赖：我们与他人的关系是界定我们身份的重要方面，我们对家庭和社会负有责任。在东亚、非洲和南美洲，占主导地位的文化是集体主义文化。在这种文化中长大的人可能会有一种**相互依存的自我构念**（interdependent construal of self），即将自己视为由家庭和社会成员组成的更大网络中的一部分。

与集体主义不同，**个人主义文化**（individualist culture）关注每个人的权利与自由，不强调我们在与他人关系中所扮演的社会角色。在北美洲、澳大利亚和西欧，占主导地位的文化是个人主义文化。在这种文化中长大的人有一种**独立的自我构念**（independent construal of self），即将自己视为独立自主的存在。

这些与人格有什么关系？如果你表现出**非自我中心**（allocentrism）的人格特质，你可能会以集体主义的方式进行思考和行动；相反，如果你表现出**自我中心**（ideocentrism）的人格特质，你可能会更关注个体。非自我中心的人们非常在意他们的人际关系及与朋友、家人和其他群体的互动。他们通常会关注自己与其他群体成员的相似之处，他们认为他们的认知与行为是对社会环境的反应。而自我中心的人们并不关注他们的社会角色，他们在意的是自己作为个体的角色。这些人将自己视为独特的个体，他们认为自己的希望、梦想和要求是其生命的动力所在。

我们成长所处的文化不仅会影响我们的人格，还会影响我们对人格这一概念的理解。如果你成长于集体主义文化之中，那么像人格测验及"发现真实自我"之类这些对于个人主义文化而言令人着迷的内容，可能对你而言是费解的。因为集体主义文化中的人们倾向于认为，个体差异并非源于深层次的人格特质，而是来自情境或者环境的不同。而且，文化差异并不止于此。例如东亚人关注的人格特质维度与个人主义文化通常关注的维度不同，中国人比较看重和谐（心灵的内在平静及与他人的和谐相处）、面子（维持荣誉或尊严）、人情（人际关系中的相互支持与帮助）之类的特质。你可能已经注意到，这些特质与大五人格中所表述的维度并不一致。这说明人格测验未必具有跨文化的应用性。西方文化与非西方文化在理解人格方面的基本差异使得我们难以编制一个真正全球化的人格测验。

对社会认知观点的评价

批评者认为，人格的社会认知观点过于强调外在环境的影响，没能充分认识到生物与基因在构建我们的内在特质方面所起到的作用。还有研究者指出，社会认知观点经常不能解释为什么面对同样的情境，人们会有非常不同的反应方式。例如危急时刻，有的人会陷入慌乱和不能自已的焦虑之中，而有的人则比较平静。再如，同卵双生子比异卵双生子在人格测验上的得分更相近，即便他们是在不同家庭中长大的。（Lykken, et al., 1988）

人格的社会认知理论固然存在局限，但它在一定程度上已获得通俗文化的认可。它为我们提供了一种理解认知、环境和行为之间潜在关系的宝贵思路，而且还告诉我们如何改善生活。例如社会认知理论认为，如果我们改变自己的认知方式，就可以改变我们的行为方式，从而成功地为自己创造一个积极的情境。如果你对将要到来的考试持一种积极的态度，那么你很可能会以比平时更优异的成绩通过考试。对于通俗文化而言，这是一个很有吸引力的观点。朗达·拜恩（Rhonda Byrne）的畅销书《秘密》（*The Secret*）正是基于如下假设：如果我们以一种积极的方式进行思考并对愉快的事情抱以期待，那么这些愉快的事情就会真的发生。不幸的是，拜恩的这个方法并非百分百奏效，社会认知理论也毕竟不是魔术。但是，对于那些想要了解自己的人格、改善自己生活的人们来说，这是一个不错的开始。

回 顾

什么是人格？如何对之进行研究？

- 人格指个体与世界、尤其是与其他人的互动方式。
- 研究者通过两种不同的方法——特殊规律研究法和常规研究法考察他们收集到的各种资料，具体包括自我报告资料、观察者报告资料、具体行为资料、生活事件资料和生理学资料。

主要的特质理论有哪些？如何对特质进行评估？基因是如何影响个体特质的？

- 特质理论涉及若干种不同的人格维度，用于描述人与人之间的差异。
- 研究表明，对于大多数特质而言，基因因素可以解释约 50% 的个体差异。基因可能影响了大脑的化学成分，继而影响了个体的行为方式与人格。

弗洛伊德是如何界定人格的？心理动力学理论经历了怎样的演变？

- 弗洛伊德认为，心理包括三个相互作用的系统：本我、自我和超我。
- 根据弗洛伊德的观点，人格的发展要经过一系列的性心理阶段。
- 后弗洛伊德主义的理论家有卡尔·荣格（集体无意识）、阿尔弗莱德·阿德勒（自卑情结）和卡伦·霍妮（社会因素）。

人本主义关于人格的主要原则是什么？

- 人格的人本主义理论强调人们在意识层面对自己及其达到自我实现的能力的理解。
- 人本主义理论家有卡尔·罗杰斯（自我理论）、亚伯拉罕·马斯洛（需要层次）和丹·麦克亚当斯（心理传记）。

学习与行为的社会认知理论是如何被用于人格研究的？人格这一概念在不同的文化中表现出怎样的差异？

- 社会认知理论认为，人格是个体通过独特的社会经验获得的一种认知信念与认知习惯的功能。
- 集体主义文化中的人们大多具有相互依存的自我构念，而个人主义文化中的人们则大多具有独立的自我构念。

第14章

心理障碍

- 什么是心理障碍?
- 引发心理障碍的可能原因有哪些?
- 心理障碍的主要类型和典型的特征是什么?

试想一下：你的朋友和家人正在一个接一个地被假冒者所取代，他们从长相到声音上都与你的朋友和家人一样，但是你非常确信这些人是出于某些原因而正在假冒你的亲人和友人。虽然这些描述听起来像科幻小说《人体异形》（*Invasion of the Body Snatchers*）中的情节，但是这对那些正在承受"卡普格拉综合征"（Capgras syndrome）的人来说是真实的经历。

"卡普格拉综合征"是由法国精神病学家卡普格拉（Jean Maire Joseph Capgras）在1923年诊断并命名的一种障碍。这是一种罕见的精神病状态，病人承受着一个或者更多的亲密家人或朋友已经被人顶替的妄想。2005年，美国《周六夜现场》（*Saturday Night Live*）的演员、"卡普格拉综合征"患者托尼·罗萨托（Tony Rosato）因为反复向警察抱怨他的妻子和女儿走失并被其他两个人替代了而被拘禁。还有一些受害者甚至相信他们自己已经被克隆，因而他们照镜子的时候会怀疑自己的身份。这种障碍经常与大脑损伤有关，然而受害者在生活的其他方面都是心智正常的。

神经学家维莱亚努尔·拉马钱德兰（Vilayanur Ramachandran）认为，"卡普格拉综合征"可能由从梭状回面孔区（脑部负责面部识别的部分）到杏仁核（脑部负责对事件产生一种情绪反应的部分）间的神经通路受损伤导致。一旦损伤发生，受害者虽能识别一个人的面部，但是当看到亲人们的时候不能产生情感反应。这种情感的分离使他们认为这个人一定是冒名顶替者。

"卡普格拉综合征"非常罕见，但是像对待其他障碍一样，我们正在努力理解这种疾病，以便使我们更接近人性的本质。在美国，每年近210万人进入各类精神病院和精神治疗机构。（U.S. Census Bureau, 2002）这些人遭受着一系列广泛的心理问题，如抑郁和焦虑，这些问题比"卡普格拉综合征"更常见但伤害更小。因此，明白怎样对心理障碍进行分类，这些心理障碍是什么原因引起的，以及怎样识别就很重要了。

心理障碍

很少人会认为一个母亲冲到火车前抱出自己的孩子是不正常的行为。但是我们该如何区分哪些是由于离婚的打击而暂时卧床不起的正常人，哪些是患有严重抑郁症的患者呢？我们如何才能知道什么样的人经过一段时间的悲痛后能够恢复，什么样的人又需要立即进行心理咨询呢？**异常心理学**（abnormal psychology）或**精神病理学**（psychopathology）是研究各种精神、情绪和行为等的障碍的科学。

心理疾病的精确定义是很难用词语来描述的，某行为在一个人看来可能是心理障碍的症状表现，而在另一个人看来也许只是一种创意行为或怪癖而已。美国精神病协会（APA，American Psychiatric Association）的《精神疾病诊断与统计手册》（*Diagnostic and Statistical Manual of Mental Disorders*，DSM-IV-TR）是对心理疾病进行分类的权威性依据。这个手册认为心理疾病即一个人的情感、动机和思想过程或者行为的困扰：

- 包括严重的、长时间的痛苦；
- 损害一个人维持社会和工作关系的能力；
- 不是对一个事件的正常反应；
- 不能用贫穷、偏见或者其他社会压力解释；
- 被心理卫生专业人员看作持续的、有害的、偏离的、痛苦的和社会功能不良的。

正如生理疾病产生特有的生理结果一样，患有心理疾病的人也会表现出一些**症状**（symptoms）——这些思想和行为的特征说明存在某种心理障碍。在个

> 心理疾病的精确定义是很难用词语来描述的，某行为在一个人看来可能是心理障碍的症状表现，而在另一个人看来也许只是一种创意行为或怪癖而已。

体身上发现的相关症状的组合被称为**综合征**（syndrome）。例如，患有阿斯伯格综合征的儿童，可能会表现出重复某些动作、与同伴缺乏适当的交流，或者表现出笨拙而又不协调的动作等症状。如果伴有功能性的减退，而且是内部性驱动的，而不是自主控制的，那么这种综合征就会被诊断为某种精神疾病。

有时一个人会同时遭受两种或者两种以上的心理疾病，即所谓的**共病**（comorbidity）。例如，一个病人同时患有抑郁症和焦虑。通常，像酒精等物质滥用的问题与心理障碍有关，试图使用酒精和药物来对精神疾病进行自我治疗的结果就是造成物质滥用的共病。一种心理障碍和物质滥用的共病被称为**双重诊断**（dual diagnosis）。

当一个人被诊断出身体或心理患有疾病时，他或她的发病原因和恢复的可能性会被做出**预后**（prognosis）。就如有些人会向癌症屈服，但还是有些人会采取化疗一样，精神疾病的治疗和康复取决于许多方面，如患者的耐心、疾病的严重程度等。

心理疾病的诊断

美国《精神疾病诊断与统计手册》第四版修订版于 2000 年完成，是美国精神病协会诊断精神疾病的官方指南（这部手册的第五版于 2013 年 5 月发布）。它提供了大约 250 种疾病的全部列表，每一种疾病均按照重要的行为模式进行了界定，心理卫生专业人员用它作为指导进行**心理诊断**（psychological diagnosis），或者说通过确定和分类行为模式对一个人的心理障碍指定一个标签。例如，一个出现幻觉的人会前言不搭后语，还会伴有妄想和社会性退缩等，他可能就会被诊断为精神分裂症。心理疾病的分类对临床医生是有帮助的，借助于 DSM-IV-TR，他们才具有了统一的简洁语言、对特殊心理疾病的原因的统一理解以及对每一种障碍的综合治疗方案。然而，虽然分类为临床工作者提供了统一的语言，但是贴标签对于描述一个具体的个体却起不了什么作用。适当的诊断和治疗必须是以对每个个体状况的认真细致的理解为中心来开展的。

分轴诊断

轴一	轴二	轴三	轴四	轴五
临床障碍	人格障碍/精神发育迟滞	一般医疗条件	心理、社会和环境问题	功能的全面评估
导致功能削弱的心理疾病	适应不良的人格模式	可能影响心理健康的慢性疾病	人们所处的影响诊断、治疗及其结果的物理环境，例如亲人离世、丧失工作等	目前功能的整体判断，如心理、社会和职业等方面

∧∧ 《精神疾病诊断与统计手册》第四版修订版将心理障碍分为五类或五轴。

障碍	举例
焦虑障碍	恐惧症，惊恐障碍，创伤后应激障碍，强迫症
心境障碍	抑郁症，躁狂症，双相障碍
躯体形式障碍	疑病症，转换障碍
精神分裂症和精神病性障碍	精神分裂症，妄想症
分离性障碍	多重人格障碍，分离性遗忘
通常在婴儿期，儿童期或青少年期被诊断出的障碍	注意缺陷多动障碍，学习障碍，自闭症，多动障碍
谵妄，痴呆、健忘和其他认知障碍	阿尔茨海默氏症，帕金森综合征
进食障碍	神经性厌食，神经性贪食
物质相关性障碍	酒精依赖，尼古丁依赖
性和性别认同障碍	性欲亢奋障碍，男性勃起障碍，阴道痉挛
不能归类于其他地方的冲动控制障碍	盗窃癖，纵火癖，病理性嗜赌
睡眠障碍	失眠，梦游，嗜睡症
调节障碍	混合性焦虑，行为混乱
人格障碍	边缘性型人格障碍，反社会型人格障碍，自恋型人格障碍

∧∧ 轴一中的临床障碍和轴二中的人格障碍被进一步划分而成的诊断分类。

为心理障碍贴标签

虽然分类心理疾病对心理学家和精神病学家或许是有帮助的，但是标签可能导致有害的偏见。心理学家戴维·罗森汉（David Rosenhan）招募了 8 名心理健康的被试，让他们试图获得被允许进入多家精神病院的机会。被试诉说自己听到大脑中具有"空洞的、沉闷的、砰的一声"的声音。被试没有如实给出自己的名字和职业，但是他们真实回答了其他全部问题，真实描述了他们和朋友、同事、家人间的关系。所有的 8 个人都被收容到精神病院，7 个被诊断为精神分裂症。随后医生把他们的一些正常行为，如做笔记、出于无聊而在走廊漫步等解释为心理疾病的症状。

精神病学家托马斯·萨斯（Thomas Szasz, 1960）认为，精神病这个概念是个神话。他认为疾病只能影响身体，然而没有心理疾病的生物学原因的证据。根据萨斯的思想，一个由于被贴上心理疾病的标签而被关起来的人仅仅是因为他的行为与其他的人不同。萨斯认为只要人们不对他人造成威胁，他们就应该有和其他人一样的权利和自由。一些心理学家认为给人们贴上"疯狂"的标签会压抑人的创造力和个性：如果人们不想被认为是疯狂的或者心理不正常，就不会提出有争议性的观点。文森特·梵高（Vincent van Gogh）走在天才和疯子之间，如果因为疯狂而被关起来，那么这个世界将会缺少一大批文化杰作。

心理疾病与文化污名联系起来是不足为奇的。心理学家斯图尔特·佩奇

异常心理学：对人们的精神、心境和行为进行研究的学科。

精神病理学：参见异常心理学。

症状：表明潜在心理障碍的思想和行为的特征。

综合征：个体身上发现的相互关联的症状的组合。

共病：一个人遭受两种或者两种以上的心理疾病的状况。

双重诊断：一种心理障碍和物质滥用的共病。

预后：对疾病的典型过程及治愈可能性的预测。

心理诊断：通过确定和分类行为模式，对一个人的心理障碍指定一个标签。

（Stewart Page，1977）的一位合作伙伴拨打了 180 个房屋出租人的广告电话，他们几乎都声称房子是空着的。但是当他提到自己即将从精神治疗机构出来时，75% 的房主突然称自己的房子已经住满了；而当第二个人接着拨电话时，房子又都空了出来。然而，最近与心理疾病有关的文化污名看起来消失了。心理障碍现在更多地被认为是大脑疾病，而不是个性障碍。（Solomon，1996）并且有种现象有了明显的增加：一些大众明星愿意公开谈论他们自己的心理障碍。影星布鲁克·希尔德（Brooke Shields）和格温妮丝·帕特洛（Gwyneth Paltrow）都在公众面前讨论了自己与产后抑郁症抗争的过程。

> 一些心理学家认为给人们贴上"疯狂"的标签会压抑人的创造力和个性；如果人们不想被认为是疯狂的或者心理不正常的，就不会提出有争议性的观点。

文化差异

是什么使得在一种文化中很正常的行为，在另一种文化中却被认为是明显不正常的？**文化相对性**（cultural relativity）认为诊断和治疗心理障碍需要考虑个体成长环境的特定文化特点。（Castillo，1997）例如，在大多数的亚洲文化中，患心理疾病被认为是使人感到难堪和丢人的。因此很多遭受抑郁症和精神分裂症的亚洲人报告得更多的是身体方面的症状而不是心理方面的，因为身体疾病比心理疾病更容易让人接受。（Federoff & MacFarlane，1998）

一些心理障碍，如**文化相关综合征**（culture-bound syndromes）只局限于特定文化的群体中。例如，恐缩症（koro）是一种主要发生在南亚的心理障碍，患者相信他或她的外部生殖器（女性指乳房）正在向身体内缩回，这将导致他们的死亡。对人恐惧症（taijin kyofusho，TKS）是一种主要在日本出现的社交焦虑障碍，这种障碍引起人们担心自己将在公众面前做出不恰当的行为。西方文化中也有一些独特的障碍，如神经性厌食障碍和神经性贪食障碍，这在北美和西欧以外的地方是很少见的。

文化价值观不仅影响特殊心理障碍的表现，而且很容易给患有心理障碍的人们贴上标签。现在我们可能很难相信，1973 年以前，同性恋一直被美国精神病协会划为心理障碍。在 20 世纪 40 年代，吸烟被认为是一种伤害很小的社会消遣方式，但在此后不到 40 年的时间里，尼古丁依赖就被添加进美国精神病协会心理障碍的列表中了。

心理障碍的历史观点

在中世纪，一个人如果被人认为是"疯狂的"，就会很不幸，因为他们会被关在笼子里，通过被毒打、被烧、被驱鬼或被割生殖器等一些徒劳的事情来使他们不正常的行为获得"治疗"。幸运的是，19 世纪提出的**医学模式**（medical model）认为心理疾病和身体疾病一样，有症状、病因和治疗方法。一些改革家，如法国的菲利普·皮内尔（Philippe Pinel，1745—1826) 和德国精神病学家埃米尔·克雷佩林（Emil Kraepelin，1856—1926），为心理障碍的系统分类做出了很大的贡献。

精神病理学的现代观点

现代有一系列关于心理障碍的观点，一位临床医生采取**生物学方法**寻找躯体上的原因作为心理障碍的根源——脑部结构异常、生化过程、遗传因素等。例如，抑郁症通常被认为是脑内化学物质的失衡引起的。

临床医生运用**精神分析法**探索无意识的冲突和其他可能的潜在心理因素。这些因素通常可以追溯到儿童期。因为内心有被遗弃的无意识恐惧，一个在儿童期被父亲遗弃的女性将会与一个浪漫的伴侣黏在一起，因为她潜意识里担心被再次抛弃。

文化相对性：为了诊断和治疗心理障碍，需要考虑个体成长环境的特定文化特点。
文化相关综合征：指只在特定文化群体中才会发生的心理障碍。
医学模式：指把心理异常看成和躯体疾病一样具有各种症状、病因和治疗方法等的一种思维方式。
生物学方法：一种把躯体生理问题作为根本原因来分析心理障碍的一种方法。
精神分析法：通过检查无意识的冲突和其他可能的潜在心理因素来分析心理障碍的一种方法。

行为方法关注人们当前的行为和所学到的维持这种行为的反应。例如，如果一位男性认为自己不太会交流，那么他会更少地练习自己在公共场合的交流技巧。因为他没有演练过任何实际问题，所以在一个重要的工作面试中表现不好，这又增强了他不太会交流的自我信念。行为治疗者的目标是通过分析引起这些行为的强化和自我实现的预言来改变功能不良的行为。与行为主义相似，**认知方法**关注的是思考过程，以及导致心理困扰的思维，比如悲观主义和低自尊。

今天，大多数的心理工作者面对心理障碍时除了考虑心理障碍产生的社会环境外，还要运用跨学科的方法，包括前面提到的各种方法。**生物心理社会学方法**（biopsychosocial approach）认为，把身体和心理分开是不可能的，消极的情感可能导致躯体的疾病，而躯体的疾病也会增加患心理障碍的可能性。

心理障碍可能的原因

脑损伤

无法挽回的脑损伤会导致无法挽回的心理损害，在某些情况下，正常的社会功能会丧失。神经学家安东尼奥·戴马斯（Antonio Damasi）发现切除律师艾略特（Elliot）脑内的肿瘤后，他失去了所有的情感。当给他呈现一些令人不安

行为方法：一种致力于可以直接测量和记录外部行为的心理方法。
认知方法：一种致力于研究导致心理困扰的思想过程而分析心理障碍的方法。
生物心理社会学方法：这种分析心理障碍的方法认为，身体和心理是不可分开的。消极的情绪可导致身体的疾病，与此同时，身体疾病也可增加患心理障碍的可能。
诱因：让个体非常容易产生某些特定心理障碍的持续存在的潜在因素。
促使因素：指给你带来特殊心理障碍的日常生活事件。
延续因素：一种障碍的结果，一旦产生，就会让这种障碍持续。

的照片，比如受重伤的人、破败的国家和自然灾害等时，艾略特报告他没什么感觉。这种情感冷淡使他失去了工作和婚姻。

神经学家安东尼奥·戴马斯发现切除律师艾略特脑内的肿瘤后，他失去了所有的情感。当给他呈现一些令人不安的照片，比如受重伤的人、破败的国家和自然灾害等时，艾略特报告他没什么感觉。这种情感冷淡使他失去了工作和婚姻。

阿尔茨海默氏症主要影响老年人，是一种退化性的记忆疾病，是由于产生乙酰胆碱这一神经递质的神经元病变导致的。随着病情的推进，病人变得情感平淡，然后失去方向感，大小便失禁，最后表现为智力上完全不能理解任何东西。

原因的多样性

大多数心理疾病的发展是不连贯的，它们在人的一生中不断地复发和消退。为什么会这样？遗传环境、生物环境和社会环境等都是影响因素。

诱因是那些让个体非常容易产生某些特定心理障碍的持续存在的潜在因素。出生缺陷、环境损害对脑的影响、酒精、细菌和病毒的毒素都可以成为诱因。

假如你对酒精依赖是敏感的，而且有家族酗酒史，你已经有意地远离酒柜；但是当你的新工作变得沉重时，你会突然发现很难抗拒饮酒的欲望。**促使因素**（precipitating causes）是给你带来特殊心理障碍的日常生活事件。

想象一下，酒精消耗能够让你从工作的压力中转移出来，而且获得朋友和家庭成员的关注，使他们注意到你的饮酒量正在增加从而尽心帮你戒除。**延续因素**（perpetuating causes）是一种心理障碍的结果，一旦这种结果出现就会使该障碍持续，这种结果可能是积极的（你的行为若获得关注，你将会继续追求这种关注），也可能是消极的（过量饮酒影响你的工作成绩，因此你需要喝更多酒来麻木由于不好的评论带来的情感伤痛）。

大多数心理疾病的发展是不连贯的，它们在人的一生中不断地复发和消退。为什么会这样？遗传环境、生物环境和社会环境等都是影响因素。

性别差异

统计显示，女性比男性诊断出更多的抑郁和焦虑，然而，这种差异并不能说明女性更容易患心理障碍。在西方社会中，女性谈论她们的情感问题更容易获得文化上的接受，因此女性寻求治疗的可能性更大。相反，男性药物滥用和反社会人格（以鲁莽和不负责的行为为特征）的发病率更高。当男性行为反常时，更可能表现出过量饮酒以及攻击性行为，外化了他们的压力和紧张；而女性更多地表现为抑郁和无助，内化情感的伤痛。这种区别显示了性别的社会化在精神障碍的发展和诊断中扮演了很重要的角色。

> 当男性行为反常时，更可能表现出过量饮酒以及攻击性行为，外化了他们的压力和紧张；而女性更多地表现为抑郁和无助，内化情感的伤痛。

临床医生对性别的预期会影响到诊断。莫林·福特（Maureen Ford）和托马斯·魏迪格（Thomas Widiger）（1989）进行了一项研究，在此项研究中，他们通过虚构的案例来研究临床心理学家的诊断。一个案例描述了一个反社会型人格障碍的病人（通常对男性做出的诊断），另一个案例描述了一个表演型人格障碍的病人（通常对女性做出的诊断）。在一些案例研究中每个案例研究的被试都被确定为男性，而另一些案例研究中每个案例研究的被试都被确定为女性。福特和魏迪格发现，当反社会型人格障碍的案例被确认为男性时，大部分的临床心理医生的诊断是正确的，然而，当同样案例被确认为女性时，大部分的医生诊断她为表演型人格障碍。相同的结果在诊断表演型人格障碍的案例时也出现了。同我们其他人一样，当涉及性别时，医生会产生主观的偏见。

心理障碍在美国男性和女性中的比率

男性	障碍	女性
23.8%	酒精滥用或依赖	4.6%
10.4%	恐惧症	17.7%
2.0%	强迫症	3.0%
5.2%	心境障碍	10.2%
1.2%	精神分裂	1.7%
4.5%	反社会人格	0.8%

资料来源：Robins & Regier, 1991.

经历心理障碍的美国男性和女性的百分比。

焦虑障碍

无论我们在面对一场艰难的考试还是在进行跳伞运动,我们都会感受到焦虑或害怕。但是如果一直感觉到焦虑,而且不能确定担心的根源,我们将会怎样?这种模糊不清的、无法辨明原因的、持续的焦虑或许就是**焦虑障碍**(anxiety disorder)的一种症状吧。

广泛性焦虑障碍

有某种无法解释的持久紧张和不安的人可能患有**广泛性焦虑障碍**(generalized anxiety disorder)。患者担心各种各样的问题,感觉到肌肉紧张、易怒、睡眠困难和偶尔肠胃不适,这些是自主神经系统的过度活动引起的。要做出该诊断,除了一般的焦虑情感,一个人必须表现出以上列举的至少三种症状。

自 20 世纪中叶以来,广泛性焦虑障碍的发病在西方国家出现戏剧化的增加。根据 DSM-IV,近 5% 的人在他们生命的某一时期表现出广泛性焦虑障碍。当然其中 60% 的人也遭受抑郁症,而广泛性焦虑障碍一般在抑郁障碍之前发病。被诊断为广泛性焦虑障碍的患者中有 2/3 是女性。

恐惧症

△ 蜘蛛恐惧症是对蜘蛛有一种强烈的、不合理的恐惧。

这张蜘蛛图片是否会引起你心跳加速,同时额头也冒汗呢?如果是这样的话,你可能患有蜘蛛恐惧症。**恐惧症**是一种持续不断的、毫无理由的对具体物体、活动或情境的害怕。虽然一些种类的蜘蛛是有毒的,但除非你生活在亚马孙雨林,否则你不可能遇见一只毒蜘蛛。所以你对每只八条腿的蛛形纲动物的令人衰弱的恐惧变得没有理由(尽管该情形相当普遍）。对物体或情境的特殊恐惧更多地出现在女性身上。这种恐惧必须严重到在某一个方面妨碍了日常生活，才能被划为恐惧症。害怕暴风雨的人不会在看到一个不祥的天气预报后待在家里一个星期，但是患有暴风雨恐惧症的人可能会这样。其他常见的特殊的恐惧症包含害怕高处（恐高症）、密闭空间（幽闭恐惧症）和蛇（恐蛇症）。心理学家马丁·塞利格曼（1971）表示，在整个进化历史中，人们已经遗传性地害怕对人类具有现实威胁的不同事物和情境。

一些人患有**社交恐惧症**（social phobias），无理由地害怕会被当众羞辱或感到尴尬。一般社交恐惧情境包含当众演讲、使用公众休息室，或者怕见陌生人。对社交恐惧的诊断男女比例相差不大。

惊恐障碍

很多惊恐发作的人错误地认为他们有心脏病：他们突然经历胸口痛、呼吸短促、心悸、出汗和强烈的恐惧与惊恐。这些发作一般持续 10～15 分钟。反复发作就可以诊断为**惊恐障碍**（panic disorder），其情况是经历者开始担心下一次发作，在初次发作以后恐惧感经常会持续数天甚至数星期。

对于一些人，惊恐障碍能导致**广场恐惧症**（agoraphobia），即对一个他们不能逃离的情境产生强烈的恐惧感。这种对公共场所的强烈恐惧可能会引起患者

焦虑障碍：个体没有任何明确的原因却一直感到焦虑的心理障碍。
广泛性焦虑障碍：个体感到不可理解的、持续的紧张和不安的焦虑障碍。
恐惧症：对特定的物体、活动或情境的一种持久的不合理的恐惧。
社交恐惧症：个体担心在公共场合被羞辱和产生尴尬的一种不合理恐惧。
惊恐障碍：受害者由于初次惊恐发作的经历而担心下一次袭击到来的状态。
广场恐惧症：因为没有地方可以逃跑而产生的紧张性恐惧。
强迫症：一个人感觉到被驱使去思考一些不安的想法或者去做出不能控制的行为的焦虑障碍。
创伤后应激障碍：由于经历或目击让人无助和恐惧的无法控制的事件而引起的一种焦虑障碍。

避免出现在拥挤的人群中、坐火车或公共汽车、去旅游或者参观不熟悉的地方。

强迫症

大多数人可能会有突然的担心，如我们没有锁上汽车或者没有关闭家里的煤气。一个快速的检查一般会让我们恢复轻松。对于很多**强迫症**（obsessive-compulsive disorder）患者而言，快速的检查是不够的。强迫思想（obsessions）是令人烦恼的，它总是闯入一个人的思想，反复不断地打断他的意识，尽管他知道这些想法是无理由的。强迫行为（compulsions）是体现在强迫症患者身上的重复的、仪式性的行为，一般是对强迫思想的反应。一些强迫症患者可能要反复地洗手；不断地检查以确保一项任务已经完成；无论何时，在进入一个房间时会在走廊里来回走动一段时间。

在正常行为和强迫症之间有一条清楚的界线，当我们的强迫思想变得不断打扰我们的正常生活时，我们就越过了这条线。估计在总人口中有 1%~3% 的人患有强迫症，平均发病年龄是 19 岁。（Kessler，et al.，2005）。

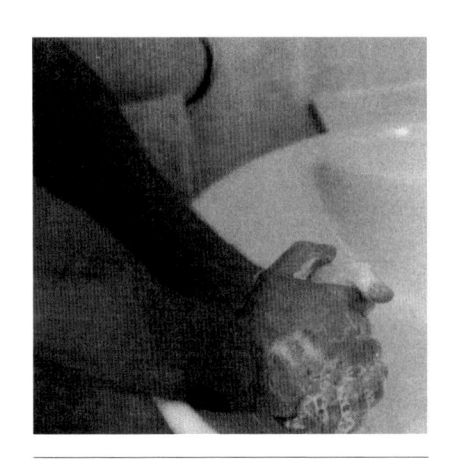

△ 强迫症患者会感受到一种反复去做一件事情的冲动。

强迫症是怎样形成的呢？损伤、病毒或疾病都会引发强迫症。该障碍可能与大脑的额叶部分、边缘系统部分和控制自主行为的神经回路的基底神经节等的异常有密切关系。PET 扫描显示强迫症病人的这些脑区有不同寻常的活动性。（Rauch & Jenike，1993）病人报告说当他们在完成一项活动时体验不到任务完成的正常感觉，所以他们会再三地重复。

创伤后应激障碍

经历或目击令人感到无助和恐惧的无法控制的事件会引起创伤性的压

力，此压力造成**创伤后应激障碍**（PTSD）。虐待的受害者、事故和灾难的生还者、生活在战争年代的人以及老兵都可能发展出创伤后应激障碍。兰德公司（RAND）最近的一个报告估计，1/5 的美国士兵在伊拉克战争后罹患抑郁症或创伤后应激障碍。焦虑障碍中只有该障碍一定是由一个特殊的创伤性体验引起的，创伤后应激障碍的症状和这个创伤有直接的联系。

失眠、情感麻木、高度唤醒、易激惹以及幸存者的内疚和抑郁是创伤后应激障碍患者体验到的一般症状。估计有 7% 的人在他们一生的某个时期会遭受这种障碍。女性发展出创伤后应激障碍的概率是男性的 2 倍，如果女性在 15 岁之前经历创伤性事件，那么发展出创伤后应激障碍的可能性会增加。（Breslau，et al.，1997，1999）

焦虑障碍的解释

有证据显示生物遗传因素对焦虑障碍的产生是起作用的。研究者已经定位了可能会导致产生焦虑障碍的确切基因位置。（Goddard，et al.，2004；Hamilton，et al.，2004）双生子研究也支持这个理论，尽管其他研究表明恐惧症主要由环境因素引起，而不是遗传因素。(Skre，et al.，1993)

心理动力学理论认为焦虑是压抑的冲动试图浮现出来的一种信号。（Freud & Gay，1977）根据这一观点，我们把焦虑转换成外部的一种物体或一个情境，这就变成了恐惧的根源。然而，相对于把焦虑障碍看作无意识恐惧的结果，行为主义者认为焦虑是后天习得的。还记得婴儿阿尔伯特被训练得对小白鼠产生害怕情绪吗？这个孩子的恐惧由于被反复地强化而形成了条件反应。同样地，强迫症患者发现他们的强迫习惯降低了焦虑水平，强化了行为。

认知心理学家认为焦虑障碍是由歪曲的、消极的想法导致的。有焦虑障碍的人倾向于高估他们面临的危险而过低地评价战胜困难的能力，这导致了对觉察到的威胁的完全逃避。

焦虑障碍的精确原因继续困扰着科学家，这个原因更可能是每个个体身上不断变化的基因和环境间复杂的相互作用。

心境障碍

尽管我们可以体验从深度绝望到高度兴奋的情感,但是通常情况下,我们的情感处在这两个极端之间的某个位置。然而,患有心境障碍(mood disorder)的个体会体验这些情感的极端状况。心境障碍有两种主要的表现形式:**抑郁障碍**(depressive disorder),特征为持久而极端的抑郁阶段;还有**双相障碍**(bipolar disorder),特征为抑郁和躁狂(高度活跃状态)阶段的交替出现。

抑郁障碍

临床上的抑郁不同于当事情不顺利时我们每个人都会经历的情绪低沉。一般来说,人们在一个相对短暂的时间内可以摆脱他们的坏心情,但是当该心情持续太久并且阻碍了日常生活,它就被归为一种障碍。因为抑郁和焦虑与相同的基因相关联,所以两种障碍经常共病。在一个调查中,被诊断为抑郁症的患者中,58%的人同时也患有焦虑障碍。(Kessler,et al.,2005)

> 一般来说,人们在一个相对短暂的时间内可以摆脱他们的坏心情,但是当该心情持续太久并且阻碍了日常生活,它就被归为一种障碍。

临床上有不同的抑郁类型。**抑郁症**(major depressive disorder,MDD)表现为没有明显诱因的持续两周以上的严重抑郁。症状包括食欲改变、睡眠紊乱、有负罪感、注意力不集中,甚至有自杀的想法。抑郁症是最常见的心境障碍(21%的女性和13%的男性在一生中某个时期会经历抑郁症)。

恶劣心境障碍(dysthymia),来自希腊语"坏精神",该障碍不是一种严重的抑郁状态,但是是长期的,持续两年或更久。这种疾病的终生患病率为2%~3%,女性的发病率是也是男性的2倍。有时,在长期的恶劣心境状态下

抑郁障碍:以持久而极端的抑郁阶段为特征的心境障碍。
双相障碍:以抑郁和躁狂(高度活跃状态)阶段的交替出现为特征的心境障碍。

会增加几次抑郁，被称为**双重抑郁**（double depression）。

一些人在一年的特定时期会感到抑郁，特别是在冬天，这种情况被称为**季节性情感障碍**（seasonal affective disorder，SAD），表现为食欲增加和情感冷漠。该情感障碍是由于身体对冬季较低的光线水平的反应引起的。（Partonen & Lonnqvist，1998）昼短夜长可能会引起血清素的水平下降。这种激素调节人体的睡眠-觉醒节律、精力和心情。研究者相信这些是季节性情感障碍产生的生物学条件。

△ 灰暗的冬季能引发季节性情感障碍，让我们感到阴沉和冷漠。

双相障碍

小说家弗吉尼亚·伍尔夫（Virginia Woolf）、欧内斯特·海明威（Ernest Hemingway）和埃德加·爱伦·坡（Edgar Allan Poe）三个人的共同点是什么呢？他们都是在患有双相障碍时完成了他们的名著。双相障碍患者遭受交替出现的抑郁和**躁狂**（mania）。躁狂是患者在一些时间段里表现出自我价值感提升、健谈、精力旺盛和睡眠需要减少等特征。处在躁狂状态的人最初可能变得更有效率和创造性，但是随之判断力趋向减弱，这会导致鲁莽的经济决策、狂饮作乐以及不安全的性行为。至少一次躁狂发作后伴随至少一次的抑郁发作的类型可以划分为 I 型双相障碍。

抑郁症：表现为没有明显的诱因的持续两周以上的严重抑郁。

恶劣心境障碍：不是一种严重的抑郁状态，但是是长期的，持续两年或更久。

双重抑郁：在长期的恶劣心境状态中增加几次抑郁症的一种情形。

季节性情感障碍：个体在一年的特定时期会感到抑郁的一种心境障碍。

躁狂：患者在一些时间段里表现出自我价值感提升、健谈、精力旺盛和睡眠需要减少等特征。

轻躁狂发作：轻度的躁狂，与同等程度的躁狂相比，引起较轻的情感高涨，但并不影响日常生活功能。

处在躁狂状态的人最初可能变得更有效率和创造性，但是随之判断力趋向减弱，这会导致鲁莽的经济决策、狂饮作乐以及不安全的性行为。

轻度的躁狂叫作**轻躁狂发作**（hypomania），与同等程度的躁狂相比，引起较轻的情感高涨但并不影响日常生活。轻躁狂患者由于增加的精力水平会激发其创造性，即形成所谓"疯狂天才"的固有模式。至少一次轻躁狂发作并伴随至少一次抑郁发作的类型被划分为Ⅱ型双相障碍。

人们在一年内遭受 4 次以上的躁狂或抑郁发作就被称为**快速循环**（rapid cycling），这种发作类型占了案例的近 10%，并且多为女性。快速循环型有时被归因于使用了抗抑郁药物。（Wehr，et al.，1988）

心境障碍的解释

抑郁的认知理论

时代在发展，抑郁症的诊断比率也在增加。从 1936 年到 1945 年，人群中的抑郁症患者在总人口中大约占 3%，症状始发年龄在 18~20 岁。在 1966 年和 1975 年之间，抑郁症的比率飞速增加到 23%，发病年龄提前到了青少年时期。引起这种趋势的原因是什么呢？很多专家认为，**消极的认知风格**（negative cognitive styles）或思维模式不是产生抑郁就是使其加剧。

心理学家亚伦·贝克（Aaron Beck，1967）发现抑郁症患者会消极地歪曲他们体验到的知觉。他们通过简单的观察而小题大做，把日常的问题看成严重的挫折。患者会预计未来事件变得很糟糕，并且有一个过度归纳的习惯：把简单消极事件解释为一种永不终止的缺陷模式。你有这样的习惯吗：当你丢失了你们家的钥匙或打碎了一个杯子时，倾向于说"从来没有顺利过"？此时，你

快速循环：指双相障碍者在一年内遭受 4 次以上的躁狂或抑郁发作。

消极的认知风格：一种悲观的或消极的思维模式。

归因风格问卷：一种用来评价人们如何看待他们的生活中发生的事件的问卷，该问卷基于三个标准——稳定性、全局性和轨迹。

可能变成了一个过度归纳者。

归因风格问卷（attribution-style questionnaire）的研究支持贝克的发现。研究者给人们的问卷中包含 12 个假设事件，一半描述积极乐观的情景（如一个朋友称赞你的新发型），另一半描述消极事件（如你参加一个凄惨、盲目的约会）。通过让人们去评定这些事件——稳定性（它们重复产生的可能性有多大）、全局性（它们多重要）和轨迹（是谁或者什么引起这些事件），研究者就能够分析人们的态度。他们发现消极想法不仅仅是抑郁的一个症状——消极的认知风格能引发这种障碍。（Peterson，et al.，1982）林恩·阿布拉姆森（Lyn Abramson）、杰拉尔德·玛塔奥斯（Gerald Metalsy）和劳伦·阿劳恩（Lauren Alloy）(1989) 提出消极思想会导致无助感。如果你有一个麻烦并且你认为是永久性的，这将影响你生活的其他方面；如果进一步认为这全部是自己的错误，你更可能变得抑郁。

人们为什么不能通过积极的想法摆脱抑郁呢？马丁·塞利格曼理论认为抑郁可以通过习得性无助来解释——由于重复的失败经历而不再尝试逃避某种情境。这种无助感可以解释为什么给了生活在受虐家庭中的受虐者逃离受虐困境的机会，但最后他们还是放弃离开虐待者。

抑郁的大脑

抑郁看起来和我们脑中的化学物质至少有部分联系。抑郁经常被归因于神经系统中去甲肾上腺素和 5-羟色胺的水平偏低。抗抑郁药物被称为 5-羟色胺和去甲肾上腺素再摄取抑制剂（SNRIs），通过抑制两种神经递质在脑细胞中的重吸收来提高它们在神经系统中的水平。然而，虽然 SNRIs 仅仅在一两天内就提高了病人神经系统中的去甲肾上腺素和 5-羟色胺的水平，但是至少在两周内不会引起行为的明显变化。更进一步说，大多数抑郁病人（75%）神经递质水平没有降低，这表明相比于这种化学失衡，还有更多的方面影响到抑郁。（Valenstein，1998）

面包中夹熏鱼能够提高我们的心理健康水平吗？最近，有研究已经把抑郁与低水平的欧米茄-3（omega-3）脂肪酸相联系，比如大马哈鱼和鲑鱼等冷水鱼身上的脂肪酸。临床上抑郁症患者血液中的欧米茄-3 总是处于较低水平，

并且一些研究也表明，补充欧米茄-3的食谱有助于减轻抑郁。（Kiecolt-Glaser, et al., 2007）

神经成像研究也表明，抑郁影响脑内的一片区域。抑郁患者表现出左额叶皮层背面的活动减少，同时右额叶皮层背面的活动增多。这些研究结果继续显示大脑可能分成积极和消极两种情感，左半球集中了更多的积极感情，右半球集中了消极的反应。（Heller, et al., 1998）

抑郁的进化基础

我们的祖先会抱怨这种现代心境障碍吗？一些心理学家认为抑郁由简单的自卫本能演变而来，发展成一个极端的自我保护形式。消极行为能显示对他人不再构成威胁、需要被关注，以及减少不符合现实的乐观主义。

以季节性情感障碍的症状为例。冬季是贮存能量的，表现为增加食欲和大量休息（而这些正是季节性情感障碍的特征），这样人类在进化中受益，从而表现为在冬季月份里的季节性情感障碍。事实上季节性情感障碍不会像其他抑郁形式那样引起典型的悲伤、自责和哭泣，这一点支持进化的观点。

你曾经看见过一只小狗摇着小尾巴来讨好它的妈妈吗？抑郁者的无助信号可能类似于表达服从和需要关注。

你曾经看见过一只小狗摇着小尾巴来讨好它的妈妈吗？抑郁者的无助信号可能类似于表达服从和需要关注。被剥削的人遭受典型的抑郁心境，表现为哭泣和悲伤，他们是在向他人发出寻求爱和支持的信号。

精神分裂症：引起歪曲的知觉、不当的情感表达或反应以及思想混乱等的一种心理障碍。

妄想：一种坚不可摧的虚假信念。

幻觉：一种错误的感知觉，但患者却相信其感觉是真的。

积极症状：一种正常功能的过度反应或扭曲（如妄想和幻觉）的症状。

消极症状：一种正常功能（如注意或感情）下降的症状。

抑郁症和双相障碍的生物原因

尽管充满压力的生活经历能够带来一段时期的抑郁，但是研究也已经表明有些人的心境障碍具有遗传倾向。如果你有一个抑郁的父母或兄弟，你患抑郁症或躁狂的风险会升高。（Sullivan, et al., 2000）双生子研究已经表明如果同卵双生子中的一个患有抑郁症或躁狂，另一个发展出心境障碍的概率在40%和70%之间。（Muller-Oerllinghausen, et al., 2002）女性易患抑郁症的概率是男性的2倍，这个差异还没完全被解释，但心理学家认为是心理、社会、经济和生物因素共同作用的结果。

> 女性易患抑郁症的概率是男性的2倍，这个差异还没完全被解释，但心理学家认为是心理、社会、经济和生物因素共同作用的结果。

精神分裂症

由于**精神分裂症**（schizophr-enia）的字面意思是"分裂的精神"，所以经常被误认为分离性身份障碍——一个存在争议的心理障碍，患者具有多重人格。然而，精神分裂症实际是指一个人与现实的分裂，表现为歪曲的知觉、情感表达或反应不当以及思想混乱等特点。

要被诊断为精神分裂症，一个人必须表现出以上的两个或两个以上的症状，而且至少持续一个月。精神分裂症患者在思想和言语上总是混乱的、无逻辑的或不连贯的。精神分裂症患者也会表现为**妄想**（delusions），即一种坚不可摧的虚假信念。例如，病人可能认为他们被间谍跟踪，有人正在控制着他们的思想和行为，或者觉得人们对他不忠实。这些幻想会受到患者非逻辑思想的支持。精神病专家席尔瓦诺·阿瑞提（Silvano Arieti, 1955）注意到一个病人在逻辑推理时的巨大漏洞，她坚称"圣母玛利亚是一个处女，我是一个处女，因此我是圣母玛利亚"。

精神分裂患者的第三个症状是存在**幻觉**（hallucinations）——一种错误的感知觉，但患者却相信其感觉是真的。听到声音是幻觉最常见的类型，很多精神分裂症患者报告他们听到侮辱性的评价或接收到来自他们大脑内部的命令声音。运用fMRI扫描的研究表明，精神分裂症患者的言语性幻觉会伴随与思维过程相关的脑区的活动。（Shergill，et al.，2000）尽管幻听是最常见的，但人们也能看到、触摸到、闻到、尝到不真实存在的东西，即视幻觉、触幻觉、嗅幻觉和味幻觉等。

> 听到声音是幻觉最常见的类型，很多精神分裂症患者报告他们听到侮辱性的评价或接收到来自他们大脑内部的命令声音。

精神分裂症患者在社会情境中做出适当的行为是困难的，他们可能在持续几个小时内保持呆滞和僵硬，或者表现为易激惹、不断地讲话或吼叫。

症状群有助于分类精神分裂症。**积极症状**（positive symptoms）的患者表现出正常功能的过度反应或扭曲，如妄想和幻觉。这些症状随着障碍的反复发作和障碍的减轻会再现和消失。无组织的症状，如混乱的言语和淡漠的感情也会在这个症状模式中出现。而**消极症状**（negative symptoms）的精神分裂症患者表现为正常功能的下降，如注意或感情，易表现出持续存在的更多症状，但这些症状对抗精神病药物不敏感。

精神分裂症的解释

认知和神经异常

认知缺陷是精神分裂症的核心特征，精神分裂症患者倾向于在完成信息加工任务时表现很差，特别是需要注意力的活动。工作记忆出现了持续的和永久性的损伤，同时获取或者回忆新信息方面的长时记忆也受到了比较严重的损伤。（Saykin，et al.，1991）因为很难让精神分裂症患者记住一条信息，所以他们不可能区分现实和虚构或想象，于是产生了这种障碍的幻想特征。

素质-压力假说：一种理论，认为人们患某一特定的精神疾病，有遗传学方面的作用，但是要发展为这种疾病，还需要他们在发病的关键期承受来自环境和情感方面的压力。

人格障碍：一种僵化的、行为适应不良的行为模式，这些会导致个人很难拥有正常的社会关系。

低效的认知功能可能预示了童年期精神分裂症。童年时期的注意力和记忆力缺陷与随后出现的此障碍的阳性症状是有关联的。研究发现，早期发病的精神分裂症儿童比患有这种障碍的成年人言语记忆功能更差。（Tuulio-Henriksson，et al.，2004）

大脑中的化学失衡能解释精神分裂症吗？研究者解剖了精神分裂症死者的大脑，发现在精神分裂症患者的大脑中有高于常人6倍的多巴胺受体。（Seeman，et al.，1993）研究者认为，多巴胺水平提高可能增强精神分裂症患者大脑信号，引起如幻觉、偏执等积极症状。阻碍多巴胺传递的药物，能有效地减轻许多精神分裂症的症状，而有些药物，如可卡因和安非他命等多巴胺活性药物的增加会使精神分裂症患者的状况恶化。（Swerdlow & Koob，1987）

最近有研究发现，另一种神经递质谷氨酸盐的主要受体分子若存在缺陷，会引起精神分裂症的症状。这能解释认知缺陷，也能解释街头药物如PCP（俗称"天使粉"）的作用，这种药物可以干扰谷氨酸盐的传递而且能使正常人出现类似于精神分裂症的症状。

精神分裂症的类型

偏执型	紧张型	瓦解型	未分化型	残留型
与庄严或迫害主题有关的妄想，伴随着幻觉	对环境没有反应，极端的违拗症或狂野的激动	无组织的言语、平淡的或不合适的情感反应	症状多样	随着障碍的减轻而出现的轻微症状

大脑扫描显示精神分裂症患者的大脑结构异常，一些精神分裂症患者的大脑脑室扩大，显示周围脑组织萎缩。也有的证据显示在前额叶脑区的活动异常偏低。（Pettegrew，et al.，1993）对精神分裂症患者大脑的研究确切表明了大脑内一些区域的损害可能导致精神分裂症。

还记得大脑在青春期是怎样有选择地修剪无用的神经元细胞和连接点的吗？有些神经专家认为不正常的修剪可能会导致丧失太多的细胞体，引起精神分裂症的症状。澳大利亚的研究者克里斯·潘提利斯（Chris Pantelis）和他的同事选取了三组年轻人作为被试——一组已经被诊断为精神分裂症并已入院，另一组没有精神分裂症，第三组患有精神分裂症约10年。潘提利斯发现第一组大脑皮层收缩的速率比没有患过精神分裂症的人快2倍，由此推测出神经元

细胞的修剪进程在精神分裂症患者的脑区是加速进行的。(Salleh, 2003)

遗传和环境

许多研究认为精神分裂症有很强的遗传成分。欧文·戈特斯曼(Irving Gottesman, 1991)整理的数据证实,患精神分裂症的风险随着与患有该障碍者的血缘密切程度的增加而增加。精神分裂症患者在总人口中的比例为1%,但是如果一个人的兄弟姐妹患有精神分裂症,那么此人患有该障碍的概率增长到9%。如果同卵双生子中的一个被诊断为患有精神分裂症,另一个出现这种障碍的可能性就达到50%。

根据异卵双生子较非双生子兄弟姐妹具有更高的患病率(17%比19%)的事实可以推断出,出生前的环境在精神分裂症的形成过程中也起了一定的作用。在怀孕6个月时感染了流感或风疹的母亲,其产下的孩子发展出这种障碍的可能性是正常情况生下的孩子的2倍。(Brown, et al., 2000)然而,这种危险因素是来自病毒自身,还是来自母体的免疫作用或来自抵抗病毒的药物,这始终无法明确。

如果精神分裂症完全受基因影响,那么同卵双生子同时发生这种疾病的概率应该接近100%。然而这种一致的比率只50%,这表明在精神分裂症的发病过程中,遗传和环境都起了重要的作用。一些心理学家提出了**素质-压力假说**(diathesis-stress hypothesis),该假说认为人们患某一特定的精神疾病有遗传学方面的因素,但是要发展为这种疾病,还需要他们在发病的关键期承受来自环境和情感方面的压力。

数学家约翰·纳什(Dr. John Nash)患有偏执型精神分裂症,演员罗素·克劳(Russell Crowe)在2001年的电影《美丽心灵》(A Beautiful Mind)中演绎了他的经历。

人格障碍

人格障碍是一种僵化的、行为适应不良的行为模式,这种行为模式使患者很难拥有正常的社会关系。现有已经被确定的人格障碍有10种,被分为三大

类：奇特或古怪行为类型、戏剧化或冲动行为类型和焦虑或恐惧行为类型。

奇特或古怪行为型人格障碍

奇特或古怪行为型人格障碍又被分为分裂型、偏执型和分裂样三种。**分裂型人格障碍**（schizotypal personality disorder）患者常表现出奇特的或偏执的行为，而且他们难以维持社会关系，经常具有古怪的或神奇的思想。分裂型人格障碍一般被认为是轻度的精神分裂症，有时也会发展成为严重的精神分裂症。

偏执型人格障碍（paranoid personality disorder）的特点是极度地怀疑或不相信他人。偏执型人格障碍的人往往会嫉妒、批判他人，而且还无法接受别人对他的批评。由于他们会快速反击感知到的威胁，所以患有这种障碍的人经常陷入法律纠纷之中。

> 偏执型人格障碍的人往往会嫉妒、批判他人，而且还无法接受别人对他的批评。由于他们会快速反击感知到的威胁，所以患有这种障碍的人经常陷入法律纠纷之中。

分裂样人格障碍（schizoid per-sonality disorder）患者是孤独的，他们几乎不对别人产生兴趣，几乎没有什么友情，也不试图去改变自己。患有分裂样人格障碍的人往往都感情冷漠或情感平淡。

分裂型人格障碍：一种心理疾病，特征是患者常表现出奇特的或偏执的行为，而且他们难以形成社会关系。

偏执型人格障碍：一种心理疾病，特征是患者对他人极度地怀疑或不相信。

分裂样人格障碍：一种心理疾病，特征是患者对他人几乎没有兴趣，几乎没有人际关系。

边缘型人格障碍：一种心理疾病，特征是患者情绪不稳定，具有暴风雨般剧烈变化的人际关系，对他人的进行控制以及不信任。

反社会型人格障碍：一种心理疾病，特征是患者完全的良心缺失。

表演型人格障碍：一种心理疾病，特征是患者对一些情境有过度的反应，有极端的情绪，会采取一些手段来获得别人的关注。

自恋型人格障碍：一种心理疾病，特征是患者对自我重要性过度看重，极度需要赞美。

戏剧化或冲动型人格障碍

戏剧化或冲动型人格障碍患者常常表现出冲动的行为。**边缘型人格障碍**（borderline personality）患者可能情绪不稳定，具有暴风雨般剧烈变化的人际关系，对他人进行控制以及不信任。这种障碍还具有抑郁、大肆消费、滥用药物和自杀等行为特点。由于缺少自我同一感，患者可能纠缠依赖他人，经常采取自杀的行为来控制别人。

反社会型人格障碍（antisocial personality disorder）是一种危险的人格障碍，研究者已对其进行了深入的研究，之前称之为社会病态（sociopath）或精神病态（psychopath）。患者的典型表现是从 15 岁开始出现良心缺失。所以他们常常撒谎、欺诈甚至实施谋杀行为等，而且不知悔改。到现在为止，被确诊为反社会型人格障碍的个体中，男性是女性的 3~6 倍。（APA，2000）

> 反社会型人格障碍是一种危险的人格障碍，研究者已对其进行了深入的研究，之前称之为社会病态或精神病态。患者的典型表现是从 15 岁开始出现良心缺失。

一些脑成像研究者证明谋杀犯的额叶活动减少，而这个脑区有助于我们控制冲动行为。阿德瑞恩·雷恩（Aderian Raine，1999）对比了 41 名谋杀犯脑部的 PET 扫描图片，发现这些冲动谋杀者的该大脑部位确实存在这个特点。在随后进行的研究中，雷恩和他的同事（2000）发现那些重复使用暴力行为犯罪的人比没有使用暴力的犯人的前额叶组织少了 10%，他们可能在控制行为方面比没有使用暴力的犯人存在更大的困难。

虽然被诊断为反社会型人格障碍的主要是男性，但被诊断为**表演型人格障碍**（histrionic personality disorder）的女性是男性的 2~3 倍。（APA，2000）其特征是对一些情境有过度的反应，具有极端的情绪，会采取一些手段来获得别人的关注。患有表演型人格障碍的人经常使用挑逗性的行为来成为大家关注的焦点。

多数人都会相信自己比别人重要，但是当这种性格到达极端的时候，也许就成了**自恋型人格障碍**（narcissistic personality disorder）的症状。患有这种障碍的人会有一种自我重要感，对赞美极度需要。他们很少会关心他人的感情，且抱有个人成功的幻想。

焦虑或恐惧型人格障碍

当一个人持续地感到极其焦虑或者担忧，那么他可能患有焦虑或恐惧的人格障碍，可以分为回避型、依赖型和强迫型三种。**回避型人格障碍**（avoidant personality disorder）患者具有强烈的社交焦虑，并感觉到自己有很多的不足之处。患有这种障碍者渴望参与社会活动，但是他们往往会极其害羞并担心被拒绝，所以参加社交活动对他们来说非常困难。

一个患有**依赖型人格障碍**（dependent personality disorder）的人可能会表现出安全感的缺失，这表现在他们喜欢与人纠缠在一起以及行为具有局限性，他们往往需要别人太多的赞同和保证，要求别人替他们做决定，害怕失去支持和依赖，所以表达反对的意见对他们来说非常困难。

为保持过度的井然有序而引起的紧张可能是**强迫型人格障碍**（obsessive-compulsive personality disorder）的一个症状，一个患有强迫型人格障碍的人可能会表现出强迫性的整洁，而且发现让自己去完成一项任务非常困难，因为他们可能会担心自己难以达到标准，还会发现自己脑中充斥着各种规则、计划和要求。然而，不同于强迫症患者的是，患有这种人格障碍的人不需要反复去完成某些仪式行为。

一个需要不断的赞同和保证的人可能会患有依赖型人格障碍。

分离性障碍

如果你记不起驾车回家时经常走的一条路上的任何东西，那么你就具有了关于什么是"分离"的体验。我们在思考下周的学期论文的同时，大脑的另一部分还能指导我们通过十字路口或停下来等红绿灯。**分离性障碍**（dissociative disorder）是这种正常的认知过程被损害而引起突然的记忆丧失或人格的改变。这些障碍表现出的形式多种多样，持续的时间能够从几分钟到几年。

> 心理学专家们对分离性身份障碍的存在进行了探讨——以前称多重人格障碍，即一个个体可能会有两种或两种以上的人格出现在同一个身体上。

分离性遗忘（dissociative amnesia）是突然的选择性的记忆缺失，一般都是在创伤性事件之后发作，如强奸、童年期虐待等。（Chu, et al., 1999）分离性遗忘不同于退行性遗忘（retrograde amnesia），后者的记忆缺失一般由对头部打击造成而不是由心理创伤造成的。

想象一下当你醒来的时候，身处一个陌生的环境中，对于"自己是谁"和"自己为何会在这里"没有任何的记忆。虽然这听起来像是好莱坞电影里的情节，但是**分离性漫游**（dissociative fugue）真的会导致这样的情形，其特征是突然的记忆缺失并伴有突然的离家出走行为。一个患有分离性漫游的人可能忘记所有有关个人的经历，然后给自己一个新的身份。

一个人会不会有多种人格？心理学专家们对**分离性身份障碍**的存在进行了探讨——以前称多重人格障碍，即一个个体可能会有两种或两种以上的人格出现在同一个身体上。每个人格都有自己独特的声音和做事方式，这些人格之间可能相互意识到，也可能相互意识不到。怀疑论者对这种障碍的存在持怀疑态度。这种障碍在20世纪晚期非常流行，在北美地区，被诊断为这种障碍的病例在1930年到1960年之间增长了5倍，到1980年的时候超过了20 000例。（McHugh，1995）然而，在神经方面发现了一些支持这种身份识别障碍存在的

回避型人格障碍：一种心理疾病，特征是具有强烈的社交焦虑，并感觉到自己有很多的不足之处。

依赖型人格障碍：一种心理疾病，特征是表现过多的依赖、需要他人的行为。

强迫型人格障碍：一种心理疾病，特征是表现出强迫性的整洁，而且发现让自己去完成一项任务非常难，因为他们可能会担心自己不能够达到标准，还会发现自己充斥着各种规则、计划和要求。

分离性障碍：一种认知系统受损，造成突发性的记忆缺失或人格改变的状态。

分离性遗忘：以突发性的选择性记忆缺失为特征的心理障碍。

分离性漫游：一种心理疾病，特征是记忆力突然受损，并伴有离家出走的行为。

分离性身份障碍：一个个体可能有两种或两种以上的人格，并且出现在同一个人身上产生的一种心理障碍。

证据。甚至一个人是左利手还是右利手，都有可能会随着人格的改变而改变。（Henninger，1992）在一项研究中，眼科医生发现通过转换视敏度和眼部肌肉的平衡——就像一个患者和另一个患者之间的转换——来控制被试模仿多重人格的变化是不可能的。（Miller，et al.，1991）

躯体形式障碍

躯体形式障碍是在身体检查时没有确定病因的躯体症状。例如，一个患有**躯体化障碍**（somatization disorder）的人也许会一直不停地抱怨某些事情，如头晕、恶心，但是这些症状是身体检查无法查出的。尽管他没有编造这些症状，但这些障碍没有躯体性的病变，在治疗过程中往往需要联系深层的心理问题，例如压力和抑郁。

> 一个患有躯体化障碍的人也许会一直不停地抱怨某些事情，如头晕、恶心，但是这些症状是身体检查无法查出的。尽管他没有编造这些症状，但这些障碍没有躯体性的病变，在治疗过程中往往需要联系深层的心理问题，例如压力和抑郁。

转换障碍（conversion disorder）是一种在北美和西欧地区常见的躯体形式障碍（虽然在100年前已经出现），其特征是突发性、短暂性的感觉功能丧失，表现为失明、瘫痪、失聪或部分躯体的麻木等躯体症状。所有症状都不是身体原因，而往往是在承受了创伤事件之后才发病。

童年期障碍

某些障碍是以儿童这个群体为特征的，或者首次在儿童期发病。用来评价儿童心理疾病的诊断标准还不够标准化，更多的是应用成年人的。而且童年期障碍要做出诊断也是比较困难的，因为症状对儿童和成人来说是不一样的。从美国卫生部得知，美国有1/5的儿童在任何成长阶段都有可能会患心理疾病，下述心理障碍只是在童年期出现或诊断出的几种普遍发生的精神障碍。

注意缺陷多动障碍

患有**注意缺陷多动障碍**（attention deficit hyperactivity disorder，ADHD）的儿童的典型表现是很难集中注意，而且注意很容易分散。他们会坐立不安，难以按照次序做事，在还没有听完一个问题的时候就急于给出答案，而且难以长时间地保持坐姿。3%～5%的学龄期儿童会受到影响，患有注意缺陷多动障碍的男孩是女孩的2～3倍。该障碍运用兴奋性药物进行治疗，如利他林或哌醋甲酯，这些都能提高多巴胺在脑中的含量，进而改善注意和有目的的活动。

自闭症

孩子不能形成与父母正常的依恋关系而退缩到自己的孤独世界中，就可能是因为罹患了**自闭症**（autism）。自闭症儿童社会发展受阻，交流技巧缺乏。自闭症儿童可能会重复性地做某些动作，例如来回晃动，或者撞头等自虐行为。

研究者认为自闭症是一种多基因障碍，也就是说当一些特殊的基因结合时，患这种障碍的概率就增加了。在一个家庭中，如果有一个孩子患有自闭症，第二个孩子患有这种疾病的危险性就会比一般孩子高出3%～8%。自闭症与使用药物有关，其中也包括代谢性疾病（如无法医治的苯丙酮尿症），或遗传性疾病（脆弱性X综合征）和发展性的大脑异常。然而，这些障碍不能单独引起自闭症，有这些问题的大部分孩子没有自闭症。

躯体形式障碍：具有生理上的症状，但在躯体检查上没有任何器质性的病变的一种障碍。
躯体化障碍：一种出现头晕、恶心等模糊的、不确定的症状的躯体形式障碍。
转换障碍：以突发性、短暂性的感觉功能丧失为特征的躯体形式障碍。
注意缺陷多动障碍：以患者很难集中注意，并且极其容易兴奋为特征的障碍。
自闭症：一种阻碍社会性发展和交流的发展性障碍。
阿斯伯格综合征：一种心理疾病，特征是患者的智力水平和认知能力正常，但是却表现出与自闭症相似的社会行为。

阿斯伯格综合征

自闭症近来被视为自闭症谱系障碍连续体中的一种，以维也纳医生汉斯·阿斯伯格 (Hans Asperger) 命名的**阿斯伯格综合征**（Asperger syndrome，ASD）就是这个频谱中的一部分。1944 年，阿斯伯格曾写了一篇论文，关于一个儿童拥有正常的智力水平和认知能力，但却表现出了与自闭症相似的社会行为，这种情况过去常被视为偏执或者怪癖。阿斯伯格综合征患者在社会技能方面有明显缺陷，而且他们强迫性按例行事，对他们感兴趣的特殊问题全神贯注。这种障碍在 1994 年被列入了 DSM-IV。

回　顾

什么是心理障碍？

- 心理障碍是一种降低人们处理社会关系和工作能力的困扰，是一种严重的、长期的痛苦，心理健康专业人士视其为有害的、异常的和功能失调的。
- 心理障碍可能会因文化的不同而表现出差异。

引发心理障碍的可能原因有哪些？

- 不可逆的大脑损伤可能会造成心理损伤。退行性遗忘就是由于大脑中的神经元退化而造成的，例如阿尔茨海默氏症。
- 像遗传、先天性缺陷和酒精类毒素等会使得个体容易发生某些特殊的心理障碍。
- 环境的影响会使那些生理上易患某种障碍的个体发展出这种心理疾病。

心理障碍的主要类型和典型的特征是什么？

- 焦虑障碍的特征为没有明确的原因而出现持久性的焦虑情绪，广泛性焦虑障碍、恐惧症、惊恐障碍、强迫症和创伤后应激障碍都属于焦虑障碍。

- 心境障碍主要有两种表现形式，以长时间的极端的抑郁表现为特征的抑郁症和以抑郁及躁狂交替转换为特征的双相障碍。临床抑郁症可划分为抑郁症、恶劣心境障碍和季节性情感障碍三类。

- 精神分裂症的特征是妄想、幻觉以及无组织的或紧张性的行为。

- 人格障碍是以僵化的和影响社会发展的异常行为为特征的心理障碍，主要有三种类型：奇特或古怪行为型、戏剧化或冲动型和焦虑或恐惧型。

- 分离性障碍是以突发性的记忆损失和人格改变为特征的心理障碍。分离性障碍分为分离性健忘、分离性漫游和分离性身份障碍三类。

- 躯体形式障碍分为躯体化障碍和转换障碍，它的特征表现为没有明确原因的身体症状。

- 童年期障碍是以儿童为发病人群或者首先在儿童时期发病的心理障碍。目前常见的童年期障碍包括注意缺陷多动障碍、自闭症和阿斯伯格综合征。

译后记

受中国人民大学出版社委托,我跟我的团队翻译了这本《心理学的世界》,几易其稿,终于定稿,与读者见面了。

该书的作者是阿比盖尔·A.贝尔德,瓦瑟学院心理学教授。她用贴近生活的视角,把这本书写得言简意赅,通俗易懂,用深入浅出的事理,诠释了心理学的含义。她指出了学习心理学在现实生活中的重要性。是什么促使着我们去学习心理学?我们很多人对自身以及自己所居住的世界拥有基本的好奇心。也许你期望着去解决"天性/教养"之争这一问题,即是环境因素对我们的影响胜过基因因素,还是相反;也许你正在寻找改进你与朋友和家庭成员关系的秘诀;也许你又对如何减轻日常生活中的压力和焦虑更加感兴趣。另外,个体的短时记忆为何会消失?如何提高智力水平?人们为何会罹患精神疾病?为何人们会有着不同的性格?来自不同国家的人们在感知世界时有何不同?文化如何影响性格?等等。所有这些疑惑,你都可以在阅读本书的过程中找到答案。

本书的内容共分为六大部分,包括14个章节。第一部分包含第1章和第2章,主要介绍心理学的定义和研究方法。这部分指出心理学的重要性、发展历史沿革、心理学的科学研究方法等,对后面的章节具有指导意义。第二部分的内容包含从第3章至第5章的内容,主要介绍人脑的作用、感觉与知觉以及意识的能动性。这部分帮助我们了解大脑在人的思维和行为中的作用,我们是如何用我们的感知觉体验和解释周围的世界的,是什么让我们睡觉、做梦甚至被催眠。人的一切活动始于大脑的指挥,这提示人们,可以好好利用大脑,充分挖掘潜力,让这个神经中枢正确地安排我们的现实生活。第三部分包含从第6章至第8章的内容,主要介绍学习、记忆、认知与智力,让我们了解是什么让我们能够学习以及我们是怎样学习的,记忆是怎样组织、怎样形成的,以及我们如何交流沟通、解决问题和做出三思后的决定。这部分告诉了我们应该如何学习，才能更好地把记忆存储在大脑中，经过日积月累，形成自己独特的认知和智力。第四部分包含第 9 和第 10 章的内容，涉及人的发展（包括生理、认知、语言的发展和社会性的发展）。第五部分包含第 11 和第 12 章的内容，介绍了情绪与动机以及压力与健康方面的知识。情绪与动机部分，可以让我们了解是什么驱使我们去做我们应该做的事情，介绍了情绪的相关理论、情绪体验、情绪表达，以及有关动机、驱力和诱因的观点。压力与健康部分，讲述了压力如何影响我们的身心健康、压力的表现形式以及应对压力、管理压力的方法。最后一部分包含第 13 和第 14 章的内容，包括人格与个体差异、心理障碍。这部分让我们了解了人格与个体差异的形成和各大心理学理论对人格形成的解释、心理障碍的发生机制和几种常见的心理障碍。

这本书写作流畅，通俗易懂，更深入生活，把心理学理论和知识与人们的日常生活和工作密切联系起来，给读者展示了一个心理学的世界。定稿之后，我又通读了几遍，掩卷思考，认为读者仔细阅读该书后，定会和我一样深受启发。相信它一定会成为一般大众了解心理学世界与自己的极好的读物，也相信当你学着用心理学的知识和方法去认识世界、处理问题时，在工作和生活方面会更加轻松愉快。

本书能够顺利完成，要感谢许多人的合作和支持。本书由孙宏伟教授审校，他对所有的内容都进行了严肃认真的审核，并且对许多部分重新进行了逐字逐句的整理和推敲。从本书的组织翻译到最后的把关，孙宏伟教授做了大量重要的工作，没有他的帮助，此书很难完成，在此表示由衷的感谢！

参与本书翻译工作的人员有宋玉萍、丁怡、于剑锋、王艳郁、王健、王胜男、邹敏、胡青、梁映霞、陈晓丽、李登、王如日、刘莹、李慧慧、封敏。应该说这本书是我们翻译团队集体智慧和团队凝聚力的结晶！感谢我们的翻译团队！

最后，还要特别感谢本书的编辑们。本书资料庞杂、图表繁多，没有他们的严谨态度和工作热情，就难以呈现出这本书图文并茂的效果。我们希望读者能够喜欢和支持本书及"明德经典人文课"系列的其他书籍。

译者

Authorized translation from the English language edition, entitled Think Psychology, 2e, 9780132128407 by Abigail A. Baird, published by Pearson Education, Inc., Copyright © 2011 by Pearson Education, Inc., publishing as Prentice Hall.

All rights reserved. No part of this book may be reproduced or transmitted in any form or by any means, electronic or mechanical, including photocopying, recording or by any information storage retrieval system, without permission from Pearson Education, Inc.

CHINESE SIMPLIFIED language edition published by CHINA RENMIN UNIVERSITY PRESS CO., LTD., Copyright © 2020.

本书中文简体字版由培生教育出版公司授权中国人民大学出版社出版，未经出版者书面许可，不得以任何形式复制或抄袭本书的任何部分。
本书封面贴有Pearson Education（培生教育出版集团）激光防伪标签。无标签者不得销售。

图书在版编目（CIP）数据

心理学的世界/（美）阿比盖尔·A.贝尔德著；宋玉萍主译；孙宏伟审校.—北京：中国人民大学出版社，2020.9
　书名原文：THINK Psychology
　ISBN 978-7-300-28545-0

　Ⅰ.①心… Ⅱ.①阿…②宋…③孙… Ⅲ.①心理学–通俗读物 Ⅳ.①B84–49

中国版本图书馆CIP数据核字（2020）第178680号

心理学的世界

[美]阿比盖尔·A.贝尔德　著

宋玉萍　主译

孙宏伟　审校

Xinlixue de Shijie

出版发行	中国人民大学出版社		
社　　址	北京中关村大街31号	邮政编码	100080
电　　话	010-62511242（总编室）	010-62511770（质管部）	
	010-82501766（邮购部）	010-62514148（门市部）	
	010-62515195（发行公司）	010-62515275（盗版举报）	
网　　址	http:www.crup.com.cn		
经　　销	新华书店		
印　　刷	涿州市星河印刷有限公司		
规　　格	170mm×240mm　16开本	版　次	2020年9月第1版
印　　张	24.5插页2	印　次	2020年9月第1次印刷
字　　数	365 000	定　价	79.80元

版权所有　　　侵权必究　　　印装差错　　　负责调换